实验性工业设计系列教材

产品与居住·
公共家具与空间

吴晓淇　康琳　殷玉洁　王梦梅　李依窈　编著

中国建筑工业出版社

图书在版编目（CIP）数据

产品与居住·公共家具与空间/吴晓淇等编著.—北京：中国建筑工业出版社，2014.6
实验性工业设计系列教材
ISBN 978-7-112-16841-5

I.①产… II.①吴… III.①室内装饰设计-教材 IV.① TU238

中国版本图书馆 CIP 数据核字（2014）第 098724 号

　　本书从五个章节循序渐进地讲述公共家具的有关知识：第一章系统扼要地梳理了公共家具的基本概念，从城市公共空间概述、城市公共家具概述、广义公共家具类型等三个方面入手，由浅入深地强化基础概念理解；第二章从公共家具设计的出发点——公共空间尺度关系研究谈起，归纳总结出公共家具设计的四原则，在此基础上引入公共家具的设计与展开与中国美术学院公共家具实验性课程的紧密结合；第三章主要从公共家具材料入手，分析工艺材料与公共家具之间的辩证关系；而第四章则旨在利用名师名作的实际案例分析提高学生的审美情操；第五章通过对公共家具设计所面临的现状作分析研究，从而引发对未来公共家具的发展趋势的思考与展望。

　　本书适用于设计的专业院校，同时亦可作为一本公共家具设计手册供专业设计人员参考。

责任编辑：吴　绫　李东禧
责任校对：李美娜　赵　颖

实验性工业设计系列教材
产品与居住·公共家具与空间
吴晓淇　康琳　殷玉洁　王梦梅　李依窈　编著
*
中国建筑工业出版社出版、发行（北京西郊百万庄）
各地新华书店、建筑书店经销
北京嘉泰利德公司制版
北京中科印刷有限公司印刷
*
开本：787×1092毫米　1/16　印张：14$\frac{1}{2}$　字数：360千字
2014年7月第一版　2014年7月第一次印刷
定价：**45.00**元
ISBN 978-7-112-16841-5
（25629）

"实验性工业设计系列教材"编委会

（按姓氏笔画排序）

序 一

今天，一个十岁的孩子要比我们那时（20世纪60年代）懂得多得多，我认为那不是父母亲与学校教师，而是电视机与网络的功劳。今天，一个年轻人想获得知识也并非一定要进学校，家里只需有台上了网的电脑，他（她）就可以获得想获得的所有知识。

联合国教科文组织估计，到2025年，希望接受高等教育的人数至少要比现在多8000万人。假如用传统方式满足需求，需要在今后12年每周修建3所大学，容纳4万名学生，这是一个根本无法完成的任务。

所以，最好的解决方案在于充分发挥数字科技和互联网的潜力，因为，它们已经提供了大量的信息资源，其中大部分是免费的。在十年前，麻省理工学院将所有的教学材料都免费放到网上，开设了网络公开课。这为全球教育革命树立了开创性的示范。

尽管网上提供教育材料有很大好处，但对这一现象并不乏批评者。一些人认为：并不是所有的网络信息都是可靠的，而且即便可信信息也只是真正知识的起点；网络上的学习是"虚拟的"，无法引起学生的注目与精力；网络上的教育缺乏互动性，过于关注内容，而内容不能与知识画等号等等。

这些问题也正说明传统大学依然存在的必要性，两种方式都需要。99%的适龄青年仍然选择上大学，上著名大学。

中国美术学院是全国一流的美术院校，现正向世界一流的美术院校迈进。

在20世纪1928年的3月26日，国立艺术院在杭州孤山罗苑举行隆重的开学典礼。时任国民政府教育部长的蔡元培先生发表热情洋溢的演说："大学院在西湖设立艺术院，创造美，以后的人，都改其迷信的心，为爱美的心，借以真正完成人们的美好生活。"

由国民政府创办的中国第一所"国立艺术院"，走过了85年的光阴，经历了民国政府、抗日战争、解放战争、"文化大革命"与改革开放，积累了几代人的呕心历练，成就了一批中华大地的艺术精英，如林风眠、庞薰琹、赵无极、雷圭元、朱德群、邓白、吴冠中、柴非、溪小彭、罗无逸、温练昌、袁运甫……他们中间有绘画大师，有设计理论大师，有设计大师，有设计教育大师；他们不仅成就了自己，为这所学校添彩，更为这个国家培养了无数的栋梁之才。

在立校之初林风眠院长就创设了图案系（即设计系），应该是中国设立最早的设计专业吧。经历了实用美术系、工艺美术系、工业设计系……今天设计专业蓬勃发展，已有 20 多个系科、40 多个学科方向；每年招收本科生 1600 人，硕士、博士生 350 人（一所单纯的美术院校每年在校生也能达到 8000 人的规模）；就读造型与设计专业的学生比例基本为 3：7；每年的新生考试基本都在 6 万多人次，去年竟达到了 9 万多人次。2012 年工业设计专业 100 名毕业生全部就业工作。在这新的历史时期，中国美术学院院长提出："工业设计将成为中国美术学院的发动机"。

这也说明一所名校，一所著名大学所具备的正能量，那独一无二的中国美术学院氛围和学术精神，才是学子们真正向往的。

为此，我们编著了这套设计教材，里面有学识、素养、学术，还有氛围。希望抛砖引玉，让更多的学子们能看到、领悟到中国美术学院的历练。

赵阳于之江路旁九树下

2013 年 1 月 30 日

序 二　实验性的思想探索与系统性的学理建构

在互联网时代，海量化、实时化的信息与知识的传播，使得"学院"的两个重要使命越发凸显：实验性的思想探索与系统性的学理建构。本次中国美术学院与中国建筑工业出版社合作推出的"实验性工业设计系列教材"亦是基于这个学院使命的一次实验与系统呈现。

2012 年 12 月，"第三届世界美术学院院长峰会"的主题便是"继续实验"，会议提出：学院是一个（创意）知识的实验室，是一个行进中的方案；学院不只是现实的机构，还是一个有待实现的方案，一种创造未来的承诺。我们应该在和社会的互动中继续实验，梳理当代艺术、设计、创意、文化与科技的发展状态，凸显艺术与设计教育对于知识创新、主体更新、社会革新的重要作用。

设计本身便是一种极具实验性的活动，我们常说"设计就是为了探求一个事情的真相"。对真相的理解，见仁见智。所谓真相，是针对已知存在的探索，其背后发生的设计与实验等行为，目的是为了找到已知的不合理、不正确、未解答之处，乃至指向未来的事情。这是一个对真相的思辨、汲取与认识的过程，需要多种类、多层次、多样化的思考，换一个角度说：真相正等待你去发现。

实验性也代表着一种"理想与试错"的精神和勇气。如果我们固步自封，不敢进行大胆假设、小心求证的"试错"，在教学课程与课题设计中失却一种强烈的前瞻性、实验性思考，那么在工业设计学科发展日新月异的当下，是一件蕴含落后危机的事情。

在信息时代，除了海量化、实时化，综合互动化亦是一个重要的特征。当下的用户可以直接告诉企业：我要什么、送到哪里等重要的综合性信息诉求，这使得原本基于专业细分化而生的设计学科各专业，面临越来越多的终端型任务回答要求，传统的专业及其边界正在被打破、消融乃至重新演绎。

面向中国高等院校中工业设计专业近乎千篇一律的现状，面对我们生活中的衣、食、住、行、用、玩充斥着诸如 LV、麦当劳、建筑方盒子、大众、三星、迪斯尼等西方品牌与价值观强植现象，中国的设计又该何去何从？

中国美术学院的设计学科一直致力于探求一种建构中国人精神世界的设计理想，注重心、眼、图、物、境的知识实践体系，这并非说平面设计就是造"图"、工业设计与服装设计就是造"物"、综合设计就是造"境"，实质上，它是一种连续思考的设计方式，不能被简单割裂，或者说这仅代表各个专业回答问题的基本开场白。

我们不再拘泥于以"物"为区分的传统专业建构，比如汽车设计专业、服装设计专业、家具设计专业、玩具设计专业等，而是从工业设计最本质的任务出发，研究人与生活，诸如：交流、康乐、休闲、移动、识别、行为乃至公共空间等要素，面向国际舞台，建立有竞争力的工业设计学科体系。伴随当下设计目标和价值的变化，新时代的工业设计不应只是对功能问题的简单回答，更应注重对于"事"的关注，以"个性化大批量"生产为特征，以对"物"的设计为载体，最终实现人的生活过程与体验的新理想。

中国美术学院工业设计学科建设坚持文化和科技的双核心驱动理念，以传统文化与本土设计营造为本，以包豪斯与现代思想研究为源，以感性认知与科学实验互动为要，以社会服务与教学实践共生为道，建构产品与居住、产品与休闲、产品与交流、产品与移动四个专业方向。同时，以用户体验、人机工学、感性工学、设计心理学、可持续设计等作为设计科学理论基础，以美学、事理学、类型学、人类学、传统造物思想等理论为设计的社会学理论基础，从研究人的生活方式及其规划入手，开展家具、旅游、康乐、信息通信、电子电器、交通工具、生活日常用品等方面产品的改良与创新设计，以及相关领域项目的开发和系统资源整合设计。

回顾过去，本计划从提出到实施历时五年，停停行行、磕磕绊绊，殊为不易。最初开始于 2007 年夏天，在杭州滨江中国美术学院校区的一次教研活动；成形于 2009 年秋天，在杭州转塘中国美术学院象山校区的一次与南京艺术学院、同济大学、浙江大学、东华大学等院校专业联合评审会议；立项于 2010 年秋天，在北京中国建筑工业出版社的一次友好洽谈，由此开始进入"实验性工业设计系列教材"实质性的编写"试错"工作。事实上，这只是设计"长征"路上的一个剪影，我们一直在进行设计教学的实验，也将坚持继续以实验性的思想探索和系统性的学理建构推进中国设计理想的探索。

王昀撰于钱塘江畔

壬辰年癸丑月丁酉日（2013 年 1 月 31 日）

前　言

　　公共家具概念的产生是在 20 世纪 70 年代后，正值世界经济的产业结构调整带来新腾飞，欧美及日本、亚洲四小龙等发达国家和地区的城市建设方兴未艾之时。在新经济和对新能源的要求下公众的公共意识大幅提升，公共家具应城市公共空间的服务需求而产生亦受到公众的日益关注，成为国家文明的重要象征。我国则是在改革开放后的 20 世纪 90 年代中期随着经济的飞跃，公众的民主意识增强的要求下而产生的。由于起步较晚，因而我国的公共家具设计尚处于起始及发展阶段。近年来，日益扩展和建设的城市公共空间则对公共家具设计的需求提出了急迫和较高水准的要求。本书即是一本研究、讨论公共家具与空间设计方法的教材。

　　该教材一个重要的特征是基于学生的课程实践对公共家具的起源，与国家公共服务和经济的关系及设计方法进行研究、讨论。并从源、作、产、市诸方面讲述了公共家具设计的要义及方法。同时，结合当今国际优秀案例论证了公共家具设计，探讨了未来的设计发展趋势。

　　公共家具所面对的空间为城市的公共空间，因而其家具的人机工学的要求除与广义家具的设计工学相吻合以外，还需充分考虑公共空间的人体活动要求，同时材料亦与广义家具的材料有所区别，强调低成本、耐磨损、易维护。由于公共家具始终存在于公共空间中，因而其艺术性又与公共艺术的特性联结在一起，成为大众艺术的一部分。

　　该教材适用于设计的专业院校，同时亦可作为一本公共家具设计手册供专业设计人员参考。我们力求借助该教材能辅助目前国内设计专业相关院校的公共家具设计教学，亦给城市的公共管理者和设计师们提供有益的参考。期望该书的出版能对提高我国的城市文明水平作出一点贡献。

中国美术学院建筑艺术学院

吴晓淇 教授

于冬日西子湖畔

目　录

第一章 "说"——什么是公共家具？

1.1 城市公共空间的概述

1.1.1 城市空间概述

城市设计不仅仅是一种美学标准，同时也是一种生态体系，而且还是一种道德体系。对于如今的城市，如何实现城市空间本质的公众化属性已经迫在眉睫。

——肯·沃普勒（英）

与其说社会文明是一种风俗，倒不如说它是一种进程。它是使得具有相似性的人类聚集到一起的推动力，人们从这个联合的群体中会不断收益。人类的定居模式——村庄、小镇和城市都是人类文明的具体表现形式。把这些环境协调地结合在一起的工作就是所谓的"城市设计"。城市设计是一个创造性的过程，一个跨学科相互协作的过程，一个场所塑造的过程，通过创造三维立体的城市形态和空间以增强人们对城市的记忆。

就空间性质而言，城市空间包含了私密空间、公共空间及其间的过渡性空间。

公共空间具有开放性和自由性，意味着满足条件即可进去或参与。而私密空间则意味着特定的活动领域对他者的封闭性和排他性。公私划分在很大程度上取决于人们社会生活的组织方式。两者之间是相互贯通的，不存在个可逾越的壁垒。公共与私密间的过渡性空间常常能起到承转连接的作用，既非完全私密、又非绝对公共，它们使人活动回旋在私密与公共空间时生理和心理上都更加轻松自如。

1.1.2 城市公共空间

日本学者芦原义信认为"城市外部空间不同于无限伸展的自然，它是由人创造的有目的的外部环境，是比自然更有意义的空间"。

当前的城市公共空间概念主要来源于 20 世纪以欧美为主导的城市

设计理论。城市空间一般指所有从自然界空间中分隔获得的空间整体中建筑外部的空间。城市公共空间相对于私有、专用空间而言，从广义上讲是指城市空间中一切非限于特定人群使用的城市空间。其中包括交通空间、生活行为空间、供应和处理空间、环境要素空间这四类。城市公共空间从狭义上讲是指能够提供公众进行一定社会活动的公共空间。这类社会活动具有一定的人群聚集性和活动滞留性，强调对全体公众的开放性（主要以街道、广场、公园、绿地、山川、水面六种形式出现），不包括广义公共空间概念中的供应、处理和部分交通等空间。城市公共空间的功能是为市民的公共生活提供场所。因此，城市公共空间作为城市空间的重要组成部分，是改善城市生活质量、创造可居环境、展现城市文化的关键。

1.1.2.1 城市公共空间的生成

由于城市公共空间作为城市肌理的重要组成部分，无论是由长期社会发展演变自然形成的，还是由规划形成的，其空间形态在城市整体环境中都占据了显要甚至是核心的地位，因而对城市公共空间或者以城市空间作为客观的、实体的、容纳人及其活动的物质空间属性的研究构成了城市设计学科的主要内容。在城市设计学科一百多年的发展过程中，西方理论界逐步形成了基于城市空间的视觉质量和审美体验的视觉审美研究；以考察人对空间感知规律的认知意象研究；以及从行为心理角度关注空间与人的行为方式的相互关系研究等。这些研究理论和方法很大程度上成为了对城市空间环境建设的指导依据。

城市"公共空间"概念的出现并非偶然，它不是一个跨越时空的概念，而是特定社会政治、经济、文化背景下的产物。第二次世界大战后，随着以美国为首的西方国家经济和技术的迅速发展，城市空间出现了深刻而快速的重构：一方面，由于大规模基础设施建设和城市中产阶层的郊区化居住趋势，城市空间出现了前所未有的空间扩张和分散化现象；另一方面，大量的城市人口外迁以及不同阶层空间隔离的加剧带来了日益严重的社会分化和城市中心区的衰败。

随着经济继续不断发展，到 20 世纪 60 年代，城市问题逐步显现，一场文化反思浪潮在许多建筑和城市学科领域的学者中蔓延开来。他们从不同角度论述了现代主义建筑规划对于城市空间肌理及建立于其上的社会生活的摧毁性影响，如大规模城市重建和空间扩张对原有城市社会文化肌理造成的破坏、郊区化居住方式和"城市蔓延"对土地和空间造成的浪费等。作为最早将"公共空间"术语引入城市研究领域的学者之一，雅各布在《美国大城市的死与生》（Jacobs, 1964）中强烈抨击了美国城市 20 世纪 50 年代建立在功能主义之上的城市重建政策和郊区化扩张的住区开发方式。当原有的城市肌理被现代主义所推崇的以功能主义和消费主义为主导的城市改造破坏时，公共空间作为城市公共社会交往场所的重要性就愈发显著。这引起城市学科领域广泛的反思。

同时，随着第二次世界大战后经济和社会结构的转型，西方社会出现了一系列政治文化和社会思想运动，对于明确界定公共和私人利益的关系，以及保障社会个体的权力，朝向更加多元和民主的市民社会的思想意识逐步从西方学术讨论中扩展开来，在20世纪70年代成为美国等西方国家的主流意识。在这一社会背景卜，出现了城巾"公共空间"的概念，并逐步成为城市及相关学科探讨城市问题及建成环境与社会关系的平台。实际上，"公共空间"概念的出现标志着在建筑和城市领域中出现了新的文化意识，即从现代主义所推崇的功能至上的原则转向重视城市空间在物质形态之上的人文和社会价值，并因其中含有的"公共"与"空间"的双重概念而使其自产生开始就成为了一个跨学科的讨论议题。

西方许多社会学者从不同角度出发论述了建成环境中的公共空间在形成积极的社会生活和人际交往中的意义。阿伦特（Arendt, 1958）的《人的条件》是最早提出"公共空间"这一术语的理论著作之一。她将"公共领域"（public realm）的形成追溯到古希腊的城邦（polis）中公开民主的政治辩论。这一层面的公共空间强调空间被不同人使用和容纳不同的活动内容的"异质性"特征，即多样化的社会元素共存和交融的能力。

在社会和城市学科领域中，一个抽象而宽泛的概念——"可达性"（accessibility）被许多学者作为公共空间中最重要的属性而强调。这一概念最早出现在历史学家霍华德（S. Howard）的著作《中世纪的城市》中，他将公共空间的定义建立在空间实体的可达性上。卡尔（Carr）在《公共空间》一书中将公共空间定义为"开放的、公共的、可以进入的个人或群体活动的空间"（1992）。他认为，公共空间能被人使用首先在于它可以允许人进入的特征。在此基础上，他进一步将空间"可达性"归纳为三个方面：实体可达性（physical access），即空间能够方便人进入；视觉可达性（visual access），即空间在视觉上能被感受并具有吸引力；象征意义的可达性（symbolic access），即空间对观察者产生空间含义上的吸引力（表1-1）。

1.1.2.2　城市公共空间类型划分

在公共空间类型研究中，首要解决城市公共空间类型划分的问题，应当依据城市公共空间的历史属性和城市功能结构这两大标准来确定城市公共空间类型的划分。因此，城市公共空间的类型大体上可分为三种：即城市街道、城市广场和城市公园与绿地。

城市公共空间"公共性/可达性"判定分析框架　　表1-1

主要因素	公共空间的特征
制度与机构因素 所有权 经营者	公共所有权 公共机构所有 由公共机构管理控制即对空间的管理能代表公共利益
可达性——对所有人 空间的实体可达性 吸引因素 可达的成本	允许不同人共存 所有人能方便地进入 体现在空间中能包容的最大数量的使用者 不同人进入的成本相同，包括时间和金钱
可达性——对所有活动 活动的多样性 空间的管理和控制	允许不同的社会交往活动 能容纳不同的有助于社会活力的多元的社会功能 对空间进行管理的唯一目的是保障大多数人对空间的使用
空间的意义 空间意向 利益	代表所有人 象征意义是能代表大多数人 最终意义是服务于所有人并有助于产生持续发展的集体价值

1. 城市街道

（1）街道的概念和含义

街道有三方面的含义：首先，它是一种通道，是供人们穿越、接触、交流的途径；其次，它是两侧建筑围合而成的开放空间，它和两侧建筑相辅相成、密不可分，没有两侧的建筑，很难称之为街道；最后，它还是一种场所，街道并不是单纯的交通场所，它也是人们日常活动的场所。

（2）街道分类

根据城市街道交通及景观特征可将城市街道划分为以下几类：

第一，城市交通性街道，多指城市中的主要街道，偏重于城市交通功能的解决；

第二，城市生活性街道，多指城市中的次要街道，其解决城市交通功能的同时，更注重城市生活和生产活动的反映，是城市中数量最多的街道类型，最具地方特色和代表性；

第三，城市步行商业街道，多指城市中特殊的、完全以人的步行为交通手段的街道，在城市活动中扮演着极其重要的作用；

第四，其他步行空间，多指城市绿地公园中的步行道、滨水地带步行道、小区内的步行道及各类人行广场等，主要体现人步行的行为特征。

2. 城市广场

（1）广场的溯源

何为广场？美国学者凯文·林奇（Kelvin Lynch）认为"广场在高密度的城市中心应是一个充满活力的焦点，它的典型特征是：地面铺砌，由建筑物形成的围合感较强，或被街道限定，或与之产生联系；它具有吸引大量人流及为聚会提供场所的特征……"

广场空间的雏形来自于原始氏族社会中，祭祀、议事的室外公共活动空间。而真正意义的城市广场则起源于古希腊，此时广场作为聚会社交的场所，被认为是城市主要的公共空间。在这以后的各个时期，欧洲传统城市中的广场都是城市重要的公共空间，遍及各个城镇。它们不仅是所在城市的政治中心，还为当地的居民们提供了聚会、交流及商贸的场所，成为居民们日常生活中必不可少的组成部分。可以说城市广场就是"城市的客厅"。

（2）城市（镇）广场的类型和性质

现代城市广场的功能越来越多样化，所以性质也越来越趋向于综合性的发展。

A. 宗教广场

宗教广场多修建在教堂、寺庙及祠堂对面，为了举行宗教庆典、祈祷、仪式、集会、游行所用。在广场上一般设有尖塔、宗教标志、坪台、台阶、敞廊等构筑设施，如罗马圣彼得大教堂广场等。

B. 市政广场

多修建在市政厅周围和城市政治中心所在地，是供市民集会、庆典、休息活动使用的场所。一般由行政办公、展览性建筑、结合以小品雕塑、绿地等形成，气氛庄严而宏伟。一般布置在城市中心的交通干道附近，便于人流、车流的集散，具有良好的可达性和流通性。如北京天安门广场、莫斯科红场等，都与城市干道有良好的联系。市政广场的出现是市民参与市政和管理城市的一种象征。

C. 交通广场

交通广场作为交通的连接枢纽是城市交通系统的有机组成部分，起着交通、集散、联系、过渡及停车作用，并有合理的交通组织。火车站广场、汽车站广场、航空港候机楼、水运码头及城市主要道路交叉点等都是典型的交通集散广场。

D. 纪念广场

为了缅怀历史事件或人物，常在城市中修建这类广场，主要用于纪念活动：用相应的象征、标志纪念碑等的手段，供市民、游客瞻仰和游览使用，教育人、感染人，以便强化所纪念的对象，产生更大的社会效益，如巴黎的凯旋门广场、南京中山陵广场等都是典型的纪念广场。

E. 商业广场

商业广场是现代城市广场中最为常见的一种。现代的商业广场，往往集购物、休息、娱乐、观赏、饮食、社会交往于一体，成为人们文化生活的重要组成部分，常与商业步行街合并设置，如北京王府井百货大楼商业广场、英国哈罗新城中心的市民广场等。

F. 休闲娱乐广场

此类广场是居民城市生活的重要行为场所，是市民接受文化教育和休息的室外公共空间场所，通常包括花园广场、文化广场、园林广场、水上广场，以及居住区和公共建筑前设置的公共活动空间。

3. 城市公园绿地

（1）城市公园的概念

城市公园即是城市公共空间中供公共游览、观赏、休息、开展科教文化及锻炼身体等活动，有较为完善的设施和良好的绿化环境的公共绿地。

（2）公园的分类

中国现有公园的类型包括：综合性公园、居住区公园、儿童公园、老年公园、动物园、植物园、森林公园、历史名园、纪念性公园、文化公园、体育公园、科学公园、国防公园、游乐园、主题公园等（图1-1）。

1.1.2.3 传统东、西方城市公共空间对比研究

1. 以街道为主角的传统中国城市公共空间

中国封建几千年的封建王朝奉行的儒家思想，注重尊卑次序，服务于中央集权的帝王统治。加上亚洲传统文化和风俗中相对内敛的文化性格和生活方式，城市公众生活缺乏开放性和集聚性，公共活动通常局限于狭窄的街道。因此，传统的中国城市与西方城市截然不同，其公共空间以线形的街道为主。中国古代城市中除了街道空间之外，只有少量的城市公众活动场所，如集市、庙宇、瓦肆等。而这些"市"和"里"一样处于高墙之中，定时开放，无法演化生成开放的广场空间。虽然皇城或宫城前一般有宫廷广场，较小城市的衙署前有前庭，但都不提供给公众日常活动使用，相反还要求公众肃静。

2. 以广场为主角的传统西方城市公共空间

广场是通常由建筑物、道路或绿化地带围绕而成的平面开敞空间，是传统西方城市公共空间的主角。作为市民社会生活场所的广场往往布置在城市的中心位置，是城市公共空间布局的主导，体现出为公众服务的公共空间在城市中的重要地位。传统西方城市的广场大多采用

图 1-1
中山岐江公园（文化公园案例）；项目地点：广东省中山市；设计单位：北京土人景观与建筑规划设计研究院

产品与居住·公共家具与空间

封闭构图，通向广场的城市道路与广场形成错位关系，使每一条道路在广场上都能找到对景。广场周围的建筑物常常环以连续的券廊，形成广场空间与建筑内部空间的过渡。广场的形式和功能在不同的历史时期有着不同的特点，承载着不同类型和规模的社会生活。

1.1.2.4　室内外公共空间对比研究

公共空间设计是人类相互交流和传递信息的媒介。作为社会生活的一个侧面，它为人们提供着丰富多彩的视觉空间，并以其特有的直观性、文化性、视觉冲击力而成为现代社会宣传、教育、传播的重要手段。

关注公共空间并将城市视为交流的场所自然而然地导致了城市规划和公共空间建筑学方面的显著进步，这种进步形成城市发展策略和新公共艺术设计的中心主题。

——扬·盖尔/拉尔斯·吉姆松《交往与空间》

室外公共空间设计是对公共建筑及与之整体相关联的综合环境进行设计。室内公共空间设计则是对公共建筑物内部公共领域的空间、空间关系和环境艺术进行的设计。从规划设计角度出发，外部空间设计涉及城市滨水空间、城市绿地、节点广场、街道空间、居住区环境、建筑外部空间等城市开放空间。外部空间设计应满足人们的心理、生理、行为、审美、文化等多方面的需求，达到安全、舒适、愉悦的目的；需要注重宜人的尺度，增强空间的亲切感和认同感；需考虑空间形态的多样化，满足不同阶层、年龄、职业、爱好和文化背景的人群需求与活动规律；要强调空间环境的开放性、参与性、互动性，同时考虑无障碍设计。

关于城市公共空间家具设计需针对特定地域、时代和环境，注意生态美学和场所意义，同时也注重城市文脉与气质的显现。所以，适当引入社会学是必要的。这也是对城市公共家具之概念本原的诘问。要明白景观创造意味着什么，与自然对话意味着什么。

1.2　城市公共家具概述

1.2.1　城市公共家具的生成及发展

公共家具是指用于公共场所人们共享的家具，它区别于家用家具和专业家具。它的使用对象范围无论男女老少、强弱病残。这就使得公共家具的设计思考比普通家具更为复杂，更由于公共家具置放在公共场所环境中，因而它的维护和造价就显得比其他家具需更多考量。人类使用公共家具的历史可追溯到远古时期，那时人类从树上的野人状态来到陆地定居，为抵御自然灾害和异族的掠夺结成部落。部落共

图1-2
罗马斗兽场（建于公元72～82年）

图1-3
埃皮达鲁斯剧场（建于公元前350～前330年）

图1-4
卡拉卡拉浴场（建于公元212～216年）

同议事时随地而就的石头作为"坐凳"，这可能就是最早的"公共家具"了。人类通过与自然及人类自身相互间的争斗，逐步利用自然资源创造可利用能源完善提高自身的生活品质。人类的文明亦由远古原始社会而进入奴隶制社会，经过封建专制最终进入现代文明社会，在文明进程的演化中，公共家具亦逐渐由低级向高级演进直至今天达到相当高度的文明及技术程度。公共家具的种类亦由较简单的坐具发展为今天种类繁多、分布较广且成为了现代城市文明的重要表征物。15世纪以后科学的逐渐成熟，促进公共家具发生了巨变，人类对公共家具的需求亦提出了更高的要求。首先舒适成为了人类需求的首选，进而安全易维护亦成为了公共家具设计的要求，今天美观也成为了衡量公共家具的重要标准。由此如何选择合适的材料与技术，保障人类安全亦是公共家具设计的重要因素。从人类利用自然资源的历史进程看，从最原始的自然材料石头、木头到后来的铜、铁、钢等金属元素直到今日的塑料、合成材料，公共家具使用的材料亦不断在演进中，每一次材料的变革都意味着新的技术进步，人类文明的需求攀升。

今天，公共家具可以说作为人类文明的见证物而日益被重视，公共家具的设计成为人类评价文明发展程度的重要标准，是人类城市文明的象征之一。

1.2.1.1　公共家具与"公共性"——社会民主文明的象征

人类最初的"公共性"可能表现在部落为抵御外来侵略或重大事件议事以及为祭拜部落的"神灵"举行的祭祀活动中，那时自然的山石、木头成为了人类随地而就的"家具"，而这时亦赋予了人们在公共场域使用的"家具"以"公共性"。这种公共性随着社会文明的进步亦不断在深化拓展。人类社会在产生了部落以后就因为对自然资源的占有而激发了贪婪的本性，相互争夺最终导致了战争，在这种"善与恶"的不断斗争中，公共性亦呈现出多样"姿态"。从奴隶制社会为检视城邦武力的斗兽场看台（图1-2），颂扬战争功绩的露天剧场阶石（图1-3），直至贵族享乐的公共浴场石凳（图1-4），到封建专制体制下的刑场看台……然而早期社会的公共性并不是所有人类可以感受的，公共家具亦作为一件公共场所可使用的器物与一般家具并无区别。在利用自然资源创造人类生存品质的同时，人类逐渐产生了哲学和科学，尤其是15世纪以后人类文明出现了曙光，科学在15世纪以后得到了奇迹般的发展，尤其人类重新发现"新"能源"煤"的价值以后，不断在探索如何利用、开发能源为自己造福，科学的进步亦带来了文明的进步，通过立法制宪人类逐步规范了自我的公众行为，公共性成为社会民主文明的重要标志。在公共性的约束下，对公共环境中使用的家具亦有了更高的要求。并且，随着汽车、火车、飞机等现代工业文明的创造，公共性越来越受到人类的关注，最终成为评价一个社会发展进步的标尺。公共性的发展亦使公共家具的使用范围更为宽广。在产生了工业化文明的象征——城市以后，在城市公共空间乃至街道使用的家具亦受到了人们的重视，这类城市中使用的公共家具被称为"城市家具"而成为公共家具的一个重要门类。公共家具的公共性日益受到管理社会的组织——政府的重视以及民众的关心，在人类文明高度发展的今天，这种公共性被视为社会文明发展程度的评判标准。公共家具发展水平亦成为社会民主文明的重要象征。

1.2.1.2 公共家具与安全——社会意识的觉醒

放置在公共环境中的公共家具，早期人们并未关注其安全的问题，随着人类文明的进步，人类对自身的安全亦给予了高度的关注。公共环境中公共家具的安全亦成为了社会重要的研究课题。尤其20世纪以来人类文明的高速发展，使公共家具呈现出更多的复杂性，同时人类的恶习——犯罪行为也对公共家具的安全设计提出了新的思考。人类从最初的被法制约束到今天的自觉关注显现出人类对自身生活品质的要求提高，这种要求代表了社会共同意识的发展，从而使对公共的安全成为人类自身的必须，显现了社会意识的觉醒。公共家具安全的方方面面都受到了关注：公共家具的形态或比例尺度是否对人类肌体的发展产生影响；材料的选择是否对大气释放有害物质而影响人类生命安全，尤其公共家具对老人及儿童的生理、心理的特殊性是否关注，这些都成为公共家具安全的要求。人类社会的发展显现了人类对自然界的认识及对自身生存价值的理解。从最初对自然资源的掠夺，竭力利用、开发自然资源，历经近万年的岁月，人类逐步从自然灾害的教训和自然环境品质的衰败过程中意识到对自然资源必须合理利用、有序开发，保护人类赖以生存的自然环境品质的重要性。天、地、人之间的和谐关系始终是人类社会发展的永恒课题。在今天，绿色环保、可持续发展成为了人类社会发展的必须，公共家具安全的重视亦反映在家具的方方面面，并且对其安全的检查日益受到人类的严格控制。公共家具的安全反映出人类社会意识的觉醒。人类需对自身的环境进行反省，并对人类生活相关的器物安全提出反思。科学的出现使世界的变化日新月异，在创造新技术、发现新能源的同时，人类逐渐关注人与工具的关系，如何通过合理使用工具来提高工效成为世界的新话题。20世纪初最早由美国人泰勒在工厂试验中提出了"工效学"的概念，继之吉儿布雷斯夫妇首先应用心理学原理进行了动作研究，人类的第一、二次世界大战期间，因各种新式武器的生产而研究工人的心理、生理特点与机器生产的产能达到了高峰，大战后这一研究扩大至人类生产的方方面面。1961年在瑞典斯德哥尔摩成立了国际工效学协会，此后，许多国家纷纷成立专门研究"工效学"的专业机构和学术团体，研究成果作为国际标准制定的重要基础，尤其涉及安全、健康方面的标准往往是强制执行的。20世纪50年代，在第二次世界大战中，人类逐渐发现人与机器存在相互作用的关系，因而把这种关系置于人与机器或物体所处的环境中加以研究，便产生了人机工程学，日本称为人机工效学。1970年正式成立了国际工效学学会，简称IEA，出版《工效学》和《应用工效学》两本刊物探讨、研究人、机器（物）、环境间的关系与相互作用。这种研究结果直接产生了公共家具设计严格的国际、国家标准：从外观尺度到色彩甚至细部设计都进行了科学规范。人类日益关注在创造物体满足自身生活需求时的负效应。21世纪后人类对自我开发、生存近万年的世界又重新审视，意识到人类不断利用了自然资源，开发能源拓展了自身的生产力，奇迹般地创造了高度发达的社会文明，但在创造利用的同时亦给赖以生存的世界带来了破坏甚至毁灭性的打击，因而在新世纪人类文明继续辉煌之时，如何科学利用自然，与自然和谐共处，是新世界面临的重任。人类提出了低碳、绿色环保、可持续发展的要求。这是又一次新的社会意识的觉醒，公共家具设计的安全范围由人、物（机器）、环境的关系更延伸至公共家具的技术与材料对人类生存环境的影响。公共家具的安全设计亦成为专项研究的重大命题。由于公共家具置放在公共环境中，它的使用对象不仅是青壮年人，更多使用对象为老人、儿童甚至体弱病残者，因而公共家具的公共安全性研究更为复杂，社会对其亦特别关注，对老弱病残和儿童的安全设计成为了一个社会检验文明程度的重要标准。

1.2.1.3 公共家具与技术——社会创新的表现

人类文明是一部发展、创新的历史。公共家具同样在人类文明的历史长河中，反映其文明进步的历程，一次次的社会历史变革、人文意识的觉醒都给公共家具的设计带来了历史性的创新。技术的创新其实质是材料的革命。早期原始社会，人类使用的家具只是随地而就的石头和树木，人类发现了矿石以后，逐步利用矿石进行金属冶炼，最早是青铜而后是铜、铁，再后来发现铁进行冶炼技术的创新可找到更高硬度的钢，后来又创造了混凝土、玻璃等人工合成材料，公共家具的材料亦随之而变化，每一次材料的出现都代表着社会文明的进步，人类社会向更高层次的迈进。由于生产资料的生产方式及分配形式，人类社会从最初的原始社会进入奴隶制社会。新材料的产生创造了每一社会的生产工具甚至人类相互间为争夺自然资源和人力、畜力而进行战争的武器；新材料的产生亦促使了社会文明向更高层次的发展。社会文明的发展又要求人类不断发现新能源，创造新材料。人类最早依赖生存的条件首先是农耕与畜牧，而后逐渐进行农业和畜牧业的深加工如纺织业和纺纱业的出现，皮革制造的作坊出现，这时出现了"原始工业社会"状态，直至16世纪末期人类才发现以前只作为木材、焦炭炼铁的辅料——"煤"的重大作用。煤的广泛利用产生了最早工业革命的萌芽，人类社会亦从农耕社会向工业社会逐渐迈进，城市逐渐形成。为了加速煤的开采与冶炼，人类发明了蒸汽动力，而后利用钢形成了机械制造的产业，为了煤的运输人类发明了轨道运输而后普及至普通民众，有了我们今天的火车，再后来人类发现了石油可以提炼新燃料——汽油，慢慢将这一动力源运用到机械运输工具上发明了汽车。煤炭的充分利用产生了化工业，而电的发现则使人类从黑暗的世界渐入灰暗的世界进而走向光明，更重要的是动力源产生了根本变化，有了电，人们又发明了电灯、电报、电话等数以万计的现代文明工具。从16世纪末至20世纪初，人类发现了能源后经历了翻天覆地的变化。公共家具的种类亦由于新工具、新能源的生产，得到了充分发展，材料亦以原来原始的自然材料而演进为金属、玻璃、钢以及人工合成材料，而19世纪50年代末发现的石油更使人类实现了飞行的梦想，且工业门类出现新的产业——化工业。化工业的出现使公共家具材料的发展亦更为轻便。耐用的塑料、聚合塑料等新型材料的产生，推动了技术的创造，其材料特性带来了构造的新创新。人类对自然材料的运用更建立在严格的科学设计分析基础上，并且人类利用材料的不同特性而设计公共家具的不同部位，如利用木头柔韧的特性而设计座椅面，而钢的强度则可做支架支撑人的坐姿，等等。同时，将使用材料还与环境相链接，使公共家具自然融入环境成为环境中的美丽点缀。公共家具根据所应用的对象不同决定了不同的环境空间，如剧院大厅中的座椅就与机场、车站的座椅有本质的区别。其采用的材料亦随空间性质及使用者的不同而变化。随着文明进程的发展，公共家具材料的使用亦发生着革命的变化。同样是火车站的座椅，20世纪30年代可能还是简单的木排椅以钢支架支撑，今天已变成了合金钢一次成型压制成模，或软面材料坐面加钢支架，即使是同样的钢支架，初期刚出现钢时应用只注意其牢度，而至今随着文明程度的提高，公共家具不仅考虑材料的强度，更关注材料的构造与公共家具的整体形态乃至应用场所的空间关系。随着21世纪的到来，人类又把绿色环保、可持续发展放到了重要的设计关注点上。材料不仅要实用，而且构造要合理、简洁，造型还要优美。20世纪20年代初，工业革命的高度发达及人文思想的火花绽放，产生了现代设计，现代设计不仅与古典主义以来的设计一样强调风格，而且更强调对材料的科学利用而形成的简洁风格的审美要求。著名的现代主义建筑大师密斯·凡·德·罗提出了"少即是

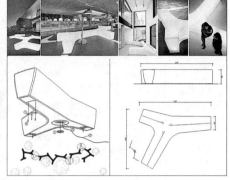

图 1-5（左）
地域文脉特征的公共家具设计；洛杉矶滨水区（Los Angeles Waterfront）；项目地点：美国，圣佩德罗；设计师：Aecom设计公司；完成时间：进行中

图 1-6（右）
材料的创新

多"的理念，在他的思想影响下，现代建筑和工业产品不仅寻求尝试运用新材料——玻璃和钢，同时追求新材料所带来的建筑和产品的简约、精炼。现代主义产生于德国的"包豪斯"，这所学校不仅造就了现代主义的大师而且教育了几代人，"包豪斯"的思想至今还影响着设计界。公共家具的设计亦由于新材料的运用产生了许多新的形态，木材料亦成就了许多新构造、新结构。20世纪40年代中期世界结束了大范围的战争，欧美进入全面的和平复苏时期，这期间世界经济高速发展，人类不断在深化已有的物质文明并向外太空拓展，探索未知的世界。公共家具亦由原来简单的功能性家具而深入探索材料构造及其与环境空间的关系，从而形成自我特色。城市家具不仅成为城市街区生活的必需用品，更追求体现城市的文脉关系及地域特征（图1-5）。公共家具的材料与技术的高度结合，成为了设计的新时尚，更成为了城市文明的象征，社会创新达到了前所未有的高度。随着社会文明的发展，今天的材料应用又要求用自然环保的材料回馈自然，与大地和谐相处，人类利用材料显现了新的方式（图1-6）。材料的创新又一次承担了人类社会文明新的历史责任。未来的世界将如何？公共家具如何发展？材料与技术责无旁贷地成为先锋尖兵。

1.2.2　城市公共家具与其他家具类型比较研究（表1-2）

城市公共家具与其他家具类型比较研究　　　　表1-2

家具类型	家具特点
公共家具	公众性；标准化，配件化；易维护，耐久性强；材料相对单一，根据使用者不同而定；公共环境品质的象征物；公共服务；公众人机工学
私人家具	私属化；标准化，配件化下的个性化；私人行为的满足，个性人机工学；温馨的感受；材料丰富；使用对象稳定；专业维护；耐久性相对较弱
专业家具	专业需求的满足，专业环境的要求；标准化，配件化；材料单一；易维护，耐久性强，模数化

1.2.3 东、西方城市公共家具对比研究（表1-3）

东、西方城市公共家具对比研究   表1-3

东方家具	西方家具
·中国本身文化提倡礼制而排斥公共，强调等级； ·现代民主催生公民意识，产生公共家具； ·受西风东渐影响逐渐建立公民意识，从而产生公众需求，生成公共家具； ·改革开放后民众意识的崛起，政府为民意识的提高，促进公共家具的发展； ·公民意识成为国家民主的象征，民众生活水平的提高要求公共家具的品质	·文艺复兴后的资本主义民主对人性的需求的尊重； ·现代科学技术催生了现代民主需求； ·现代技术影响下的西方意识——人的伟大； ·公众秩序需求的公共服务及公共安全； ·现代审美的艺术性使公共家具成为国家社会形象的一种展示

1.2.3.1 东方（中国）公共家具的演变及地位

世界伊始，人类进入原始社会状态，为了生存人类开始进行生产资料的生产，随着生产资料的不断增加，人类生活方式亦发生了变化。渐渐地人类结群生产劳动，劳动亦有了分工。慢慢地社会开始分化，出现了阶级，人类亦从阶级出现了等级，出现了一部分人统治一群人的社会形态。在原始社会的初期东西方发展大致相同，大约在距今四千多年前，阶级制度逐渐形成，中国进入奴隶社会。统治者（早期的部落首领）以为替天行道自诩"天子"，在这种少数人统治多数人的社会中，社会的公共性并不存在，因而也无从谈起公共家具。随着生产力的提高，社会的进步，人类不禁对世界、天地产生了兴趣。天、地、人三者的关系成为了人类文明永恒追索的命题。在这一探索过程中，人类产生了哲学，大约在两千五百多年前中国产生了哲学，其中重要的一个学派称为儒学，儒学的创始者孔夫子顺应阶级统治的需求，提出了儒学，更明确界定了等级制度，这种等级制度不断发展并且在中国南宋出了一个初期的大儒——朱熹（1130年9月15日），其将儒学更深刻地与中国早期的道学思想及两晋时期（265 ~ 420年）从印度传入中国的佛教三者融合，创立了"理学"，理学思想的形成更深深禁锢了中国社会文明的发展历程。从中国进入奴隶社会直到中国的清朝结束（1911年）的近四千多年，中国社会基本彻底排斥公共性，自然不会有公共家具的存在。1840年前后西方列强的侵略亦带来了西方的先进文明，中国社会文明逐渐开化，出现了西方人办的教堂、医院等公共设施及场所。1912年民国建立，中国进入了半封建半殖民地社会，现代社会文明亦开始出现了萌芽，社会的公共性受到了社会的一定关注，公共家具的雏形亦呈现了出来（图1-7）。之后一直至1949年社会的公共性一直没有较大进步，公共家具亦处于低级发展时期。1949年共产党带领中国走入社会主义社会。但由于社会经过战争的重创，百废待兴，因而

图1-7（上）
南京中山陵，吕彦直，1929
年建成
图1-8（下）
民国时期中华门前广场

城市在一段时期内发展并不迅速，公共家具发展尚处于初级阶段（图1-8），社会的公共性亦处于比较基本的低级文明阶段。1979年后中国社会在中国共产党领导下提出了改革开放，走向了现代文明的发展阶段，国家、政府日益重视，社会的公共性不断受到政府和民众的高度关注。在社会尤其是城市发展的实践上兼容并蓄，不断学习西方的现代民主思想，在公共家具设计上学习西方现代的先进设计理念并努力寻求中国自我文化传承之特色，竭力创新设计。不仅有大量的城市实践吸收西方先进的设计理念，更有大量的学术书籍应运而生，许多大学还专门在工业设计学科门类下开设公共家具设计课，研究公共家具的设计及理论。公共家具设计的事业得到了空前发展，设计实践亦在学习西方先进理念的同时不断创新，寻求中国自我文化特色的显现。

改革开放带来了中国社会及经济的繁荣。一方面大量市政官员及专家、学者走出国门学习取经，另一方面国际上著名的设计公司参与中国的城市实践，这种西学中用、包容融通的方法，最大限度地提高了中国城市的发展水平，中国人的物质文明取得了质的飞跃。

与此同时，现代科学技术的创新成果亦使得公共家具的材料使用不断创新。今天中国的城市实践已与国际的城市实践相并行，并努力探索自我中国特色的城市实践。公共家具作为城市社会文明的重要象征，亦发展迅速，设计水平亦在不断提高。政府对城市实践的设计要求提出了更严格的要求。社会与专业院校都努力在设计思想与设计实践上不断创新，提高设计能力。中国需要城市文明的提高；需要创新更多优秀的公共家具服务社会、服务民众，日益提升现代城市的竞争力。同时，中国亦与世界同步关注高度文明社会发展的后遗症——对地球生命的破坏，提出了绿色、环保可持续发展的国家要求。公共家具的设计亦在努力研究新的生态材料及技术对地球生命的影响。为了保证材料应用对社会公共安全有良好保障，国家制定了相应的技术规范限定设计。公共家具的设计受到了政府及大众的热切关注。今天的城市建设及新型大型公共设施都离不开对公共家具的设计研究，公共家具不仅良好地服务大众、贡献社会，更成为了城市文明的重要标志。虽然与西方发达国家的先进社会文明尚存在差距，但随着大众美学视野的水平提升，政府的日益关注及日益增加的资金投入，公共家具的设计向着越来越科学、安全的方向发展，同时具有优美的品质。改革开放三十余年的实践已充分证明了这一点。从这个意义而言，公共家具设计的研究在今日中国是十分重要的，甚至担当了历史发展的重任，承载了时代的要求。

1.2.3.2 西方公共家具的演变及地位

首先需要界定的是这里所指的西方意为资本主义体制下的西方意识的国家。它包括欧美及现代意识下的东方部分国家和地区如：日本、韩国、新加坡等。人类文明经过数万年的演变，大约在 6000 多年前（公元前 4000 年代中期）从四个分散且遥远的地区各自独立兴起。这四个地区是：底格里斯河和幼发拉底河流域下游；尼罗河流域；印度河流域的哈帕拉和莫瓦卓达罗周围地区以及黄河流域的安阳周围地区。城市是所有这些文明的共同特征。城市以劳动的分工和商品的贸易作为特征。在劳动的分工、物品的储藏记事活动中，为了记录物流清单，文字渐渐产生，人类的文明亦出现了曙光，而公共家具正是在人类的公共活动和公共活动中的公共意识需求下所产生的公共使用家具如公共斗兽场的看台等。

西方文明（欧洲文明）大约兴起在公元前 8～前 6 世纪的爱琴海地区，而后与沿海岸从埃及和叙利亚而来的和陆路从美索不达米亚甚至印度而来的文明聚汇，到公元前 5 世纪爱琴海地区的城邦主要为斯巴达与雅典的城邦，城邦是最早的君主民主政体的国家母体。如斯巴达是一个"被抑制了的文明"。它保留了君主制，由两个国王和二十八个长老组成并受五个监察官监督的长老会议。雅典是一个由公民大会统治的直接民主制的国家，在公民大会里，每一个公民都有发言权和投票权，大多数官职都从全体公民中抽签选任，官员在任职的年终也许会被传列公民法庭上去受审。这种民主的早期文明奠定了西方国家的民主文明体制，亦可以说公共性和公共意识在远古的欧洲就已存在。亦使得公共家具最早出现在欧洲。人类早期其主要生产方式都为农耕和畜牧，由于不同的地域气候而导致西方以农耕和畜牧为主，而东方则以农耕为主，畜牧为辅。因而亦有人类学者将西方文明称为"牧草文化"而将东方则为"稻草文化"。人类文明发展的另一重大引擎即为宗教的出现。"所有的伟大的世界性宗教都发源于亚洲，其中的犹太教、基督教和伊斯兰教三者都发源于西亚一个很小的地区，且宗教思潮群起于公元前 6 世纪前后。人类诞生之初由于生存而启的对大自然的畏惧所产生的多神教和自然神教，经过数世纪的人类活动，人类逐渐需要寻求精神出路和寻求超越于迷信的多神教以上的宗教的需要。"希腊思想家在寻求足以解释物质世界的单一原则的同时，有了趋向于相信单一精神实体的状态。这种动态的一个特征就是——神教的成长。宗教的产生使人类有了固定的精神寄托，同时各类宗教的教义及规范，制约了人类本能的自发行为，人类的社会文明意识不断增强，促进了社会进步。早期的公共家具由于人类活动的单一及科学文明的初级，其表现为类型的单一和材料使用的原始。如大多为椅类和台类。材料亦以自然材料或人工冶炼的金属材料为主，如石头、木头和铜、铁等。在历史的长河中西方文明经历了两个重要的时期，发生了革命性的变化，其一为13世纪末在意大利产生的文艺复兴运动，而后蔓延至西欧各国，于16世纪在欧洲盛行的一场思想运动。它表现为在经过古典文明时期和长达三个世纪之久的以基督教为代表的教会统治所带来的中世纪以后西方人文精神的觉醒，带来了科学与艺术的革命，揭开了近代欧洲历史的序幕，是中古时代与近代的分界，亦有史学家认为是封建主义时代和资本主义时代的界分。文艺复兴的时代给西方人类的意识带来了觉醒，使人类的"自我"意识得到了极大的张扬，而这种"意识"觉醒亦为以后公共家具的真正出现奠定了"公共"思想基础。在文艺复兴运动的引导下西方各国努力探索自然，促进了科学的产生与快速发展，之后在18世纪的后半段，英国发生了工业革命。工业革命的产生建立在文艺复兴后高度发展的科学和人文思想基础之上。正是因为工业革命才使得西方的整体科技、工业水平驶上了发展的"快车道"。工业革命导致了欧洲乃至美国的城市文明的高速发展。美国从1783年一个人口只有三百万多一点的国家在不到一百年的时间里成长为一个巨人，人口在1890年时已超过除俄国以外的所有欧洲国家。而美国的生产力亦得到了高速增长。工业革命推动了机械革命和电力工业的发展，更催生了化学工业的产生，而化学工业的产生则使人类世界的材料发生了革命性的变化。工业革命使欧洲尤其西方国家的国力增强，亦加速了西方世界对全球的扩张。英国通过侵略和占领成为了"日不落"帝国，而在扩张中，西方世界亦把其资本主义的民主意识带给了这些占领国，这些国家亦成为了西方意识下的世界性的西方国家殖民地。而近代公共意识的公共家具亦带给了世界许多国家的公众需求的满足，甚至近代中国。在文艺复兴思潮和工业革命的影响下，英国的工艺美术运动推动了19世纪的德国，在设计意识上首先发生了革命性的变革，创立了影响世界的"德国工作联盟"，该联盟由德国建筑师穆特修斯联合了12位艺术家和12个企业和创作团体，于1907年10月5日在慕尼黑成立，工作联盟提出了"艺术与工业"的结合。之后，1919年由年轻的工作联盟成员：格罗皮乌斯创立了现代设计的里程碑——"包豪斯"。"包豪斯"集聚了西方许多著名建筑师、艺术家和匠人。从1916年格罗皮乌斯写给德国国务院的报告中可以看到"包豪斯"所提出的工业设计的作用。"艺术家要想发展造型的话，首先要探索、理解并学会使用现代造型的强有力手段：各种机器，从最简单的工具到复杂的专用机器。""在要求工业技术卓越的同时，还要实现外形美。世界各国用相同的技术制造的东西还必须通过外形表现出精神思想，使它在大量产品中表现出领先。手工业和小企业不再能适应现代要求。现代主义也准备认真考虑艺术问题，用机器方式去生产出像手工艺术一样精美的商品。艺术家、推销和技术人员应当结合起来，逐渐使艺术家掌握能力，把精神灌输给机器产品。"没有经验的企业主往往低估艺术的价值，只靠增加产品数量不可能在世界竞争中获胜。从 1919 年到 1933 年包豪斯被德国纳粹所强行关闭的 14 年间，包豪斯实践、完善了现代设计教育思想，而这一现代思想亦由于纳粹的迫害而流向法国和美国及其他国家，最终在 20 世纪 50 年代后影响世界。包豪斯的现代设计亦推动了建筑界现代主义的产生，现代主义的大师有三位均出自包豪斯：格罗皮乌斯、密斯·凡·德·罗、勒·柯布西耶，还有许多著名的艺术家如：伊顿、康定斯基、克利等。包豪斯的现代设计思想影响了当时的世界直至今天的设计、教育，20 世纪在世界范围内所产生的化学工业的重大发展，使设计材料发生了革命性的变化，公共家具的材料亦从木头、钢铁发展为更轻型的塑料、玻璃钢直至今天高强度的陶瓷材料。材料的革新促进了城市公共家具的创新和发展，同时高度精确、批量化的工业生产模式保证了公共家具的优秀品质。从 20 世纪 50 ~ 70 年代，西方文明又得到了进一步的发展。人类更关注自身的安全、健康，同时 20 世纪 50 年代末期在美国所兴起的后现代主义的设计运动则对建筑与产品的文化性提出了要求。在文脉主义、地域主义的文化要求下，公共家具同样发生了革命性的变化。公共家具不再是标准工业生产模式下生产的标准单一形态的公共产品，而幻化为丰富肌理与文化特征，用以诠释使用场所地域性文化的一件公共器具。同时，艺术性则不断增加、发展。在设计手段和方法上，20 世纪 30 年代产生今天高度发达的计算机技术则赋予了公共家具的设计以新的生命力。进入 21 世纪后，西方世界又开始关注自我生存空间的环境变化，从大气污染指数控制到生态，可持续发展又对公共家具设计与生产提出了时代要求。今天公共家具已成为人类公共生活环境中的必需。

1.3 广义公共家具的类型

一提及公共家具的类型，很多人立马想到户外公共家具，这是对狭义的公共家具的理解。实际上，我们这里所谈的是广义上的公共家具，这不仅仅只存在于城市户外公共性质的空间里，还体现在室内公共性质的空间里。室内、外公共家具系统可具体归纳为公共管理系统、公共交通系统、公共服务系统和公共辅助系统等。它们的下属各有不同的子系统协助，相辅相成，一同构成了广义的公共家具系统架构（表 1-4）。

广义公共家具架构	A.户外公共家具	公共交通系统	安全设施：交通标志、交通信号灯、路障、反光镜与减速器、人行道与街桥
			停候设施：候车亭、停放设备、公路收费站
		公共管理系统	防护设施：消火栓、栏杆与护栏、盖板与树箅
			市政设施：电线柱与配电装置、管理亭、隔声壁
	B.室内公共家具	公共服务系统	休息设施：座具设备、步廊与路亭
			信息设施：室内、外广告，环境标识，电子信息，电话亭，邮筒，宣传告示栏
			卫生设施：垃圾桶、厕所、清洗装置
			娱乐设施：游戏器具、娱乐器具、健身器具、服务商亭、自动贩卖机、移动贩卖货车
			无障碍设施：通道、坡道、专用服务设施
		公共辅助系统	照明设施：安全照明、道路照明、装饰照明
			美化设施：水景、绿景、地景、雕塑、壁饰、店面橱窗

1.3.1　公共交通设施

1.3.1.1　安全设施

安全设施是在城市道路中给人们出行和环保提供安全提示或者控制的保护装置，主要有交通标志、交通指示灯、路障、反光镜与减速器、步道与街桥等。

1.交通标志（交通指示牌）

交通标志是交通管理的重要组成部分，是属于静态控制的指挥交通形式。其作用是对于行人与车辆提示适当的禁止与限制，提高道路交通的通过能力，尽可能维护道路安全，防止交通事故的发生（图1-9）。

（1）类型与特征

交通标志分为主标志、辅标志两大类。主标志又分为警告标志、禁令标志、指示标志、指路标志四种。辅助标志有时间/车辆种类、区域或距离、警告、禁令理由、组合辅助五种（表1-5）。

（2）设置原则

A.设置地点要醒目，避免遮挡物；

B.色彩上，交通标志外罩与连接杆应选用黑色、深灰色，不干扰有色光源，使用反光材料，保持夜间车灯反射效果；

C.路况复杂的地段，设置要主次分明，便于行人、车辆快速反应

图1-9
GEO显示交通靠左走标识

交通标志	主标志	警告标志：23类，警告车辆、行人注意危险地点，形状为等边三角形、顶角朝上，其颜色为黄底、黑边、黑图案
		禁令标志：39类，禁止或限制车辆、行人的交通行为，形状为等边三角形、顶角朝上，颜色除个别标志外都为白底、红圈、红杆、黑色、图案、图案压杠
		指示标志：26类，指示车辆、行人实施某种交通行为，形状为圆形、长方形，颜色为蓝底、白色图案
		指路标志：22类，表道路方向、地点、距离信息，形状多为长方形、正方形，一般道路颜色为蓝底、白图案，高速公路为绿底、白图案
	辅标志	时间/车辆种类
		区域/距离
		警告
		禁令理由
		组合辅助

判断。路面窄小的情况下，可与其他设施组合使用。

2.交通信号灯

交通信号灯是交通标志中的重要组成部分，是道路交通的基本语言。交通指示灯由红灯（表示禁止通行）、绿灯（表示允许通行）、黄灯（表示警示）组成。广泛用于公路交叉路口、弯道、桥梁等存有安全隐患的危险路段，指挥司机或行人交通，维持交通通畅，避免交通事故和意外事故的发生。

（1）类型与特征

从功能形式上分机动车信号灯、非机动车信号灯、人行横道信号灯、车道信号灯、方向指示信号灯、闪光警告信号灯、道路与铁路平面交叉道口信号灯。

A.机动车信号灯：绿灯亮时，准许车辆通行，但转弯的车辆不得妨碍被放行的直行车辆、行人通行；黄灯亮时，已越过停止线的车辆可以继续通行；红灯亮时，禁止车辆通行。

B.非机动车信号灯：在未设置非机动车信号灯和人行横道信号灯的路口，非机动车和行人应当按照机动车信号灯的表示通行。

C.人行横道信号灯：人行横道灯由红、绿两色灯组成。人行横道灯设在人流较多的重要交叉路口的人行横道两端。

D.车道信号灯：车道灯由绿色箭头灯和红色叉形灯组成，设在可变车道上，只对本车道起作用。红、绿颜色变换，表示禁止或通行。

E.方向指示信号灯：方向信号灯是指挥机动车行驶方向的专用指示信号灯，通过不同的箭头指向，表示机动车直行、左转或者右转。它由红色、黄色、绿色箭头图案组成。

F.闪光警告信号灯。

图 1-10
151 Rosebery Ave 支护柱；材料：不锈钢和铝

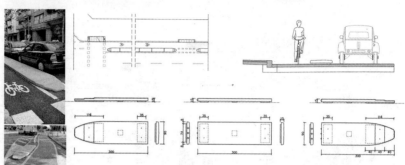

图 1-11
ESCOFET SEGREGADOR DE CARRIL 分隔自行车道装置；设计师：Enric Pericas；完成日期：2001 年；由高度抗压的钢筋混凝土制造

G. 道路与铁路平面交叉道口信号灯。

（2）设置原则

A. 设置地点醒目，避免遮挡物。

B. 在车量较大、车道较多、路面较宽的情况下，指示灯尽可能设置在道路上空，规格可适当放大，便于远距离观察。

C. 色彩上，指示灯外罩与连接杆选用黑色、深灰色，不干扰有色光源，指示灯应设有遮光部件，避免阳光直射影响指示灯照度。使用反光材料，保持夜间车灯反射效果。

D. 路况复杂的地段，设置要主次分明，便于行人车辆快速反应判断。路面窄小的情况下，可与其他设施组合使用。

（3）常用规范

灯色：用红、绿、黄这三种颜色作为交通信号与人们的视觉结构和心理反应有关。

3. 路障

道路上设置的障碍，主要用于阻止机动车辆通行（图 1-10）。

（1）类型与特征

路障分为固定路障和活动路障（即可升降路障）。

A. 固定路障：一旦设置就无法移动，所以存在一定的弊端；而可升降路障由于其可升起可降下的灵活性，被越来越广泛地应用（图1-11）。

B. 自动路障：

自动路障（图 1-12）由液压控制升降的金属圆柱体，具有很强的抗冲击和撞击能力。它们可以在不改变原来空间布局的基础上，通过镶入路面来灵活控制交通和停车管理，用来替代岗亭、栏杆、链条等固定路障。自动路障还具有多功能用途：高峰时期设定步行街或限制车辆进出。因其很强的抗冲击和撞击能力，自动路障还具有良好的安全性能，它可以应用于一些敏感区域：大使馆、领事馆、政府机关、银行等。

图 1-12
自动路障

（2）设置原则

产品广泛用于城市交通、军队及国家重要机关大门及周边、步行街、高速公路、收费站、机场、学校、银行、大型会所、停车场等许多场合。通过对过往车辆的限制，有效地保障了交通秩序即主要设施和场所的安全。

A. 国家机关和军队等重要单位大门：安装升降防暴路障，可采用电动、遥控或刷卡等方式控制升降，有效阻止外单位车辆进入和不法车辆闯入。

B. 步行街：步行街路口安装升降式路障，平时路障处于升起状态，限制车辆进出，如遇紧急或特殊情况（如火灾、急救、领导视察等）可迅速降下路障，以便车辆通行。

C. 道路隔离带：在非全封闭式道路隔离带中可采用升降式路障，平时阻止车辆左转或掉头行驶。如遇道路施工、道路阻塞等特殊情况，可放下路障，使车辆改道通行。

D. 多用途广场：白天路障升起，禁止车辆进入广场，夜间利用广场作为临时停车场，放下路障，车辆可进入停车。

E. 开放式公园：开放式公园路口安装升降式路障，平时路障升起，阻止车辆通行，游人可自由通过。遇特殊情况时，放下升降式路障，以便车辆通行。

F. 小区、银行、学校等限制车辆进入的场所及保证消防通道的有效使用。

G. 高速公路：需紧急封路时，使用自动升降路桩，方便快捷，并可节省警力。

4. 反光镜与减速器

反光镜与减速器都属于道路交通的安全设施，反光镜是通过球体镜面造型，增加可视的范围，以便驾驶者确定正常视线以外的道路车辆现状，并以此为提前作出行驶判断，避免车辆碰撞。造型要求简洁，常设置于急转弯的道路，如山道、出入口等，反光镜视角要与道路和驾驶者视线吻合（图 1-13）。

图 1-13
反光镜

图 1-14
减速器

图 1-15
人行道

减速器（图 1-14）是通过路面的凸起，引起车轮起伏或车辆颠簸，引起驾驶者注意，从而起到减缓车辆的行驶速度。一般都在住宅小区、入口、停车场以及人流聚集区的道路上设置。减速器的造型较简单，一般采用小缓坡梯形状金属材料固定于地面，高度为10cm 左右，分段设置。减速器表面用黑黄条纹装饰，以引起驾车者的注意。

5. 人行道与街桥

人行道与街桥是为了提高通行率、减少行人事故而设置的必要设施。人行道是通过地面的划分，形成安全的步行区域。街桥则是连接道路两侧，为解决人机分流穿行而设置的空间过街设施。

（1）类型与特征

A. 人行道主要包括条纹式（或称斑马纹式）人行横道线和平行式人行横道线两种。一般与交通信号灯配合，分时段让人通行（图 1-15）。

B. 街桥平面通常造型为 I 形、L 形、Y 形、H 形、X 形、O 形等，特殊区域如儿童乐园还要求出现 C 形、S 形等。街桥结构上包括横梁桥型、桥型、构架型、吊桥型等。

（2）设置原则

A. 人行道的布置要明确划分人行、车行的位置，导向性强；

B. 人性化设计，通过地面铺砖的材质体现分区，边缘部分如坡道、台阶等衔接需统一。

1.3.1.2 停候服务设施

停候设施主要指城市中人出行交通的工具停候如自行车、机动车，及公路收费点等便民设施。

1. 候车亭

候车亭一般是与公交站牌相配套的，为方便公交乘客候车时遮阳、防雨等，在车站、道路两旁或绿化带的港湾式公交停靠站上建设的交通设施。一般候车亭棚体主要由棚、立柱、顶弓、广告灯箱和坐凳组成，也有用隔板来代替广告灯箱的，甚至还有的兼具电话亭和自动售票机功能，已经构成完整的候车亭设施组合体系。由于城市公交的日益发达，候车亭已发展成为城市一个不可或缺的重要组成部分，设计精美的候车亭也成为了城市一道美丽的风景。

（1）类型与特征

A. 单柱标牌式：正方形、长方形标牌上注明公交交通各站流程，占地面积小，成本低，是最早、最普及的简便的公共汽车候车点形式，缺点是不易辨别；

B. 敞开式：由标牌、时刻表、室外广告等元素组成；

C. 箱形式：占地面积大（图 1-16）。

（2）设置原则

A. 要求具有防晒、防雨、防雷、抗风功能，候车亭人行道宽原则上要求 3m 以上，设置防雨棚为 2m 以下；

B. 站点设置应易于识别不同类型的路线车辆，从视觉上、色彩上、设置上等各方面跟大环境有所区别；

C. 中途站点尽量设置在各主要客流集散点，路段上进行叉位设站，错开距离不小于 50m；

D. 人性化设计，站点字体清晰，有垃圾桶、烟灰缸、残疾人辅助设施等的配合。

（3）常用规范

常规尺寸：整高为 2.6 ~ 2.8m，顶棚宽约 1.6 ~ 2m，长约 5 ~ 8m。单体灯箱 1800mm×3600mm；广告画面 1500mm×3500mm；顶棚 1500mm×4500mm；高度 2700 ~ 2800mm。

2. 停放设备

停放设施是指自行车、机动车等的停放场所与设备，是居住生活的必备配套设备，它能更加有效地利用空间，使环境变得整齐、美观、有序，同时也方便管理。

1）自行车停放设备

自行车是我国普及最广的代步交通工具，其拥有量为世界各国之最。

作为同城短区间非机动载人设备，自行车廉价、便捷、健身、环保、节能的特点尤为突出，是当今乃至今后更长时间人们生活中不可或缺和替代的主要交通工具之一。尤其在低碳环保的国际背景下，我国现已有众多城市主动将自行车纳入公共交通领域，意图让公共自行车交通与公共交通"无缝对接"，破解交通末端"最后一公里"的难题，达到低碳出行、美化城市的目的。

自行车轻便，占地面积小，但数量越多，就越容易杂乱无章，破坏城市市容。城市公共空间都应该设计到一定面积的自行车停放设施，注重美观、实用，在方便使用的同时不能对交通造成妨碍。如果预算允许，永久性停放设施可考虑设置防雨棚。

（1）类型与特征

自行车停放的方式有垂直式、倾斜式（图 1-17）、错位式、双层式（图 1-18）以及悬挂式等。

（2）设置原则

停放场地应考虑有利于景观的停放方式，与道路垂直分布：

图 1-16（上）
单柱标牌式、敞开式、箱形式
图 1-17（下）
美国纽约市防止洪水倒灌的措施；合作设计师：Grimshaw 工业设计，Billings Jackson 设计公司，HNTB，Systra，Scape；完成时间：2009 年

图 1-18（上）
德国埃尔福特 Radhaus
自行车停车库；合作设
计师：Torsten Braun（照
明设计），Hennicke+Dr.
Kusch（结构设计），IBP
Erfurt（室内电气设计）；
完成时间：2009 年
图 1-19（下）
Signum 1

A. 设置在距离公交站点不远处，且自行车停放站点间距中心城区设 300m，一般区域设 500m 为宜。

B. 为了便于管理，停放场地应配置自行车架，改善停放场景观，养护场地。

C. 个性化设计，相应的指示标志配备齐全，荧光灯照明等。

D. 材料也需作一定考量，耐热、不易变形为上选。

（3）常用规范（图 1-19）

A. 通常成人用自行车全长 1700mm，宽 580mm，高 1050mm；

B. 利用自行车架错位停放，停车位宽约 45cm；

C. 采用倾斜式停放通道、停车带的宽度皆为 2m，车位宽度为 90cm。

2）机动车停放设备

20 世纪 80 年代起，随着汽车在我国的普及，停车场成了一项新的建筑必备设施。停车场指的是供停放车辆使用的场地。停车场的主要任务是暂时保管、停放车辆。由于土地成本增加，停车场逐渐向多空间、多功能、智能化方向发展。比如立体式停车场，而智能方面有手机停车系统、指纹停车系统等。

（1）类型与特征

A. 停车场一般包括车行道路、车位、车挡、自动收费器、标牌、照明等，可分为暖式车库、冷室车库、车棚和露天停车场四类。

暖式车库：具有取暖设备，不受外界气候影响，可使车辆保持良好的技术状况，故适于救护车、消防车等特种车辆的停放和保管。但暖式车库的投资大、维护费高。

冷室车库：库内为自然温度，不受风雨影响，是较好的车辆保管场所，多用于机关、宾馆等处。它可有地上、地下，单层、多层等多种建筑方式。

车棚：虽不能防风沙，但也可避免雨雪等对车辆的直接侵蚀，所以用于临时性的车辆保管。

露天停车场：设备简单，保管质量最差，但这类停车场采用甚为普遍，尤其广泛用在专业运输单位和公交车辆的停车处。

B. 停车方式有垂直停放、平行停放、倾斜停放。

垂直停放：常见停车方式，选择前进或后退停发车，可根据场地状况设计调整。

平行停放：常见道路停车方式，适合停车带宽度较小的场所，此

产品与居住·公共家具与空间

类停车的标准尺寸长为 7m，宽为 3.8m。

倾斜停放：30° 倾斜停放，停车面积大，通道宽度保持 3.8m 以上，适用于狭窄场所。45° 倾斜停放，交叉停放，停车面积小，前进停发车 3.8m 以上。60° 倾斜停放，车道宽度需加大，通道宽度 4.5m 以上，车辆出入方便。

为解决停车场（库）用地不足的问题，各国大城市的停车场（库）普遍向空中和地下发展，利用建筑物底层或屋顶平台设置停车场或修建多层车库和地下车库。多层车库按车辆进库就位的情况可分坡道式和机械化车库两类。坡道式又分直坡道式、螺旋坡道式、错层式、斜坡楼板式等；机械化车库采用电梯上下运送车辆。多层车库虽能节约用地，但建设投资较大。

（2）设置原则

A. 停车场（库）的设置应符合城市规划和交通组织管理的要求，便于存放。

B. 各种车辆的停车场（库）应分开设置，专用停车场（库）紧靠使用单位；公用停车场（库）宜均衡分布。客运车站、飞机场、体育场、游乐场等大型公共活动场所的停车场（库），根据建筑物主要出入口的分布分区布置，以利于车辆迅速疏散。

C. 停车场（库）出入口的位置应避开主干道和道路交叉口，出口和入口应分开，不得已合用时，其宽度应不小于 7m。

D. 停车场（库）内的交通路线必须明确、合理，宜采用单向行驶路线，避免交叉。

（3）常用规范

A. 垂直式停车场，标准尺寸为车道宽 6m，车位宽 2.5m，车带宽 5m。

B. 轮椅通行的停车场，停车位宽设计在 3.5m 以上。

C. 公共交通停车场的尺寸一般为长 10 ~ 12m，宽 3.5 ~ 4m，由于尺度较大，所以一般选择倾斜式停放为多。

3. 公路收费站

作为公路税收补充来源的过路收费措施，这些年来在许多国家已经实行。现美国的 28 个州有 7560km 收费公路，还有更多的收费公路正在规划中。法国、意大利、西班牙等欧洲国家也已经建成8000km 收费公路。因此，公路收费站在此成为了实现公路收费措施的必要条件。

（1）类型与特征

收费站类型的选择是收费公路项目设计要考虑的重要问题之一，收费站附近的公路几何线型设计和由此决定的运行状况均受到收费站类型的影响。公路收费站一般分为两类。

A. 开式公路收费站

用栅栏拦截交通，适用于桥梁和隧道处：

a. 交通控制和收取费用在同一地点、同一时刻进行。

b. 所有车辆必须通过指定地点并按预定数量交费，所付的费额与车辆行驶的距离无关；需要的收费亭较少。

c. 如果设置得过于密集，公路上的交通将会受阻。

B. 多设在交互式立体交叉的匝道进出口以控制车辆

a. 用户按所行驶的里程交费，每一个进出口处必须由收费人员全面控制。

b. 只适用于公路，因为车辆在收费站处运行不会受阻，所以交通流得以改善。

c. 通常适用于按合理距离设置互通式立体交叉的野外公路。

（2）设置原则

A. 高速公路以及其他封闭式的收费公路，除两端出入口外，不得在主线上设置收费站。但是，省、自治区、直辖市之间明确需设置收费站的除外。

B. 非封闭式的收费公路的同一主线上，相邻收费站的间距不得少于 50km。

C. 应设置在平坦而又稍高的地段，绝不能设在低洼地区。

D. 每个收费站的收费亭数量不应超过 18 个。

（3）常用规范

国家对公路每条机动车的宽度都是有标准的，因地制宜。一般来说，高速公路收费站每车道宽 2.5m，必要时设立 3.5m 以上的超宽收费车道，宽度保持公路畅通。

1.3.2 公共管理系统

1.3.2.1 防护设施

1. 消火栓

消火栓，一种固定消防工具。主要作用是控制可燃物、隔绝助燃物、消除着火源。消防系统包括室外消火栓系统（图 1-20）、室内消火栓系统、灭火器系统，有的还会有自动喷淋系统、水炮系统、气体灭火系统、

图 1-20
消火栓

产品与居住·公共家具与空间

火探系统、水雾系统等。消火栓主要供消防车从市政给水管网或室外消防给水管网取水实施灭火，也可以直接连接水带、水枪出水灭火。

（1）类型与特征

A. 室内消火栓

室内消火栓为工厂、仓库、高层建筑、公共建筑及船舶等室内固定消防设施，通常安装在消火栓箱内，与消防水带和水枪等器材配套使用。一般由室内管网向火场供水，带有阀门的接口。

a. 双阀双出口消火栓

b. 旋转消火栓

旋转消火栓是栓体可相对于与进水管路连接的底座水平 360° 旋转的室内消火栓。当消火栓不使用时，可将栓体出水口旋转至与墙体平行状态，即可关闭箱门；在使用时，将栓体出水口旋出与墙体垂直，即可接驳水带，便于操作。

B. 室外消火栓

室外消火栓是设置在建筑物外面消防给水管网上的供水设施，主要供消防车从市政给水管网或室外消防给水管网取水实施灭火，也可以直接连接水带、水枪出水灭火。消火栓主要由阀体、弯管、阀座、阀瓣、排水阀、阀杆和接口等零部件组成。

a. 地上消火栓

室外地上消火栓用于向消防车供水或直接与水带、水枪连接进行灭火，是城市室外公共场所必备消防供水的专用设施。它上部露出地面，标志明显，使用方便。

b. 地下消火栓

用于向消防车供水或直接与水带、水枪连接进行灭火。安装于地下，不影响市容、交通，但应有明显的标志指明。寒冷地区多见地下式消火栓。

c. 室外直埋伸缩式消火栓

室外直埋伸缩式消火栓是一种具有平时消火栓收缩在地面以下，使用时拉出地面工作的特点的消火栓。接口方向可根据接水需要而 360° 旋转。和地上式相比，避免了碰撞，防冻效果好；和地下式相比，不需要建地下井室，在地面以上连接，工作方便。

（2）设置原则

消火栓应该放置于走廊或厅堂等公共的共享空间中，一般会在上述空间的墙体内，不管对其作何种装饰，都要求有醒目的标注（写明"消火栓"），并不得在其前方设置障碍物，避免影响消火栓门的开启。

2. 护柱与护栏

护柱与栏杆在公共空间环境和道路中起着限定、分割、引导作用，是城市景观中不可忽视的内容。

1）护柱

护柱有栅栏式、杆柱式及缆柱式，其设计形式日趋丰富，有固定的也有可移动的，许多装饰和休息设施也可以充当护柱，如种植容器、低位置路灯等（图1-21）。

2）护栏

护栏是一种阻拦性的安全限定设施。在公共空间、道路、河道、公园、居住区大量使用，它的特点是在不影响视野的情况下，在城市空间中起着较强的限定和引导作用（图1-22）。

（1）类型与特征（表1-6）

图1-21（上）
护柱功能与自行车停放功能相结合
图1-22（中）
可兼作聚会场所的围栏；
地址：荷兰多德雷赫特市，
完成时间：2005年
图1-23（下）
铸铁盖板与混凝土树箅

	护栏类型特点及应用范围	表1-6
护栏类型	高度（mm）	特点及应用范围
围护栏杆	800～900	主要是用于空间的划分和界定，起着限定引导和保护作用，是园林中最为常见的一种形式。一般包括建筑外墙式围栏、行道围栏及桥梁围栏等
靠背护栏	900	一般用于园林中供人休息停留的地方，常与此类功能的园林建筑相结合，如亭、台、楼、阁等，驻足休息时可凭栏观影，起到装饰以及防护安全的效果
坐凳护栏	400～450	是结合座椅与限定为一体的栏杆形式，一般较为低矮，适合人类休息
镶边护栏	200～400	在不影响主体景观情况下的限制、围护栏杆，较低矮，自身也具有一定的观赏性，常有花纹等装饰图案

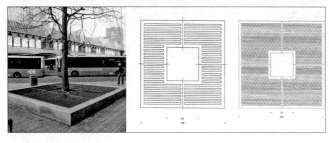

（2）设置原则

A. 造型设计尽量简洁，尺度合理，与周围环境协调统一。

B. 材料应用要求坚固、安全。一般低栏高0.2～0.3m，中栏高0.8～0.9m，高栏高1.1～1.3m。栏杆柱的间距一般为0.5～3m。

C. 人性化设计，在端头、转角等地方作光滑处理，否则容易伤害使用者。

3. 盖板与树箅

盖板与树箅属于路面管理设施，遍布于城市广场、街道及建筑的开放空间中。

（1）类型与特征

盖板主要分透水透光的格栅板和封堵密实的盖板，形状为圆盘和网形，材料以铸铁为主（图1-23）。

树算是设置在步行空间中树根部的栅栏，起到围护树基的作用：一是加强场地地面平整度；二是减少土壤流失，以保证地面环境清洁；三是避免在树根部堆积垃圾，有利于树木生长。材料主要是石板、混凝土板、铁板等，有四种拼贴方法：两拼180°角、四拼90°角、多拼和铺垫。

（2）设置原则

A. 注意井盖和路面的过渡衔接，在道路建设中可采用地下市政管廊，减少井盖数量；

B. 设置位置尽量选择交通量较小或较为隐蔽处；

C. 防跑、防跳、防裂、防响、防盗；

D. 人性化设计，表明类型，材料与周边环境和铺地和谐统一。

1.3.2.2　市政设施

1. 电线柱与配电装置

随着城市的发展，电力需求的增大，电线柱数量激增。由于管理的有限，各类城市"牛皮癣"、照明器、道路标志、交通信号灯都装在电线柱上，这种现象已经开始对城市景观及建筑建设有所影响了。近年来我国主要采取埋入式处理方法，已经较好地解决了这一现象。

2. 管理亭

小区、街道、广场等都有管理亭，随着广场跟街道的环境社会作用的不断增加，管理亭被赋予的意义也就随之加强。管理亭以管理者的居住性为必要条件，其基本形式包括：与现场施工的建筑同时处理方式；简易的几何形组合方式；工厂生产单元方式等三类。管理亭的设置应适合场所的现状和用途。

根据实际需求来设计管理亭：1人立位，面积为 $2 \sim 3m^2$；2人客体长、宽、高为 $3.5m \times 1.2m \times 2.5m$。面积根据实际需要可作调整。

3. 隔声壁

噪声是现代城市生活的环境公害之一，尤其是随着汽车的迅猛增加和道路的不断修建，汽车行驶所造成的道路噪声直接影响了沿道居民的居住质量。在种植树木以外，还可以在道路两侧设置隔声壁，这已经成为一种趋势。

（1）类型与特征

隔声壁常设于城市高速公路和高架桥居住区、学校等密集的地方，有垂直和弓形等形状，它的高度由道路的面幅及建筑物位置所决定，通常高为 $3 \sim 5m$。由基础、支架、遮声板、填充材料等组成。消声形式有反射性和吸声性。

（2）设置原则

A. 考虑到日照与风阻问题，避免道路内外形成压迫感。

B. 在景区可采用透明材料，但要注意处理眩光问题。

C. 根据地段道路形式、地形高差、外在环境等确定设计形式。

1.3.3　公共服务系统

公共服务系统是指那些在公共空间中为人们提供各类活动便利和公益服务的设施，主包括休息设施、信息设施、卫生设施、无障碍设施、娱乐设施等。

1.3.3.1　休息设施

公共空间不仅要满足人类活动的需求，同时也要满足休息的需要。人们休息交谈、驻足眺望、观察街景。按照人的需要而设计静态空间是非常必要的。成功的休息设施能有效改善街道广场公园的环境质量，还能间接地组织人类的公共行为活动。

1. 座具设备

座具是室内外公共空间中最常见的"家具"。座具的设置可以组织人类公共行为活动如：逗留、观察、攀谈、聚会等。它能巧妙地适应多种环境的需求。

（1）类型与特征

A. 单座型：具体分为单座椅和单座靠椅。单座椅没有靠背、扶手等，可供人们短暂时间休息使用，面积较小，没有方向可言，配置自由。在人流数量较大的场所如街道、广场等区域中设置，不仅供人休息还可以兼用作路障，可自由组合。单座靠椅一般设置于广场、公园及住宅区，它不仅仅能提供较长时间的休息，也被广泛用于饮食，与其他的设施如遮阳棚、伞等构成暂时性空间（图 1-24）。

B. 连座型：一般以 3 个人为定额的形态，长度约 200cm，有时还超过200cm，3 人用连座型凳椅，其应用性较高（图 1-25）。

C. 组合凳椅：常常与其他环境设施如花坛、平台、绿化等组合成复合形态，节省空间的同时，使整体环境景观更为有序，在形态上更丰富统一（图 1-26）。

（2）设置原则

A. 根据需求决定座椅多少。

B. 仔细确定最佳的休息机会。人们喜欢观察有吸引力的活动、关键特征和

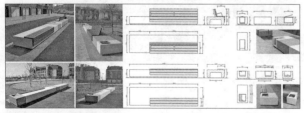

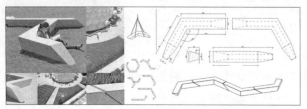

图 1-24（上）
Alfil 成套桌椅；主要材料：黑色骨料预制钢筋混凝土和天然饰面
图 1-25（中）
ESCOFET LONGO；设计者：Manuel Ruis á nchez；完成日期：2008 年
图 1-26（下）
ESCOFET MILENIO 座椅；设计者：EXP Architects；完成日期：2011 年

亮点。

C. 为坐和站的空间提供层次、结构、比例和构架。

a. 提供构筑物、尺度和景框。

b. 休息空间的舒适度取决于自然或人为因素对场地布局的影响，以及是否被设计成人类的尺度。人们不会只在一个大空间里游荡，或者孤独地站立在昂贵的背景前面。一旦他们想要坐下来的时候，他们需要正确的组织或构架，并给予尺度和环境。

D. 通过微气候建立环境舒适度。

E. 关注 CPTED（通过环境设计预防犯罪理论）、ADA（美国残疾人法案），确定安全性、无障碍设计，以及预防犯罪问题。

a. 使座椅与人行道保持足够的距离以便坐着的人不会把脚伸到人行道上（最佳 76cm）。

b. 不要把条凳放置到不当的位置，否则它们可能会被当成翻越栏杆或障碍物的辅助工具。

c.CPTED 建议把家具放置在合适的位置，让使用者有良好的视线并且可以被看到，远离黑暗和隔离区域。

d. 在座椅区域提供充足的照明。

e. 矮柱、条凳、种植池、公交车站等可以在视觉上"硬化"场地，并鼓励机动车进入。

F. 考虑身体舒适度，考虑社交舒适感。

G. 在这个过程中，还应加入其他配置元素，思考合适的审美和材料选择。

（3）常用规范

单座椅凳的尺寸根据要求与人体关系略有不同，但一般坐面宽为40～45cm，高度为 38～40cm，靠背高度为 38～40cm，长时间休息座具的靠背倾斜角度较大，在 5° 以内。无靠背的休息凳，宽、深尺寸较为自由。

2. 步廊与路亭

（1）类型与特征

步廊是供人们行走的公共设施，按结构形式可分双面空廊、单面空廊、复廊、双层廊和单支柱廊；按总体造型来分有支廊、曲廊、回廊、抄平廊、爬山廊、叠落廊、水廊、桥廊。广泛用于城市公共空间之中。

（2）设置原则

路亭是行人休息、避雨的公共设施。路亭自古就伴随城市的成长保留沿用，如北京胡同的"街棚"就承载避雨纳凉的功能。它一般设于人流密集的交叉街口和道路附近，兼有导向地标作用。路亭小而分

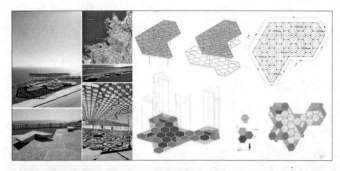

散又或者自由组装。小的可以容纳十人之众，大的则可考虑百人而设置（图1-27）。

3. 雨篷

设置在建筑物进出口上部的遮雨、遮阳篷。建筑物入口处和顶层阳台上部用以遮挡雨水和保护外门免受雨水侵蚀的水平构件（图1-28）。

（1）类型与特征

A. 小型雨篷，如：悬挑式雨篷、悬挂式雨篷。

B. 大型雨篷，如：墙或柱支承式雨篷，一般可分为玻璃钢结构和全钢结构。

C. 新型组装式雨篷。

（2）常用规范

A. 雨篷檐口高度必须符合针对不同建筑物使用的现行国家标准规定。

B. 中间站台雨篷宽度不应小于站台宽度。

C. 雨篷悬挂物下缘至站台面的高度不应小于 3m。

D. 雨篷覆盖范围超过地道出入口边缘不应小于 4m。

1.3.3.2　信息设施

一个城市的现代文明程度，包含着公众对环境的整体印象和总体评价，即社会公众通过听觉、触觉所接受的城市环境信息的便利、完善以及感受到的印象十分重要。

公共信息系统作为现代城市环境设施的构成要素，在现代城市建设中越来越显示其自身的重要地位。通过它沟通人与人之间的联系，加强了社会大众之间的信息传达和交流，显示了一个城市的公共管理和文明水准。面对信息化社会带来的城市环境特征的繁乱和复杂，能否改善和创造城市所必备的信息传达系统，是保障生存于现代都市环境中的人们的生活质量的重要因素。信息系统包括较广，不同机能和目的性的信息设施也较多。

1. 广告

广告作为信息传播的媒介，是商品经济的产物。它通过明示的方式将商品情报传播扩大，让大众知晓并推动消费与销售服务的增长。传播渠道日趋广泛，广告牌的形式也多种多样。从城市整体环境的观点来看，广告设施存在于大部分的城市景观中，对我们城市空间产生影响。

（1）类型与特征

A. 室内、外公共空间的广告类型名目繁多，就设置场所而言可分：

a. 店面广告：屋顶广告、壁面广告、悬挑广告、悬挂广告、可移动立地广告、固定坐地广告。

b. 散设广告：广告塔、广告亭。

c. 风动广告：旗帜广告、气球广告等。

d. 交通广告：公交车辆内、外广告、纸张携带广告等。

B. 现代广告发展的特征：

a. 商业广告从传统的自营店铺领域向大型商场、超市、商业街、城市空间、省际高速公路扩展，影响范围日趋广阔。有大型企业把每年销售额的 20% 作为广告宣传投入费用标准。

b. 广告牌面幅和广告组群日趋大型化。

c. 形式、内容越来越丰富多样，商业广告几乎遍及城市的各个角落，除了传统的纸媒如报纸、杂志之类，新型多媒体的应用也开始广泛应用。

d. 新型材料、技术被大量引入商业广告：金属腐蚀与印刷、光电纤维、超大液晶显示屏幕、巨型霓虹灯等。

（2）设置原则

A. 广告牌的造型、横竖取向和长度、面幅、构造方式与所依附的建筑物外观造型、性质以及结构特点相关。附设广告牌要顾及与建筑的整体关系，要使它们相互映衬、配合良好，在城市风景区、古迹保护区、历史文化区等要尤其重视规范问题。

B. 出挑式的小型招贴尽量能在面幅、造型、照明等方面取得整体的统一，小型 1.2m 为最佳，大型 5m 以下为最佳。

C. 夜间效果要考虑群体效果及街区夜晚景观的关系。

D. 广告牌的设计和设置要符合道路和规划方面的管制规定，安全问题上如地质灾害、台风、暴雨等特殊环境中广告牌要保证安全和经久耐用。在眩光、错视、方向遮挡等问题的处理上也要特别注意。

2. 电子信息

电子信息查询是通过电脑程序控制并显示信息的设施，具有科技含量高、信息量大的特点。最初常用于室内、外大型商场、宾馆等，现在广泛用于街道、广场、旅游景点，成为新型的信息服务设施。

（1）类型与特征

从功能上分两类：操作显示和自动显示。操作显示是手控操作，通过菜单页面了解所需的交通、景点、服务等信息，一般置于地面，适合近距离观看；自动显示是根据内容要求，自动循环显示主要的如火车站进出站、道路畅通等信息，一般置于高处，便于多人或者远距离观看。

（2）设置原则

A. 电子信息系统界面应简单明确，操作易学易懂；

B. 注意避免日晒雨淋对设备的损坏，设计适当的保护措施；

C. 人性化设计，如显示屏高度要符合人的操作习惯等。

3. 宣传、告示栏

宣传、告示栏是除了广告、电子信息获取之外较为传统的信息服务设施。它多置于街道、广场、景点、建筑等处，虽然有新型多媒体的冲击，但它依然是现代城市信息服务不可或缺的重要组成部分。

（1）类型与特征

宣传、告示栏提供的信息内容不一，种类自然繁多。从看板的设置形式上可分：

A. 固定式：独立于地面的固定告示，如台式、碑式、架构式、亭廊式等；

B. 活动式：可以移动或灵活布置，如台式、座式、隔断式等；

C. 挑挂式：悬挑、悬挂、装嵌，如建筑或设施上的告示栏等。

（2）设置原则

A. 设计要特别注意考虑照明、开启方式、维护、管理、防雨密封性能等；

B. 地点可选择较为醒目的公共空间的出入口附近，在古建筑保护区在规格上进行限制，要与环境较好地融合；

C. 宣传、告示栏可以尽可能地与其他设施有机结合，分担装饰、导向、划分空间的职能。

4. 环境标识

在现代视觉传送理论中，一般把人为制造的、在传送过程中起媒介作用的载体称作标识。环境标识是城市公共活动空间中引导方向、指示行为的标志系统。城市环境导入公共环境标识，是以整体、规范、科学的设计理念来启用不同功能的形象识别系统，以负载城市环境复杂庞大的内容，如同一个神经中枢导向，视觉识别以及形象标识必须成为社会公众对环境的整体形象和评价的重要指标。

（1）类型与特征

A. 按功能空间分类

a. 交通标识

交通标识系统具有一定的导向性，其设计应围绕城市道路和城市公共环境来确定，具体如下：城市道路以及配套设施中的导向系统；城市建筑中的导向系统；城市地铁、车站及机场等交通设施中的导向系统；城市休闲环境中的导向系统（图1-29）。

b. 商业标识

一般而言，行业标识和品名或商标等标识、标牌都具有表示某种场所意义或者表达某种事物内容、性质、特征的作用，即表征性、诉求性。

如银行、保险、通信、医院、航空、铁道、航运等不同的行业就具有一定的表征性。

c. 建筑类别、展会标识

各种建筑及与建筑相连的环境或区域中的标识都具有指意性这种功能，如以商业环境为主体的百货商店、超市、商业街中丰富多样的标识，文化宫、展览馆、美术馆等以文化为主体的建筑场地中的标识，又如以居住环境为主体的住宅小区中相关的道路、建筑、公共活动场所中的各种标识等。

d. 景观标识

标示性建筑、公共家具及公共艺术等具有景观效益的标识明显表现出形象性的特征，在城市环境中不仅具有导向作用，同时具有时代性、历史性、文化性和艺术性特质，可增加城市环境的文化内涵和精神品质。

B. 按造型分类

a. 平面形态：传统意义上的设计方法。

b. 2.5维形态：有一定厚度跟浮雕感。

c. 自然形态：自然界中物体形象构成的标识。

d. 规则形态：以几何形态为主体造型。

e. 自由形态：不规则形态的标识造型。

f. 复合形态：几种形态组合构成的标识造型。

g. 仿真形态：利用各种材料，通过对形象、质感、色彩的表现，生动形象地再现富有特征的事物形态。

（2）设置原则

A. 层次清晰，醒目明确，与周围环境相适宜。

B. 标识牌的设置高度应在人站立时眼睛的高度之上，视平线范围之内。

C. 固定方法：悬挑式、悬挂式、装嵌式、基座式、落地式等五种。

D. 照明方式：直接照明、自身照明、反光显示等三种。

5. 电话亭

室内、外电话亭是为人们提供双向通信信息联络的必要服务设施。它的设置状况不单单反映了一座城市公用事业的水平，也标志着城市生活的节奏和效率（图1-30）。

图1-29（上）
英国伦敦导航信息设置
图1-30（下）
葡萄牙电信公司的公用电话柱；完成时间：1998年；主要材料：不锈钢

（1）类型与特征

按外形分封闭式、半封闭式、半露天式、立柱式。电话亭应具有良好的气候适应性和隔声效果，电话亭一般高 2 ~ 2.4m，残疾人专用设施面积略大。

（2）设置原则

A. 符合人机工程学，注重使用效果，隔声性好，避免外界噪声干扰，对风雨有防护能力。

B. 电话亭设置在人行道路上，且不能把电话亭放在公共空间的主要路段。设置后的道路宽度保留到 1.5m 以上。注意不要设置在步行路线突然弯曲的地方，容易造成人流交通的混乱。

C. 电话亭设置可具体地由人流决定台数，选择作独立、两间并列、分间集中的安排设置。

6. 邮箱

邮箱是一个具有几百年历史的较为传统的单向信息通信设备，虽然新型通信技术的发展迅猛，但是邮箱依然存在于现在城市中，除了提供便利的服务以外，还承担了文化方面的角色，其地位极为特殊。邮箱一般固定在街道路口，也有机动设置非定型的。邮箱的高度、构造等都早已标准化，色彩一般采用万国邮政联盟规定的橄榄绿或橘黄。

在设计时主要考虑便于投递，支座与地面的接触应稳固。根据信件分类需求设计大、小信件两个投入口，外地与本市信件一般也分口投入。邮筒的设置跟步行路线关系紧密，邮箱间隔不可过疏，以提高信件周转的效率。

7. 计时装置

计时装置主要指在城市公共空间中显示时间、日期等信息的设施，多独立设置于城市街道、广场等重要位置上。计时装置主要有机械计时、电子计时、自鸣计时等（图 1-31）。

计时装置的设置要注意高度和位置，适合近、远距离观看，夜间效果也要纳入考量范围；功能要趋向综合性，有效地与其他环境设施、景观进行有机结合，统一设计，合理应用新材料技术。

1.3.3.3　卫生设施

一个城市文明程度的高低很大部分上体现于城市的清洁、卫生。卫生设施包括垃圾桶、公共厕所、清洗设备等。

1. 垃圾筒

垃圾筒是城市生活中不可或缺的卫生设施，它造型丰富，根据不同的设计需求制作而成。烟灰缸也是垃圾筒家族的一个重要组成部分。它可以单独设置，但大多数烟灰缸都是与垃圾筒组合设计在一起的。

图 1-31
柏林城市计时仪

产品与居住·公共家具与空间

（1）类型与特征

A. 按形式分：

a. 直竖式：最为普遍的垃圾筒形式，有圆筒、角筒形，圆筒适应性强，可自由设置在任何场所空间。而角筒则具有方向性，适合设置在通道转角。直竖式垃圾筒的优点是不易积水，但底部容易损坏（图1-32）。

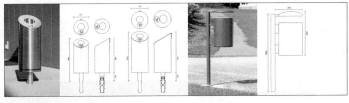

b. 柱头式：这类垃圾筒常设置于街道、公园及不铺装地面或无绿化场所。它一般由外壳与内部结构两大部分组成。有大、中、小容量之分（图1-33）。

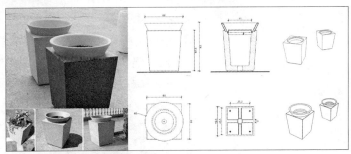

c. 依座式：属于小型垃圾筒，形状单纯简便，投入口和清除垃圾的机能尽可能单纯（图1-34）。

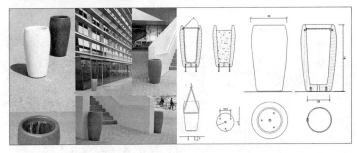

B. 按清除方式可分旋转式、抽底式、启门式、套连式、悬挂式等。

图1-32（上）
直竖式垃圾桶
图1-33（中）
柱头式垃圾桶
图1-34（下）
依座式垃圾桶

a. 旋转式：由于是支点设计，方便清除垃圾，主要注意支架结构的稳固性。

b. 抽底式：投放口大，使用方便，但底部容易损坏。

c. 启门式：盖口设置为活动的，比较难清除污渍。

d. 套连式：由内筒、外筒组成，内筒置塑料袋，便于更换清洁。

e. 悬挂式：需要一定的依托物，位置受到一定限制，不占地面空间，清洁卫生。

（2）设置原则

A. 结构设计要坚固合理，保证投放、收取垃圾方便。

B. 垃圾分类设计，果皮箱要设排水孔。

C. 材料应用要合理，如玻璃等危险材料慎用。

D. 地面固定型垃圾箱数量可以多设，可间接缓和乱扔垃圾的现象。

E. 人流和空间变化较多的场所适合采用地面移动型大体积垃圾筒，如广场、公园等。

F. 造型设计可趣味多变，引导人们正确地投放垃圾，但要避免过分花哨。

（3）常用规范

垃圾筒的材料有预制混凝土、金属、木材、塑料等，投入口高度为 0.6 ~ 0.9m，设置间距为 30 ~ 50m，具体可根据人流与居住密度来设置。普通垃圾筒的规格为高 0.6 ~ 0.8m，宽 0.5 ~ 0.6m，移动型大垃圾筒一般高度为 0.9 ~ 1m。

2. 公共厕所

公共厕所是为人们提供服务的不可缺少的环境卫生设施。随着人们要求的不断提高，公共厕所不单单只满足生理需求，对于其的景观性要求也越来越高了。

（1）类型与特征

公共厕所一般可分永久性和临时性两种，而永久性又可分独立性和附属性。

（2）设置原则

A. 公厕尽可能较主体建筑或景观更为隐蔽、淡化。公厕内部要注意采光和通风，当墙侧窗采光面积不能满足需求时，可设天窗或地窗，要注意私密性处理。

B. 公共厕所的数量设置按人流等条件来具体考量，外观设计上配合场地、环境等因素。

C. 根据男女使用的不同情况，便器的设计应该灵活考虑，一般以1：1或3：2来设置，公厕配置上，男女厕所应该分开设置，在流线上的次序是男性使用者最好不经过女厕为宜。

D. 公共厕所的附属设施如垃圾箱、照明等要尽量配合好，以便提高卫生质量。通往厕所的通道铺面要作防水、防滑处理，室内地面要高于室外 0.15m 以上，防止积水情况的发生，材料的应用要考虑到未来的管理和维修。

E. 人性化、通用设计：残疾人专用坡道、扶手等应予以配合设置。

（3）常用规范（表 1-7）

公共厕所定点常用规范 　　　　　　　　　　　　　　　　表 1-7

区域位置	公厕之间的距离	建筑面积指标
一般街道	750 ~ 1000m	5 ~ 10m²/ 千人
一般居民区	300 ~ 500m	6 ~ 10m²/ 千人
商业街	300 ~ 500m	15 ~ 25m²/ 千人
流动人口密集场所：火车站	300m 以内	20 ~ 30m²/ 千人

3. 清洗装置

水是人们社会生活中不可缺少的东西。随着水池、饮水器、清洗器等功能设施的细化，关于水的公共家具不断出现。用水器的造型丰富，

图 1–35
卡内基图书馆游乐空间：
书虫；地点：维多利亚，
澳大利亚；完成时间：
2006/2007 年

有方、圆、角形及相互组合的简单几何形。材料的使用一般以混凝土、石材、瓷器为主。

（1）类型与特征

饮水器、清洁器等。

（2）设置原则

A. 场地调研了解现阶段水管位置，水压、水质等情况，一般用水器设施的高度为 0.8m 左右，较高的为 1 ~ 1.1m，供儿童使用的在 0.65m 左右。

B. 人性化、通用设计，结构上采用饮水、洗手兼用的形式，在用水器盘上可设计放置物品的设备，还必须考虑到残疾使用者的便利。

C. 给水管和排水井规格统一，需要预先调试，排水井设置过滤装置，以便清扫，在大多数情况下采用无人管理，自动感应流水，以节约资料。

D. 设置溢水管防止水流外溢，或直接采外排水方式如使用排水槽排放。

E. 用水器数量密度根据人流、空间等具体条件具体分析设置。

1.3.3.4　娱乐设施

1. 游戏器具

游戏器具主要是针对儿童在室内、外专设的活动设施，主要分布在幼儿园、小学、住宅区和儿童游乐场等场所（图 1–35）。

（1）类型与特征

游戏器具的种类繁多，一般情况下分静态游戏器具、动态游戏器具、复合型游戏器具等三种。

A. 静态游戏器具：一般是指没有可移动部分的游戏器具，如单杠、双杠、滑梯等。

B. 动态游戏器具：一般是指有可移动部分的游戏器具，如秋千、摇板、吊架等。

C. 复合型游戏器具：动、静游戏结合的游戏器具。

a. 运动游戏：平衡、旋转、悬垂移动、跳跃等。

b. 手指活动游戏：手控、绘画、组合、健身等。

c. 社会培训游戏：模拟动物、冒险、健身等。

d. 运动能力训练：体操、游泳、健身等。

（2）设置原则

A. 儿童游戏设施相对集中设置于居民小区、公园、学校等区域。把适合于不同年龄阶段的游戏器具作专区分类，要注意游戏之间的单位性与复杂性的"连接体系"，创造更有趣的组合形式。

B. 根据儿童的活动半径的统计：3～6岁的儿童游戏场距离住宅80m左右，6～12岁的离住宅300m左右，以便于几个邻近小区儿童的使用。

C. 儿童游戏场需要与外界进行分隔，保证儿童的安全，减少场地外的干扰，外围可有些草坪、阶梯、亭廊供家长和儿童休息。

D. 材料的选择上尽量采用木材、塑料等富有弹性的材料，容易发生事故的游戏场铺设松土、塑胶地面或草坪，注意特殊场地的排水处理等。

2. 健身器具

室内、外健身器具是供人们锻炼身体的小型简单运动设备。随着全民健身运动的普及，健身器材在我们的许多社区环境中广泛出现。在体育场、学校、住宅区、办公区、城市绿地中也很常见（图1-36）。

现代健身器材有以下特点：

A. 装饰性：造型独特，具有景观装饰效果的公共家具；

B. 多样性：简化了健身设备中的烦琐机械成分、多样化的健体内容，适合各种人群，兼具休息、娱乐、导向、装饰等多项功能；

C. 安全性：符合人机工程学，各个节点加固以确保人们在使用时的人身安全，定期检查维护。

3. 服务亭

服务亭是为人们提供购物便利或某种服务的设施，其占地面积小，服务内容具有随机性，便于移动或灵活设置。由于其门类繁多，造型体量小，常设置于旅游景点、商业广场、街道等区域（图1-37）。

图1-36（上）
室外活动空间健身器具
图1-37（下）
报刊亭；设计师：Heatherwick工作室；完成时间：2007年

（1）类型与特征

按功能分售货点和服务点两类。售货点包括：报刊亭、售票厅、餐饮亭等。服务点包括：问询处、取款机、摄影点等。

售货亭的空间形式一般分开敞式和封闭式两种。

开敞式就是让顾客直接进入选购商品，而封闭式是有独立的售货员服务区域，顾客在外通过服务台选购商品。为了扩大空间，许多售货亭白天营业时往往把商品展示向亭外延伸，形成一个外扩散式的活动售货区域，这种延伸往往通过售货亭立面或遮阳棚的展开来实现。

此外，还有两种特殊的购物服务设施：自动贩卖机和移动贩卖车。

自动贩卖机是体积小的可移动的定型产品，它不仅能设置于室内，也常布置于人流密集的公共空间。最常见的是投币形式销售香烟、饮料、食品、报刊等。除了机械和贮存部分外，主要包括展示和标识（使用方法、销售内容、定价等）、按键（商品种类和数量等）、投币口和显示器、取货口等四个部分。设置自动贩卖机时，应该注意尽量集中，不宜分散，室外所处的位置尽量靠近人行道上，前面留有较充分的活动空间，设防雨棚盖。

移动贩卖车是机动性很强的小型销售设施，通常有手推车、改造摩托、汽车等几类。随着现代城市景观配套要求的提高，各式各样的移动贩卖车已经出现，在许多国家已经成为城市景观中的特色部分。

（2）设计原则

A. 服务亭的设计要考虑紧凑实用，便于拆装搬运，某些类型的亭点可以标准装配化；

B. 造型要统一，意图性强，不仅要反映服务内容，也要为街道景观增色；

C. 服务点前面要留有足够的空地，与饮食有关的要设休息椅、卫生箱、清洗设备等。

1.3.3.5　无障碍设施

无障碍设施是指保障残疾人、老年人、孕妇、儿童等社会成员通行安全和使用便利，在建设工程中配套建设的服务设施。包括无障碍通道（路）、电（楼）梯、平台、房间、洗手间（厕所）、席位、盲文标识和音响提示以及其他相关生活的设施。

（1）类型与特征

物质环境无障碍主要是要求：城市道路、公共建筑物和居住区的规划、设计、建设应方便残疾人通行和使用，如城市道路应满足坐轮椅者、拄拐杖者通行和方便视力残疾者通行，建筑物应考虑出入口、地面、电梯、扶手、厕所、房间、柜台等设置残疾人可使用的相应设施和方便残疾人通行等。

信息和交流的无障碍主要是要求：公共传媒应使听力言语和视力残疾者能够无障碍地获得信息，进行交流，如影视作品、电视节目的字幕和解说，电视手语，盲人有声读物等。

道路交通方面的无障碍设施与设计要求如下。

乘轮椅者通行的走道和通路最小宽度规定：大型公共建筑走道大于1.8m，中小型公共建筑走道大于1.5m；检票口、结算口轮椅通道大于0.9m；居住建筑走廊大于1.2m；建筑基地人行通路大于1.5m。

a. 缘石坡道：人行道在交叉路口、街坊路口、单位出口、广场入口、人行横道及桥梁、隧道、立体交叉口等路口应设该坡道。缘石坡道下口高出车行道地面不得大于2cm。单面坡缘石坡道设计应符合下列规定：单面坡缘石坡道可采用方形、长方形或扇形，方形、长方形单面坡缘石坡道应与人行道的宽度相对应。扇形单面坡缘石坡道下口宽度不应小于1.5m。设在道路转角处的单面坡缘石坡道上口宽度不应小于2m。单面坡缘石坡道的坡度不应大于1:20。

b. 坡道与梯道：城市主要道路、建筑物和居住区的人行天桥和人行地道，应设轮椅坡道和安全梯道；在坡道和梯道两侧应设扶手。城市中心地区可设垂直升降梯取代轮椅坡道。

在不同坡度的情况下，坡道高度和水平长度应符合表1-8中的规定。

不同坡度情况下，坡道的高度和水平长度　　　　表1-8

坡 度	1：20	1：16	1：12	1：10	1：8
最大高度（m）	1.5	1.0	0.75	0.6	0.35
水平长度（m）	30.0	16.0	9.0	6.0	2.8

c. 盲道：城市中心区道路、广场、步行街、商业街、桥梁、隧道、立体交叉及主要建筑物地段的人行道应设盲道；人行天桥、人行地道、人行横道及主要公交车站应设提示盲道。盲道设计应符合下列规定：人行道设置的盲道位置和走向，应方便视残者安全行走和顺利到达无障碍设施位置。指引残疾者向前行走的盲道应为条形的行进盲道；在行进盲道的起点、终点及拐弯处应设圆点形的提示盲道。行进盲道和

图1-38
盲道

提示盲道的宽度宜为0.3~0.6m。盲道表面触感部分以下的厚度应与人行道砖一致。盲道触感条面宽0.25mm、高度5mm。盲道应连续，中途不得有电线杆、拉线、树木等障碍物。盲道距障碍物宜为0.25~0.5m。盲道应避开井盖铺设；盲道的颜色宜为中黄色。提示盲道的长度宜为4~6米（图1-38）。

d. 人行横道：城市主要道路的人行横道宜设过街音响信号。

e. 标志：在城市广场、步行街、商业街、人行天桥、人行地道等处无障碍设施的位置，应设国际通用的无障碍标志。

f. 城市主要道路和居住区的公交车站：应设提示盲道和盲文站牌。

g. 人行天桥下面的三角空间区：在 2m 高度以下应安装防护栅栏，并应在结构边缘外设宽 0.30 ~ 0.60m 的提示盲道。

（2）设置原则

A. 公平的使用性：设计对于不同类型的残疾人士都是有用的并且是很有市场的。

B. 使用的灵活性：设计可以适应较为广域的个体喜好并且拥有广泛的能力。

C. 简单直观的使用性：无论使用者的经验、学识、语言技能或专注程度如何，设计的功用都能够易于理解。

D. 可认知的信息：无论周围的环境条件或使用者的感知能力如何，设计都能够有效地传达必要的信息。

E. 容错性：设计能够把突发事件或非主观行为造成的危险和不利结果最小化。

F. 较低的体力消耗：设计能够被高效地和舒适地使用，并且只消耗掉最小的能量。

G. 进人和使用的尺度和空间：不论使用者的身材、姿势或行动灵活性如何，设计都可以提供合理的尺寸和空间，便于靠近、到达、操控和运用。

（3）常用规范

A. 供残疾人使用的门应符合下列规定：

应采用自动门，也可采用推拉门、折叠门或平开门，不应采用力度大的弹簧门；在旋转门一侧应另设残疾人使用的门；轮椅通行门的净宽应：自动门大于 1.0m、推拉门和折叠门大于 0.8m、平开门大于 0.8m、弹簧门（小力度）大于 0.8m；乘轮椅者开启的推拉门和平开门，在门把手一侧的墙面，应留有不小于 0.5m 的墙面净宽；乘轮椅者开启的门扇，应安装视线观察玻璃、横执把手和关门拉手，在门扇的下方应安装高 0.35m 的护门板；门扇在一只手操纵下应易于开启，门槛高度及门内外地面高差不应大于 15mm，并应以斜面过渡。

B. 供残疾人使用的电梯应符合下列规定：

在公共建筑中配备电梯时，按需设置无障碍电梯。无障碍电梯适合乘轮椅者、视残者或担架床的进入和使用。

候梯厅无障碍设施的设计要求如下：

候梯厅深度大于或等于 1.8m；按钮高度 0.9 ~ 1.1m；电梯门洞净宽度大于或等于 0.9m；显示与声音能清晰表示轿厢上、下的运行方

图 1-39
供残疾人使用的电梯

向和层数位置，以及提示电梯抵达；每层电梯口应安装楼层标志，电梯口应设提示盲道。

电梯轿厢无障碍设施的设计要求如下：

电梯门开启净宽大于或等于 0.8m；轿厢深度大于或等于 1.4m，宽度大于或等于 1.1m；轿厢正面和侧面应设高 0.8 ~ 0.85m 的扶手；轿厢侧面应设高 0.9 ~ 1.1m 带盲文的选层按钮；轿厢正面高 0.9m 处至顶部应安装镜子；轿厢上、下运行及到达应有清晰显示和报层音响（图 1-39）。

C. 公共厕所无障碍设施与设计要求应符合以表 1-9 中的规定：

公共厕所无障碍设施与设计要求　　　　　　　　　　　　表 1-9

设施类别	设计要求
设置位置	政府机关和大型公共建筑及城市的主要路段，应设无障碍专用厕所
入口	入口室外的地面坡度不应大于 1：50
面积	无障碍卫生间内部空间要大于 2m×2m，利于轮椅回旋
门扇	使用推拉移动门，并在门上安装横向拉手，便于乘坐轮椅者开启或关闭。在预算允许的情况下，使用电动门。无障碍卫生间的门宽不低于 800mm，便于轮椅出入
通道	地面应防滑、不积水，宽度不应小于 1.5m
洗手盆	距洗手盆两侧 50mm 处应设安全抓杆，还应有 1.1m×0.8m 的乘轮椅者使用面积
男厕所	小便器两侧和上方，应设宽 0.6 ~ 0.7m、高 1.2m 的安全抓杆，小便器下口距地面不应大于 0.5m
专用无障碍洁具	男士小便器采用低位小便器，高度小于 450mm，坐便器采用隐藏式水箱的坐便器，高度 450mm；台盆使用挂盆或者半柱盆，脚下利于轮椅底部进入，高度 800mm
安全抓杆	配备安全抓杆，坐便器扶手离地高 700mm，间距宽度 700 ~ 800mm，小便器扶手离地 1180mm，台盆扶手离地 850mm
挂衣钩	可设高 1.2m 的挂衣钩
呼叫按钮	配备紧急呼叫系统。距地面高 0.4 ~ 0.5m 处应设求助呼叫按钮

1.3.4　公共辅助系统

1.3.4.1　照明设施

照明经历了从火、油到电的发展历程。照明工具经历过无数的变革，从火把、蜡烛、煤油灯到白炽灯、日光灯，发展到琳琅满目的照明灯、节能灯、装饰灯、景观灯、取暖灯、导航灯、指示灯、信号灯、小夜灯、晒图灯、消毒灯、养殖灯等。

照明设施分为室外环境照明和室内照明设施。就城市照明系统的功能而论，室外环境照明可分道路照明、建筑照明和室外场地照明。

（1）类型与特征

按照明方式分类（表 1-10）：

按照明用途分类（表 1-11）：

照明方式	特性
直接照明	照明器的配光是90% ~ 100% 的发射光通量直接到达假定大小为无限的工作面上的照明
半直接照明	照明器的配光是60% ~ 90% 的发射光通量向下并直接到达假定大小为无限的工作面上的照明，上述剩余的光通量是向上的
间接照明	照明器的配光是10% ~ 40% 的发射光通量直接到达假定大小为无限的工作面上的照明，而剩余的发射光通量 60% ~ 90% 是向上的，只间接地有助于工作面
半间接照明	照明器的配光是10% 以下的发射光通量直接到达假定大小为无限的工作面上的照明，剩余的发射光通量 90% ~ 100% 是向上的，间接照明
漫射照明	光从任何特定的方向并不显著入射到工作面或目标上的照明
定向照明	光从清楚的方向显著入射到工作面或目标上的照明
一般漫射照明	照明器的配光是40% ~ 60% 的发射光通量向下并直接到达假定大小为无限的工作面上的照明

按照明用途分类　　　　　　　　　　　　　　　　　　　　　　　　　　　　表1-11

照明用途	特性
一般照明	为照亮整个工作面而设置的照明，由若干灯具对称地排列在整个顶棚上所组成
局部照明	为增加特定的有限的部位的照度而设置的照明
混合照明	由一般照明和局部照明所组成的照明形式
正常照明	在正常情况下使用的室内外照明
应急照明	在正常照明因故熄灭的情况下，保障安全或人员疏散用的照明
安全照明	当正常照明因故熄灭时，为确保处于潜在危险的人或物的安全而设的照明
景观照明	为观赏建筑物的外观和庭园溶洞小景而设置的照明
重点照明	为突出特定目标或引起对视野中其一部分的注意力而设置的定向照明

A. 道路照明

在道路上设置照明器为在夜间给车辆和行人提供必要的能见度。道路照明可以改善交通条件，减轻驾驶员疲劳，并有利于提高道路通行能力和保证交通安全，此外，还可美化市容。

a. 路灯的分类：由于灯杆所处环境的不同，对照明方式以及灯具、灯杆和基座的造型、布置等也提出不同的综合设计要求。

（a）低位置路灯：设置在距离地面高度 0.3 ~ 1.2m 之间的路灯。一般用于庭院、草坪、散步道等。可独立设置，也可与护栏结合使用。以 5 ~ 10m 的间距为人行走的路径照明。埋没于园林中的地面和踏步中的脚灯、嵌入建筑入口踏步和墙裙中的灯具也属于此类路灯（图 1-40 ）。

（b）步行和散步路灯：灯杆高度在 2.5 ~ 4m 之间，灯具造型有筒灯、横向展开面灯、球灯和方向可控式罩灯。

（c）普通干道和停车场路灯：灯杆高度在 4 ~ 12m，通常采用较强的光源和较远的距离（ 20 ~ 40m ）的列置，对于这种路灯的设计要考虑控制光线投射角度，以防对场所以外环境造成的光干扰。

图 1-40
ennosMK 照明护柱

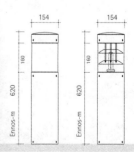

图 1-41
专用高杆灯——Scarborough
Harbour；地点：斯卡伯勒
港；完成时间：2007 年

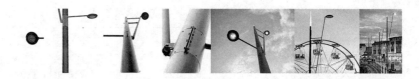

各类悬臂式柱杆路照明、高、间距的关系　　　　　　　　表1-12

灯具型	安装高度 H	灯具间距 D	道路宽度	适用场所
截光型	$H \geqslant W$	$D>3H$	W	主要街道干线、公路和高速公路
半截光型	$H>1.2W$	$D>3.5H$	W	一般等级的街道
不截光型	$H>1.2W$	$D>4H$	W	只适用于周围环境明亮的街道或交通量很少的次要街道

（d）专用高杆灯：专用灯设置于站前广场、大型停车场、露天体育场、大型展会、露天市场、立体交叉区域等。它属于领域照明装置，高度在 20 ~ 40m 之间，照射范围大，在城市环境中，高杆灯具有导向性强的焦点和地标的作用（图 1-41）。

b. 道路照明用的照明器大体可分为截光、半截光和不截光三种类型（表 1-12）。

c. 照明器的射程，由光束的仰角决定，用从照明器到最大光束照射到路面的距离长短区分，可分为短射程、中射程、长射程三种。

d. 根据道路断面形式、宽度、车辆和行人的情况，照明器可采用在道路两侧对称布置、两侧交错布置、一侧布置、分隔岛双叉布置和路中央悬挂布置等形式。道路交会区采用高杆照明方式。一般说来，宽度超过 20m 的道路、迎宾道路，可考虑两侧对称布置；道路宽度超过 15m 的，可考虑两侧交错布置；较窄的道路可用一侧布置。在道路交叉口、弯道、坡道、铁路道口、人行横道等特殊地点，一般均布设照明器，以利于驾驶员和行人识别道路情况，其亮度标准也较高。在隧道内外路段和从城区街道到郊区公路的过渡路段的照明，则要考虑驾驶员的眼睛对光线变化的适应性。

照明器的功率、安装高度、纵向间距是配光设计的重要参数。组合好这三个因素，可得到满意的照明效果。

B. 建筑物立面照明

建筑物的立面照明，能极大地提高建筑晚间的装饰效果和建筑形象，使城市夜景绚丽多彩。但照明设计必须把握建筑的风格、造型特征，并与建筑气氛相融合。应找出最能表达建筑特征的最佳角度。投射效果与建筑物本身有关，还与投射距离、照明灯具有关。

建筑物立面照明的照度推荐值见表 1-13。

不同高度建筑里面投光：投光灯组的设置，应以建筑物底层平面的环境状况和不同的投光要求而定，如是低层建筑可采用宽光束投光灯，对高层建筑的照明应采用多个窄光束或中光束的组合投光方式。

建筑物立面照明的照度推荐值　　　表1-13

墙面颜色	墙面材料	反射系数	建筑周围环境		
			明亮	较暗	很暗
明亮	浅色系光亮大理石、花岗石、瓷砖、白色粉刷墙	60 ~ 80	150	50	25
中灰	混凝土、淡色油漆、明亮的灰色石灰石、面砖	50 ~ 75	200	100	50
较暗	灰色石灰石、砂岩、涂料或黄褐色外墙砖	25 ~ 50	300	150	75
很暗	外墙红砖、褐色砂石、灰色或黑色砖块	10 ~ 20	500	200	100

如果建筑的半立面缺乏凹凸部分和细部，不宜采用远距投光，应使用在建筑本体上投射才能有较好的效果。

C. 室外场地照明

指道路照明以外的室外照明。室外照明要求满足室外视觉工作需要和取得装饰效果。

装饰照明：又称气氛照明，主要是通过一些色彩和动感上的变化，以及智能照明控制系统等，在有了基础照明的情况下，加以一些照明来装饰，令环境增添气氛。装饰照明能产生很多种效果和气氛，给人带来不同的视觉上的享受。

a. 根据场所功能的不同，室外场地照明可分为以下几种。

（a）园林（公园）照明。

（b）广场照明（图1-42）。

（c）喷泉照明、水中照明。

室外场地照明为减少或避免眩光，应使在场地宽度1/3点处向上看时，投光灯的角度在30°以上，这样才能减弱或消除正常视线方向的眩光（图1-43）。

b. 装饰照明按不同的设置方式和照明目的，一般可分为隐蔽照明和表露照明两类。

（a）隐蔽照明

隐蔽照明就是将其光源或灯具埋设和遮挡起来，只衬托景物的形体和内容。如公园的低位置灯具，应尽量避免突出自身的造型和位置所在，突出花鸟虫鱼的景色。它被广泛运用于城市装饰设施中，如喷泉、雕塑、花坛、踏步等。

（b）表露照明

经过设计的灯具以单体或群体表现，造成别致的灯光景观，如室外霓

图1-42（上）
因达乌特修广场照明系统；地点：毕尔巴鄂，西班牙；设计师：安德尔·玛尔盖特·里安（JAAM建筑设计事务所）；完成时间：2006年；占地面积：18500m²
图1-43（下）
节日广场 Place des Festivals；地点：蒙特利尔，加拿大；设计师：DAOUST LESTAGE 建筑与城市规划设计事务所；完成时间：2009年；占地面积：12000m²

图 1-44
光林，不锈钢管灯杆

虹灯、建筑外墙的串联挂灯等。随着城市景观的发展，光纤维、导光管等新式装饰灯具应运而生（图 1-44）。

（2）设置原则

A. 同一类型的路灯布置要和谐统一，连续整齐，与周围环境相互呼应，突出个性；

B. 重视照明质量,显色性,平均照度,光源的高度、间距等都有讲究；

C. 城市夜晚环境中的照明分总体照明、局部照明、重点照明、特色照明，根据各种照明的需求，其层级各不相同；

D. 讲究光环境的整体塑造，同时也要注重各个部分或区域的形象塑造。

（3）常用规范

道路照明的电光源选用，首先应满足道路等级对照度（或亮度）的要求，再满足高光效、长寿命，在一般道路或广场，不考虑显色指数与色温度。从光效角度选用电光源，其排列顺序为低压钠灯、高压钠灯、高压汞灯、自镇流高压汞灯、白炽灯；从寿命角度选用电光源，其排列顺序为高压汞灯、高压钠灯、低压钠灯、自镇流高压汞灯、白炽灯。低压钠灯的适用场合很多，一般较宜用在郊区公路上。自镇流高压汞灯因寿命短、光效低等缺点，不宜作道路照明光源，在各种场合应严格限制生产与使用。

1.3.4.2 美化设施

美化设施主要指在城市公共环境中起美化作用的设施。它不仅强调精神功能和视觉审美，同时赋予公共空间更多的文化内涵和景观价值。

1. 水景

自古以来，一直把水景作为环境景观的中心，挖地造池，池中建岛，池边造山，山上建亭，亭边植花木。早在周文王时期，先秦宫苑内就是灵沼作为人造水景，养鱼放鹤。秦汉时期形成"一池三山"布局模式，并一直影响着后来园林理水的发展。随着现代城市的发展，水景设计及建造技术，包括生态水景已发展得相当迅速。现在，在城市广场、住区、公共建筑周围及公园等地广泛地建造了各种水景设施。

（1）类型与特征

A. 静水：能够起到净化空气、划分空间、丰富环境色彩的作用，随着环境变化与季节的更替，显现出不一样的色彩感觉。在风雨的条件下又或者加上光影的合作静水则波光粼粼，风光无限。

B. 流水：包括河、溪以及各类人工修建的流动水景。形态分自然式流水和规则式流水。如运河、输水渠等，多为连续的有急缓深浅之分的带状水景（图1-45）。

C. 落水：因蓄水或地形高差而形成水的跌落，下落的形式有线落、布落、挂落、条落、多级跌落、层落、片落、云雨雾落等。不同的落水形式会带来不同的视觉享受（图1-46）。

D. 喷泉：水受压通过喷头以一定的速度、角度、方向喷出的一种水景。

（2）设置原则

A. 满足功能性要求

a. 水景的基本功能是供人观赏，所以设计首先要满足艺术美感。

b. 水景也有戏水、娱乐与健身

的功能。随着水景在城市公共领域的大量应用，设计中出现了各种戏水旱喷泉、涉水小溪、儿童戏水泳池及各种水力按摩池、气泡水池等，从而使景观水体与戏水娱乐健身水体合二为一，丰富了景观的使用功能。

c. 水景还有对小气候的调节功能。小溪、人工湖、各种喷泉都有降尘净化空气及调节湿度的作用，具有一定的保健作用。水与空气接触的表面积越大，喷射的液滴颗粒越小，空气净化效果越明显，负离子产生得也越多。设计中可以酌情考虑上述功能进行方案优化。

B. 环境的整体性要求

水景是工程技术与艺术设计结合的产品，它可以是一个独立的作品。但是一个好的水景作品，必须根据它所处的环境氛围、建筑功能要求进行设计，并要和建筑、园林设计的风格协调统一。水景的形式有很多种，即使是同一种形式的水景，因配置不同的动力水泵又会形成大小、高低、急缓不同的水势。因而在设计中，要先研究环境的要素，从而确定水景的形式、形态、平面及立体尺度，实现与环境相协调，形成和谐的量、度关系，构成主景、辅景、近景、远景的丰富变化。这样，才可能做出一个好的水景设计。

图1-45（上）
泰国考侯彩瓦·桑疗养度假村
图1-46（下）
落水水景

图 1-47
城市绿景

C. 技术保障可靠

水景设计分为几个专业：①土建结构（池体及表面装饰）；②给水排水（管道阀门、喷头水泵）；③电气（灯光、水泵控制）；④水质的控制。各专业都要注意实施技术的可靠性，为统一的水景效果服务。

D. 运行的经济性

在总体设计中，不仅要考虑最佳效果，同时也要考虑系统运行的经济性。不同的景观水体、不同的造型、不同的水势，它所需提供的能量是不一样的，即运行经济性是不同的。通过优化组合与搭配、动与静结合、按功能分组等措施都可以降低运行费用。

2. 绿景

世界上的每一种文化或文明的背景，都可以用景观设计的语汇来呈现，它为人类提供了舒适的生存环境，它的语汇通常会通过类似墙体的围合空间和限定边界的元素来得到展示。

绿景主要通过人工栽植、设计、养护等手段形成植物造景（图1-47）。

（1）设置原则

A. 植物配置要考虑种植的位置与建筑、地下管线等设施的距离，避免有碍植物的生长和管线的使用与维修。一般乔木需距建筑物5~8m。灌木距建筑和地下管网1.5m。

B. 注意场地植物的生物配置。在充分考虑场地的土壤、气候的基础上，注重植物的生物学特性和景观配置，使其最大限度地发挥使用功能，满足人们生活、休息的需要。注意乔木、灌木与藤蔓植物的合理配置，常绿与落叶、速生与慢长相结合，乔灌与地被、草皮相结合，适当点缀些草花，构成多层次的复合结构，既满足生态效益的要求，又能达到观赏的景观效果。创造出安静和优美的人居环境。不要出现"重草轻树"的现象，要充分发挥树木的造氧功能。要尽量选用叶面积大、叶片宽厚、光合效率高的植物，提高造氧功能。

C. 不同的绿化地要求不同的树种选择和配置方式。植物配置在统一基调的基础上，树种力求丰富，有变化，避免种类单调。如在主次干道和街道，以乔木为主，选用花灌木为陪衬；在道路交叉口、道路边要配置色彩鲜艳的花坛；在公共绿地的入口处和重点地方，种植体形优美、季节变化强的植物；在庭院绿地中以草坪为基调，适当点缀些生长速度慢、树冠遮幅小、观赏价值高的低矮灌木，如千年红、珊瑚树、火棘等常绿灌木。

D. 绿化树种的选择应注意：

a. 无污染，无伤害性：场地所选植物本身不能产生污染，忌用有毒、有刺尖、有异味、易引起过敏的植物，应选无飞毛、少花粉、落叶整齐的植物。

b. 抗污染：生活区的污染主要来自锅炉煤烟、生活污水、污物、污气（CO_2）以及四周街道上扬起的灰尘。所选树种（植物）应有较强的抗污染特性。

c. 少常绿，多落叶。由于城市楼房的相互遮挡，采光往往不足，特别是冬季，光强减弱，光照时间短，采光问题更加突出，因此要多选落叶树，少选常绿树。

d. 以阔叶树木为主。

e. 种植设计中，充分利用植物的观赏特性，进行色彩组合与协调，通过植物叶、花、果实、枝条和干皮等显示的色彩，在一年四季中的变化为依据来布置植物，创造季相景观。

f. 选择有小果、小种子的植物，招引鸟类。栽植一定数量的结果实和种子的植物，能模拟出自然景观，引来鸟类，形成"鸟语花香"的环境，如：李类、金银木、苹果类、菊类、向日葵、柳树、一串红、海棠等。

E. 绿化苗木配置方式：

a. 城市的绿地结构比较复杂，在植物配置上也应疏密有致、灵活多变，不可单调、呆板。

b. 点、线、面相结合。城市公共绿地平面布置形式以规则为主的混合式为好。植物配置突出"草铺底、乔遮阴、花藤灌木巧点缀"的公园式绿化特点，植物多丛植、孤植、坪植、坛植和棚架等。道路、围墙的绿化，可栽植树冠宽阔、枝叶繁茂、遮阴效果好的小乔木、开花灌木或藤本。

c. 注意再生空间的绿化。低层建筑可实行屋顶绿化，山墙、围墙可用垂直绿化，小路和活动场所可用棚架绿化，阳台可以摆放花木等，以提高生态效益和景观质量。

（2）花坛

花坛是在一定范围的畦地上按照整形式或半整形式的图案栽植观赏植物以表现花卉群体美的园林设施。花坛主要用在规则式园林的建筑物前、入口、广场、道路旁或自然式园林的草坪上。按其形态可分为立体花坛和平面花坛两类。平面花坛又可按构图形式分为规则式、自然式和混合式三种。按观赏季节可分为春、夏、秋、冬四季花坛（图1-48）。

图 1-48
沃尔夫斯城堡公园几何形
花坛；主要材料：不锈钢

图 1-49（上）
阿培尔顿车站广场地景设计；地址：阿培尔顿，荷兰；完成时间：2008 年
图 1-50（下）
城市广场地面铺装——空间的分割与视线的引导

3. 地景

地景实际包括的内容很宽泛，我们这里就主要谈地面铺装。地面铺装是指用各种材料进行的地面铺砌装饰，其中包括园路、广场、活动场地、建筑地坪等。

地面铺装，不仅具有组织交通和引导游览的功能，还为人们提供了良好的休息、活动场地，同时还直接创造优美的地面景观，给人美的享受，增强艺术效果（图 1-49）。

（1）地面铺装的功能

A. 空间的分割和变化

铺装通过材料或样式的变化形成空间界线，在人的心理上产生不同暗示，达到空间分隔及功能变化的效果。

B. 视线的引导和强化

铺装利用其视觉效果，引导游人的视线。在园林设计中，经常采用直线形的线条铺装引导游人前进；在需要游人驻足停留的场所，则采用无方向性或稳定性的铺装；当需要游人关注某一重要的景点之时，则采用聚向景点方向的走向的铺装。另外，通过铺装线条的变化，可以强化空间感，比如用平行于视平线的线条强调铺装面的深度，用垂直于视平线的铺装线条强调宽度，合理利用这一功能可以在视觉上调整空间大小，起到使小空间变大、窄路变宽等效果（图 1-50）。

C. 意境与主题的体现

良好的景观铺装对空间往往能起到烘托、补充或诠释主题的增彩作用，利用铺装图案强化意境，这也是中国园林艺术的手法之一。这类铺装使用文字、图形、特殊符号等来传达空间主题，加深意境，在一些纪念性、知识性和导向性空间比较常见。

（2）设置原则

铺装不仅注重色彩、形状、创意及质感，如何带动人的情绪、体现人性化、使人迅速融入到景观也是关键点。

A. 铺装形态

在平面的构成要素中有点、线（直线、折线、曲线）和形（三角形、四边形、多边形、圆形、椭圆形和不规则形）之分。铺装可以赋予步行节奏感。如广场上的线形不但能给人以安定感，而且同一波形曲线的反复使用具有强烈的节奏感和指向作用，会给人安静而有条理的感觉，最单纯的节奏就是不断重复。折线显示动态美，沿着道路轴线弯曲的线会让你感觉到一种缓慢的节奏。

B. 铺装尺度

需考虑整体园林景观的意境和主题。在明确需要给游人带来什么样的情感和美景的指导下，合理地布置不同质感的铺装材料的尺度搭配。例如，小尺寸稠密铺装会给人肌理细腻的质感。当然，在考虑尺度搭配的时候也要一并考虑不同的铺装材料本身常规性的尺度问题。园林铺装的人性化，就是要让游人用眼睛边走边看脚下的铺装，用心感受脚下铺装内在的意境。

4. 雕塑

又称雕刻，是雕、刻、塑三种创制方法的总称。雕塑作为造型艺术的一种，是为美化城市或用于纪念意义而雕刻塑造具有一定寓意、象征或象形的观赏物和纪念物。一般用各种可塑材料（如石膏、树脂、黏土等）或可雕、可刻的硬质材料（如木材、石头、金属、玉块、玛瑙、铝、玻璃钢、砂岩、铜等），创造出具有一定空间的可视、可触的艺术形象，借以反映社会生活，表达艺术家的审美感受、情感和理想的艺术（图1-51）。

（1）类型与特征（表 1-14）

A. 从发展上看，雕塑可分为传统雕塑和现代雕塑。传统雕塑是用传统材料塑造的可视、可触、静态的三维艺术形式；现代雕塑则是用新型材料，利用声、光、电等制作的反传统的四维、五维雕塑、声光雕塑、软雕塑、动态雕塑等。

B. 按材质分石雕、木雕、玉雕、铜雕、玻璃钢雕塑、陶瓷雕塑、骨雕、漆雕、牙雕、贝雕、冰雕、泥塑、面塑、石膏像。

C. 按雕塑的形式分：圆雕、浮雕和透雕。

a. 圆雕：圆雕又称立体雕，是指非压缩的三维立体雕塑。圆雕是艺术在雕件上的整体表现，观赏者可以从不同角度看到物体的各个侧面。

b. 浮雕：所谓浮雕是雕塑与绘画结合的产物，用压缩的办法来处理对象，靠透视等因素来表现三维空间，并只供一面或两面观看（图1-52）。

浮雕形式	特点
神龛式	体现在我国古代的石窟雕塑。根据造型手法的不同，又可分为写实性、装饰性和抽象性
高浮雕	压缩小、起伏大，是接近圆雕的一种形式，这种浮雕明暗对比强烈，视觉效果突出
浅浮雕	压缩大、起伏小，既保持了一种建筑式的平面性，又具有一定的体量感
线刻	是绘画与雕塑的结合，它靠光影产生，以光代笔，甚至有一些微妙的起伏，给人一种淡雅含蓄的感觉
镂空式	

c.透雕：又称为镂空雕，是介于圆雕和浮雕之间的一种雕塑。在浮雕的基础上，镂空其背景，有单面浮雕和双面浮雕，有边框的又称为镂空花板。

D.按其功能分（表1-15）

雕塑的功能分类 表1-15

雕塑分类	特点
纪念性雕塑	是以历史上或现实生活中的人或事件为主题，也可以是某种共同观念的永久纪念。这类雕塑一般与碑体相配置，或雕塑本身就具有碑体意识
主题性雕塑	是某个特定地点、环境、建筑的主题说明，它必须与这些环境有机地结合起来，并点明甚至升华主题，使观众明显地感到这一环境的特性
装饰性雕塑	又称之为雕塑小品，它的主要目的就是美化生活空间
功能性雕塑	是一种实用雕塑，是将艺术与使用功能相结合的一种艺术。如公园的垃圾箱，大型的儿童游乐器具等
陈列性雕塑	尺寸不大，有室内外之分。以雕塑为主体充分表现作者自己的想法和感受、风格和个性，甚至是某种新理论、新想法的试验品。它的形式手法、内容题材、材质应用均不受限制

以上所说的五种分类并不是界线分明的。现代雕塑艺术相互渗透，它的内涵和外延也在不断扩大，如纪念性雕塑也可能同时是装饰性雕塑和主题性雕塑；装饰性雕塑也可能同时是陈列性雕塑。

5. 壁饰

壁饰即墙壁上的装饰物。壁饰的种类很多，形式也非常丰富，应与环境相谐调。注重材质、肌理、色彩、形态方面的表达，使壁饰与环境构成积极补充和相互衬托的关系（表1-16）。

壁 饰 表1-16

分类方法		内容
按制作材料分		金属壁饰、陶瓷壁饰、纤维纺织壁饰、纸浮雕壁饰等
按设计风格分		工艺型壁饰、自然型壁饰、功能型壁饰、装饰型壁饰、写实型壁饰和抽象型壁饰
按类型分	书法	从形式上还可以分为对联、中堂、条幅、立轴等
	绘画	除国画、西画外，还包括新出现的一些装饰画，如布贴画、贝雕画、麦秸画、玻璃画、金属画等，以及浮雕壁画
	摄影	黑白和彩色两类
	装饰挂件	艺术挂毯、挂盘、面具、扇面、钟表以及其他艺术造型

6. 店面橱窗

城市店面橱窗是依附于建筑体的商业性空间商店橱窗，既是门面总体装饰的组成部分，又是商店的第一展厅，它以本店所经营销售的商品为主，巧用布景、道具，以背景画面装饰为衬托，配以合适的灯光、色彩和文字说明，是进行商品介绍和商品宣传的综合性广告艺术形式。

（1）橱窗的布置方式分类（表1-17）

橱窗的布置方式分类　　　　　　　　　表1-17

橱窗分类	特点
综合式橱窗布置	它是将许多不相关的商品综合陈列在一个橱窗内，以组成一个完整的橱窗广告。这种橱窗布置由于商品之间差异较大，设计时一定要谨慎，否则就给人一种"什锦粥"的感觉。其中又可以分为横向橱窗布置、纵向橱窗布置、单元橱窗布置
系统式橱窗布置	大中型店铺橱窗面积较大，可以按照商品的类别、性能、材料、用途等因素，分别组合陈列在一个橱窗内
专题式橱窗布置	它是以一个广告专题为中心，围绕某一个特定的事情，组织不同类型的商品进行陈列，向媒体大众传输一个诉求主题
特定式橱窗布置	指用不同的艺术形式和处理方法，在一个橱窗内集中介绍某一产品，例如，单一商品特定陈列和商品模型特定陈列等
季节性橱窗陈列	根据季节变化把应季商品集中进行陈列。但必须在季节到来之前一个月预先陈列出来，才能起到应季宣传的作用

（2）橱窗结构

橱窗又分为密封式橱窗和开放式橱窗。

（3）空间设计中对橱窗的分类（表1-18）

空间设计中对橱窗的分类　　　　　　　　表1-18

橱窗分类	特点
前向式橱窗	橱窗成直立壁面，单个或多个排列，面向街外或面对顾客通道，一般情况下顾客仅在正面方向上看到陈列的商品
双向式橱窗	橱窗平行排列，面面相对伸展至商店入口，或设于店内通道两侧，橱窗的背板多用透明玻璃制作，顾客可在两侧观看到陈列的展品
多向式橱窗	橱窗往往设于店面中央，橱窗的背板、侧板全用透明玻璃制作，顾客可从多个方向观看到陈列的展品

衡量橱窗设计及相关空间好坏的直接标准就是看商品销售的好坏。因此，让顾客最方便、最直观、最清楚地"接触"商品是首要目标。在接到一个商业空间设计及橱窗设计任务时首先要对该店所售商品的形态与性质作出分析，目的是利用各种人为的设计元素去突出商品的形态和个性，而不能喧宾夺主。

第二章 "创"——如何设计公共家具？

改革开放带来了中国社会及经济的繁荣。今天中国的城市实践已与国际的城市实践相并行，并努力探索自我中国特色的城市实践。一方面大量市政官员及专家、学者走出国门学习取经，另一方面国际上著名的设计公司参与中国的城市实践，这种西学中用、包容融通的方法，最大限度地提高了中国城市的发展水平，中国人的物质文明取得了质的飞跃。

公共家具作为城市社会文明的重要象征，亦发展迅速，设计水平亦在不断提高。政府对城市实践的设计要求提出了更严格的要求。社会与专业院校都努力在设计思想与设计实践上不断创新，提高设计能力。中国需要城市文明的提高；需要创新更多优秀的公共家具服务社会，服务民众，日益提升现代城市的竞争力。

当公共家具成为使用者与公共空间之间的必要纽带时，它能打开使用者的心灵，使其全身心地投入其中。为了设计某种空间，设计师需认真分析并确定空间性质，使用者是谁，需要传递什么样的感受和特性。在设计过程中，设计师将利用这些信息资料选择和规划公共家具，从而填充这个具有功能要求、审美要求、社会需求和情感需求的空间，设定项目设计目标。可见，使用者与空间对公共家具设计具有重要意义。

2.1 公共家具设计的出发点——公共空间尺度关系研究

2.1.1 个体尺度

美国人类学家爱德华·T·霍尔（Edward T.Hall，1914 ~ 2009 年）在《隐匿的尺度》一书中分析了人类最重要的知觉以及它们与人际交往和体验外部世界有关的功能。根据霍尔的研究，人类有两类知觉器官：一是距离型感受器官（眼、耳、鼻）；二是直接型感受器官（皮肤和肌肉）。就城市公共空间营造与公共家具设计而言，距离型感受器官尤为显现得重要（表 2-1）。

知觉类型	工作范围	特征
嗅觉	0 ~ 3m	嗅觉是极为有限范围内的感知，在小于1m的距离以内能闻到别人头发、皮肤和衣服上散发出来的较弱的气味。香水或者别的较浓的气味可以在2 ~ 3m远处感觉到。超过这一距离，人就很难闻到薄弱的气味，足够浓烈的味道才能被注意到
听觉	0 ~ 35m	听觉的工作范围相对更大。在7m以内，耳朵的听觉功能极其灵敏，在这一距离内进行交谈并不困难。大约35m的距离，仍可以建立起一种问答式的交谈关系。超过35m，听觉能力就大大降低
视觉	0 ~ 1000m	视觉相比较嗅觉与听觉而言，具有更大的工作范围。天上的星星、飞机都能看得见。这不代表它没有局限性。在社会群体交往中，视觉与别的知觉一样具有局限性。在5 ~ 1000m的范围内，人们可以根据背景、光照等因素来判断、分辨出人群。在100m处，具体的个人影像更为清晰

2.1.2　群体尺度

前面已经提到一些社交活动中作为个体如何感受他人的至关重要的距离。它们和我们如何感知他人的方式紧密相关。个体与个体之间即人类距离尺度的研究要比个体的距离研究复杂得多。社交行为活动的群体尺度的生成取决于很多因素。不同的作者习惯用不同的术语来界定这个含义的群体尺度，目前为止，最权威的有关研究还是美国人类学家爱德华·T·霍尔的研究。按照他的《分类法》划分出"亲密"、"个人"、"社交"和"公共"等四个社交行为活动的群体尺度（表2-2、图2-1 ~ 图2-3）。

图2-1　个人距离　图2-2　社交距离

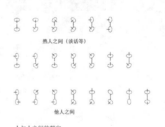

图2-3　群体距离

社交行为活动的群体尺度类型与特征　　　　　　　　　　表2-2

群体尺度	工作范围	特征
亲密距离	0 ~ 0.45m	在0 ~ 45cm之内，是表达温柔、舒适、爱抚以及激愤等不同情感的距离。这个距离范围内，在社交活动中我们可以很好地从嗅觉、视觉、听觉等多方面接触到另外一个人。这是被定义为相互信任和亲密活动的一种距离
个人距离	0.45 ~ 1.20m	这种距离控制在0.45 ~ 1.20m的范围处。在大多数社交活动场所中，这个距离被人们划分成可被接受的最小绝对距离。相比亲密距离而言，它是有区别的，但我们仍可以认为它在城市公共空间范围的社交活动中的保持前提，依然是非常熟悉的人与人之间互动
社交距离	1.30 ~ 3.75m	在1.30 ~ 3.75m内，通常情况下，是朋友、熟人、邻居、同事等之间日常交谈的距离。在最小的社交距离中，我们可以看清楚对方，以正常音量进行交谈，但是并不表现出特别的亲密感
公共距离	>3.75m	公共距离一般大于3.75m，常用于集会、演讲的单向交流倾向较强的场合里。近距离公共距离内，人们使用正常音量就可以较为轻松地对话。在8m开外的范围，嗅觉、视觉、听觉就开始需要加强工作

2.1.3 空间领地尺度

对个人尺度、群体尺度的关系作出概述后需要上升到更为复杂的空间尺度的问题研究。城市公共空间公共家具的设计与设置所面对需要解决的问题并不简单地只针对个体、小部分群体行为活动，我们应该从更为宏观的角度，从空间尺度结合人去作分析研究。人—公共空间—公共家具这三者是密不可分的。归根究底，由小到大，再从大到小的设计思维才是解决公共家具设计问题的根本之道。

2.1.3.1 空间领地距离

领地为人类社交活动提供了一个区域，在这里面标识出社会群体相同的特征，这些具有趋同地域文化"基因"的社会群体被独特地定位在世界领地范畴里。现代生活里，领地感曾经具有的重要性趋于消失。

1. 国家领地

宗教的发明深刻地反映了人类潜意识里对领地统治结构的渴望与需求。早期人类社会是远离统治的，伴随着对任何具有威胁的事物的恐惧。人们在各种恐惧下形成了各种屈服与崇拜。渐渐地，这样的恐惧被骄傲、备受敬仰的领袖们取代。早期合作狩猎到后来的集体耕作社会的建立是大势所趋。时移世易，到现在，人类的智慧仍然要求人类根本利益的最大化，这一要求的最大体现就是国家领地的存在。

核心地带与边界

就具体的地理环境而言，领地有两个重要的特征：领地的核心地带和边界。每个国家都是通过首都与边界来加以识别的。外部的争端和不幸的战争都发生在国家的边界上（图2-4）。

2. 城市领地

"城市"被视作特别的领地行为的产物，人们称之为"竞技场"。在关于领地的说法中，竞技场会被认为是人类社会繁殖地。或许通过人类社会繁殖地的作用，达尔文的生物进化论才站得住脚，所以领地从更严格的生物进化论角度讲，就是那些雄性动物为之竞争拼抢的场所。

3. 家庭领地

人类用很多不同的方式来占领属于自己的领地，从传统意义上来讲，家庭领地是最重要的方式。但是像家庭这样无处不在的社会细胞，如今在西方正在迅速崩溃，中国在近代经历西学东渐后或多或少受到

图 2-4
城市领地 1840 ～ 1929
年间伦敦规模扩展变化图

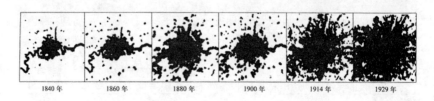

1840 年　　1860 年　　1880 年　　1900 年　　1914 年　　1929 年

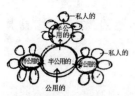
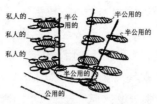

可防御的空间的构成概念　　　　　　　　　　　能实现自然监视的空间构成概念

图 2-5
可防御性空间的概念

西方影响。尽管如此，家庭仍是我们最持久的领地现象之一。

2.1.3.2　捍卫领地及边界的重要性

捍卫领地是动物的天性，人类当然也是一样。这样的天性在城市空间和公共家具营造上设计师可以对其加以开发和利用。在实际生活中不合理、不柔性的边界设计会使使用者们因为捍卫领地天性的存在，在社交行为活动中出现领地入侵的情况下发生矛盾与摩擦的概率上升。领地入侵有三种形式，分别为"混淆边界"、"冒犯"和"入侵"。

1. 混淆边界

混淆边界，不管是在实际生活中，还是在情感上，都涉及了领地的概念。例如，同住在一起的大学室友，自己定义的领地边界被侵占了，向别人述说自己所遭遇的侵犯时是强烈的。被领地入侵方处理不好或许一气之下就搬离了寝室。而另外一个室友全然不知自己混淆了所谓的边界。这不是简单地归咎于安全感的缺乏，而只是因为他们觉得这片领地不再完完全全地属于他们自己了。

2. 冒犯

当入侵行为带来了某些实际的危害时就是冒犯。如果侵犯者在非法入侵的过程中造成了财产损失，那么主人就领地被入侵的感受就更为强烈。深夜街边吵闹喧嚣的人导致你失眠就是一个例子。

3. 入侵

入侵指的是别人企图永久地占领自己领地的行为。美国学者奥斯卡·纽曼（Oscar Newman）在他的学术著作《可防御的空间》（Defensible Space）中对此进行了详细的论述，并用经验数据支撑了他的观点。可见，城市公共空间与公共家具的营造在对人类行为导向上与犯罪率之间确实存在关系（图 2-5）。

2.1.4　人与空间的尺度

公共家具作为城市公共空间中与人关系密切的设计产品，其设计的好坏对人与公共空间的营造有着密切的关系。由此可见，探索人、公共家具和城市公共空间之间的关系如何协调并达到人机环境优点最大化，是确保安全、通用、人性公共家具设计的有力支撑。

人机工程学在城市公共空间与公共家具营造中主要以人的生理、

心理、行为、感知等因素为入手点，研究人、公共家具和城市公共空间三者的相互辩证关系，为创造安全、通用、人性的城市公共家具提供相对应的数据理论支持和设计应用方法。

2.1.4.1　为公共家具尺度设计提供参考

公共家具设计中由于设计师对人体尺度因素考虑不够，导致公共家具设施并不人性化的现象极为普遍。其主要原因是，设计师在进行尺度设计时对人体测量数据考虑不足。因此，设计师需要关注人体生理因素并遵循科学应用原则，有机地运用在城市公共家具设计中（图 2-6）。

2.1.4.2　为公共家具功能设计提供依据

人们除了在对公共家具尺度有严格要求之外，公共家具的功能、材料、色彩等因素都会对人产生相应的生理、心理的映射。在人机工程学的范畴里，公共家具合理的功能、绿色环保的材料、协调的色彩等共同构成公共家具设计产品本身的有机整体。

在公共家具设计中人性化、通用化的设计理念被越来越多的人所认可和要求。合理运用人机工程学理论，从人的生理尺度、心理行为习惯等方面入手，思考人、公共家具、公共空间三者之间的协调关系是必要的，并在其指导下合理营造出人性通用的城市公共家具（图 2-7~ 图 2-10）。

图 2-6（左）
立体尺寸
图 2-7（右）
步行尺寸

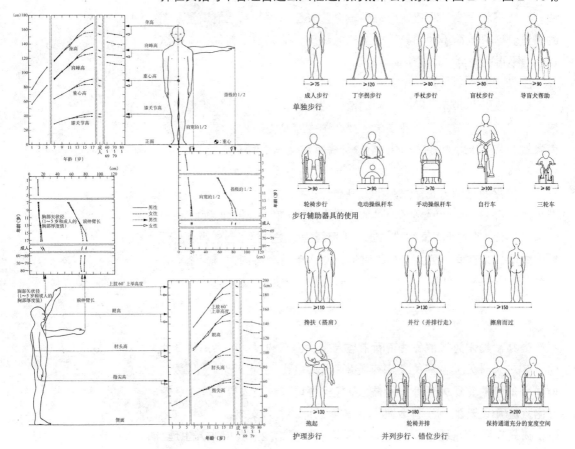

产品与居住·公共家具与空间

2.2 公共家具设计的原则

2.2.1 人性通用化原则

现代日常生活中,人们普遍处于快节奏的工作与生活中,紧张时常困扰着他们,所以他们需要人性化的关怀。城市公共空间是可供人们随意地交流、散步、游玩、放松心情的良好场所。而现实中,我们周围的许多公共空间营造地都过分强调形式和构图,"人"的因素往往被忽略。在合适的位置设置适宜的公共家具设施,提高公共空间的使用性。公共家具的设计一切围绕"人"展开,不但满足视觉审美需求,更要充分考虑人的生理和心理使用需求,从而营造公众能参与的人性化公共空间。例如,在高峰使用时段,考虑到日照、遮阴、风力等因素使公共家具在使用高峰时段仍保持生理上的舒适;考虑女性、儿童、老人、残疾人的具体需要;气候、温度、眩光问题等的考虑都是人性化原则的体现。

通用性原则的概念是强调精心考虑过的设计不仅仅只满足残疾人的需求,同时能为其他所有人使用。我们倡导对残疾人的态度不是"孤立而平等"地对待。我们希望的是为社会所有成员享有公共生活创造平等的使用权和机会。如今,已经有许多领域确立了具体的导则来控制各项要素和设施的设计。未来这一标准原则应该会继续明确和细化。设计师Diana Cabeza 设计的这款城市公共座具就很好地体现了其通用化设计的意图(图 2-11)。

2.2.2 整体组合性原则

随着城市的繁荣,城市设施的功能要求不断提高,越来越多的设施充斥在城市空间中,座椅、招牌、垃圾桶、路灯不断添置进来,但是大部分的这些公共家具都是没有经过良好的规划和设计的,渐渐地城市显得凌乱不堪,缺乏美感。

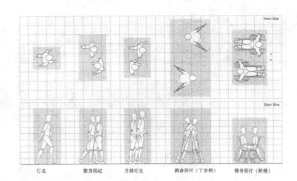

图 2-8　行动空间

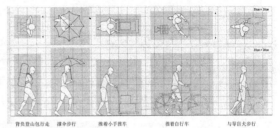

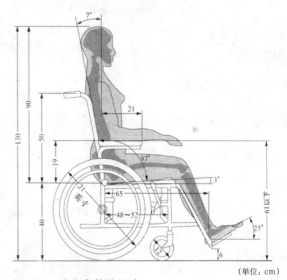

（单位：cm）

图 2-9　残疾人轮椅尺寸

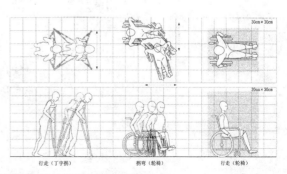

图 2-10　残疾人运动空间

图 2-11（左）
Diana Cabeza 设计的公共座具
图 2-12（右）
设计师 Nahtrang Disseny 设计的作品 NIU

近年来，公共家具的造型与色彩呈现出多样化趋势，形式各异，色彩丰富。但是整体组合性原则是需要考虑进去的。设计师在设计公共家具时，不仅要考虑预防积水、坚固耐用、便于清洁等基本功能，同样要考虑与周围环境的配合，这点是非常重要的。上海 Kik 创智公园中的公共家具营造在整体组合性原则上有典型体现。设计师 Nahtrang Disseny 设计的 NIU 是一款街道公共设施，它也具有多功能用途。它是一个大型格式化花槽，也是使用者的休憩之地，或是植物的围栏。它纵向上略为倾斜，以寻求一种结合感，邀请路人与之互动（图 2-12）。

2.2.3　绿色生态性原则

公共家具设计应该从设计、制作、使用、回收等全过程都遵循绿色生态性原则，合理运用绿色技术，设计与技术紧密配合。

1. 设计环节

在公共家具设计中，绿色生态性原则主要体现在材料技术方面。我们提倡充分利用自然材料。在有利于维护整个生态环境的大前提之下，充分满足人们对公共家具制作材料的需求。强调设计师多使用"再生型"材料，积极探讨材料的可再生性，做到一物多用，一物久用。

2. 制作环节

公共家具企业应该合理运用绿色技术。从设计到生产全过程运用绿色设计、技术，实行绿色制造。减少材料资源耗费，减少废弃物，利用废弃物、污染物再生产，追求无废弃物、零污染生产。确保公共家具从设计到生产全方位环保的整体性。

3. 使用环节

由于公共家具使用环境和使用人群的特殊性，相比较一般家具产品损耗性大。标准通用化设计手法是解决这一问题的有效途径。

4. 回收环节

绿色公共家具设计的最后一个重要节点是关于公共家具的回收问题。传统公共家具制造商在设计、开发、制造、销售等完成后，对公共家具的回收处理问题漠不关心。绿色公共家具设计必须人性地考虑到这个环节，实事求是地将绿色设计理念贯彻始终。

澳大利亚悉尼的狎角公园及公共家具设施是绿色生态性原则体现的最好范例。该设计采用世界先进的可持续性发展理念，旨在减少项目所产生的碳排放量并恢复当地的生态环境。公园内的雨水生物过滤系统、再生材料和用于场地能源供给的风力涡轮机无不淋漓尽致地体现出该设计的环保理念。项目在设计过程中遵循了最初在总体规划时所强调的原则——保持拆除和保留之间的准确平衡。设计后的公园以一种创新而有益的方式使得项目所在地的历史层次与人类的干预彼此交融，相得益彰（图2-13）。

图2-13
澳大利亚悉尼的狎角公园及公共家具设施；设计师：Mcgregor Coxall 景观设计事务所；2009 年

2.2.4　地域文化性原则

每个城市都有属于自己城市的故事。不同的历史沉淀出不一样的城市。美国城市规划学家沙里宁说过："让我看看你的城市，我就能说出这个城市居民在文化上追求的是什么。"城市里的居民在千城一面的城市中住着新房生活着，却也时常惦念着老城的样子。

每个城市都不乏具有历史纪念意义的场所，它们的建筑形式、色彩、空间尺度等或多或少都隐藏在人们的内心里。每个地方都有约定俗成的社会风俗习惯、人文基因，它们无时无刻地不在影响人们的行为模式。地域文化趋同与社会价值观相吻合容易使人们产生地域文化的社会认同感。《宅形与文化》一书中的阿摩斯·拉普卜特（Amos Rapoport）试图从原始性和风土性中辨识恒常与变易的意义与特征，以反思突进的现代文明在居住形态上的得失，为传统价值观消亡所带来的文化失调和失重寻求慰藉和补偿。罗伯特·欧文（Robert Irwin）也曾经提出"第四层面"的理论，即一个方案应该由场地的特征——物质的、文化的、历史的以及人文的所决定。可见，作为设计师的我们需要秉持尊重历史、继承和保护历史的责任感，同时要尊重并关注地域文化与特征。乔治·哈格里夫斯（George Hargreaves）设计的美国田纳西州查塔奴加21世纪滨水公园（Chattanooga 21st Century Waterfront Park）就是这样典型的例子。设计者始终关注着某种关联（Connection），设计重现了查

图 2-14
美国田纳西州查塔努加
21 世纪滨水公园；哈咯
里夫斯设计事务所 & 施瓦
茨·西尔弗建筑师事务所

塔努加初建时的场景。它将城市重新连接到了滨水区，从而实现傍水生活的城市目标。从这个作品里可以解读出设计者对自然与文化之间的关联性、地域与文化之间的关联性的关注（图 2-14）。

城市公共空间与公共家具的营造需要遵循地域文化性，如此营造的城市才有连续记忆与情感，可以保持持久的生命力。当然，地域文化性的原则融入并不提倡复古主义。这个要时刻警惕。文化的寻根不代表赤裸裸的照搬照套，复古主义抬头要不得！

2.3 公共家具的设计与展开

改革开放带来了中国社会及经济的繁荣。今天中国的城市实践已与国际的城市实践相并行，并努力探索自我中国特色的城市实践。公共家具作为城市社会文明的重要象征，亦发展迅速，设计水平亦在不断提高。政府对城市实践的设计提出了更严格的要求。社会与专业院校都努力在设计思想与设计实践上不断创新，提高设计能力。中国需要城市文明的提高；需要创新更多优秀的公共家具服务社会，服务民众，日益提升现代城市的竞争力。

公共家具设计是多元化的、多方面的综合体，其过程是设计者与有关参与者共同寻找矛盾、认识矛盾、协调并解决矛盾的过程，它是技术与艺术的结合，它的最终实现依赖于设计者的形象思维能力和逻辑思维能力的综合。一个完整的公共家具的设计过程包括构思、计划、表现、施工、使用、评价等过程。初学设计的学生往往容易犯这样的错误——单纯由设计来谈设计。如何建立可行的公共家具设计观，如何做好公共家具设计，要坚持什么样的公共家具设计哲学等问题都建立在如何认识设计这个基础之上。

在中国传统公共家具设计教学模式下，学生很难理解何谓真正的公共家具，很难理论结合实践地展开公共家具设计工作。中国美术学院实验性教育模块《公共家具与空间》课程作为中国公共家具设计实践的重要组成部分，有责任与义务勇当试路者，率先形成合理的教育

产品与居住·公共家具与空间

体系和方法以应对该问题的出现，起行业普世意义。公共家具的设计与展开这一节主要围绕《公共家具与空间》课程实录作表述性描写，通过实际教学案例来反证中国美术学院实验性教学体系的良好效果。

2.3.1 公共家具设计课程准备

中国美术学院实验性教育模块《公共家具与空间》作为中国公共家具设计实践的重要组成部分，旨在新的历史境遇条件下，回溯现代设计思想的成长历程，用批评的、开放式的态度来重新审视现代设计思想的发源——"包豪斯"的教育体系，强调"艺"与"匠"相结合，并努力对人类的需要和运用设计提出解决对策的能力训练作积极回应。努力培养在现实中发现问题并切实解决问题，促进社会良性发展的专业设计人才。再者，强化艺术感染力的知识训练，将艺术作为思想培育的重要手段，充分结合当代艺术，努力培养学生的艺术审美知觉能力并使其自觉地应用在专业技能的塑造过程中，从而培养有自觉审美鉴赏力的设计专业人才。

2.3.1.1 教育方法

（1）运用传统美的知识论培养方法，培养学生学会在生活中发现美、感受美，从而创造美，自觉进行美的知识训练，提高专业审美鉴赏力。

（2）研究动手营造的劳作方式，贯穿教学始终，作为学生心智训练的重要手段，借此训练学生自觉将二维的平面空间构想落实到实际的三维空间感觉中，发现问题，提出解决对策。

（3）深入对材料与技术的认识研究，与解决现实问题结合，在以设计作为解决问题的有效手段之时，学习材料与技术的应用，并灵活运用材料和技术的专业知识。

（4）加强艺术院校学生对科学知识的研究，掌握将基本科学知识运用到专业设计之中，强调树立科学意识，强化教学的科学性与系统性。

（5）将现代较封闭、独立的教育方式，转化为较开放、融通的教学模式。培养学生直面生活，在生活中学习设计的良好学习习惯。同时，与国际前沿学科相对应进行平等交流，提出自我原创性教育方式，树立公共家具教育的国际地位。

（6）将设计教育与设计的现实生活引领意义相结合。运用设计为提高现实生活水平提出探索性实验研究。直面生活的需求，真题假做，从而真正起到设计是生产力的重要作用。

2.3.1.2 课程准备

中国美术学院实验性教育模块《公共家具与空间》课程所授班级学习氛围较好，留学生加入又注入了新鲜血液。国际化氛围极为有力地辅助了《公共家具与空间》课程的展开。准备部分是计划让学生在

图 2-15
笔者在课堂上作课程辅导

没有思维定式的情况下，整理思绪思考何为公共家具，快速在脑子里回忆日常社会生活中的公共家具类型并利用二维草图方式记录整个思维发散过程。二维草图表达所表现的公共家具类型是不受限制的，但其材料、基本构造工艺都要有所体现并表达清楚（图 2-15）。

二维草图思维表达的作业目的是仔细观察每一个学生的基础，从而达到下一步教学过程中的因材施教。从上交的草图作业情况来看，反映了现阶段学生的一些问题，如下：

（1）学生对公共家具概念认识普遍模糊，对公共家具类型了解不系统；

（2）二维草图思维表达缺乏技巧，其中材料与工艺构造交代得过于笼统，很难做到"手""脑"合一地表达；

（3）中国学生思维发散的深度与广度稍显不足，思考范围比较受限，留学生的思路较为开阔。

草图作业反映的问题是客观存在的。现阶段学生如同白纸，不同手法、材料的运用在不同肌理的纸张上效果截然不同。摸清学生基础如同清楚纸张的材质与肌理，在此基础上教师可以因材施教，针对性地进入课程，准备下个阶段的工作。

在经过二维草图思维表达作业后，教师利用 Powerpoint 辅助讲解公共家具基础知识，教授学生建立确实可行的设计观，正确的设计哲学。Powerpoint 课件以六个板块来讲述公共家具的相关知识，环环相扣，循序渐进。从何为公共家具谈起，引申到公共家具与人类行为活动，强调人与空间对于公共家具设计的影响以及公共家具对人与空间的反作用；公共家具类型与设计原则是公共家具设计的主要立足点；再次，公共家具与材料、构造工艺也是需要关注的重点部分；最后，结合名师名作经典案例分析，自觉地进行美的知识训练，提高学生的专业审美能力。

2.3.1.3　课程调研

教师利用公共家具设计理论课对学生运用传统美知识培养方法，自觉进行美的知识训练，提高专业审美能力。在学生了解公共家具相关的基础知识后进入到课程考察调研的阶段，理论结合实际地调研杭州市本地的城市空间公共家具基础设施的基本情况，从而达到巩固基础的效果。调研考察的方法有许多，学生在实践中可灵活多变地应用一种或多种综合进行调研研究。具体考察方法可在表 2-3 中查看。

2.3.1.4　思维反馈

在调研杭州市本地城市空间公共家具基础设施的基本情况之后，学生对公共家具设施类型、材料、工艺、与人和空间的关系等有一定

类型	步骤
观察法	①作大略调查和试探性观察。这一步工作的目的在于掌握基本情况，以便能正确地计划整个观察过程。②确定观察的目的和中心。根据研究任务和研究对象的特点，考虑弄清楚什么问题，需要什么材料和条件，然后作明确的规定。③确定观察对象：首先，确定观察的总体范围；其次，确定观察的个体对象；最后，确定观察的具体项目。④制订观察计划：除了明确规定观察的目的、中心、范围，以及要了解什么问题、搜集什么材料之外，还应当安排观察过程：观察次数、密度、每次观察持续的时间、如何保证观察现象的常态等。⑤策划和准备观察手段。⑥规定统一性标准是为了增加观察的客观性，为了便于衡量和评价各种现象，为了易于用数量来表达观察的现象，以便观察结果可以核对、比较、统计和综合。⑦逐段提出观察提纲：在观察计划的基础上，应对每次或每段（几次同一性质上同一内容的观察组成一段）观察提出具体提纲，以便使观察者对每一次观察的目的、任务和要获得什么材料非常明确
调查法	调查法包括问卷调查、访问调查等。在实际的抽样操作中，抽样调查的主要步骤可大致分为如下几方面：①确定调查的目的。②确定抽样总体。要从中进行抽样的总体应与要得到信息的总体（目标总体）一致。③确定待收集的数据。一般只收集与调查目的有关的数据。④选择抽样方法。可定下具体单位。⑤编制抽样框。⑥确定需要的精确度。因抽样调查是要由样本推断总体，会带有某些不确定性。⑦估计样本容量，估计费用。⑧抽样试验，在小范围内试填调查表，作必要的调整。⑨实地调查工作的组织。对收回的调查表的质量及时进行检查。⑩根据所用的抽样方法进行数据分析。⑪可对同样的数据采用其他的分析方法，作比较分析。⑫写出调查报告。留存有关总体的信息，它们可能对将来的抽样起指导作用
测验法	测验法是想描述某些行为的状况，或推论某些行为的状况（包括：能力与成就，个性、兴趣、动机、态度、观念及心理需要等）；从而考虑修改设计的策略或方案，或进一步形成新的研究课题。所谓测量就是根据一定的法则，将某种物体或现象所具有的属性或特征用数字或符号表示出来的过程。测验的客观性是关于测验系统化过程好坏程度的指标。测验的控制，在不同时间对于同一个被试，或同一时间对于不同的被试，其意义都应该是相同的。保持刺激的客观性则要遵照一定的程序予以控制。推论的客观性指对同一结果不同的人所作的推论应该一致，同一个人在不同的时间对同一结果所作的解释应该相同
行动研究法	基本模式是：计划—行动—考察—反思（即总结评价）。另一种模式是：预诊—搜集资料初步研究—拟订总体计划—制订具体计划—行动—总结评价。①预诊：这一阶段的任务是发现问题。对公共家具的设计或投入使用中的问题，进行反思，发现问题，并根据实际情况进行诊断，得出行动改变的最初设想。②收集资料初步研究：这一阶段成立研究小组对问题进行初步讨论和研究，查找解决问题的有关理论、文献，充分占有资料，参与研究的人员共同讨论，听取各方意见，以便为总体计划的拟订做好诊断性评价。③拟订总体计划：行动研究法是一个动态的开放系统，所以总体计划是可以修订更改的。④制订具体计划：这是实现总体计划的具体措施，它以实际问题解决的需要为前提。⑤行动：这一阶段的特点是边执行、边评价、边修改。⑥总结评价：首先要对研究过程进行考察。考察内容有：一是行动背景因素以及影响行动的因素。二是行动过程，包括什么人以什么方式参与了计划实施，使用了什么材料，安排了什么活动，有无意外的变化，如何排除干扰。三是行动的结果，包括预期的与非预期的，积极的和消极的
经验总结法	①确定专题是指根据总结经验的原则，确定总结经验的方法和题目。专题的选择，必须从实际出发，慎重进行。②拟订提纲指将总结专题分解为若干子项，形成完整的结构。这实际上是总结经验过程的构想，包括总结工作进行的大体轮廓，即总结的起始、程序、实施、分析和综合以及总结的验证。③收集资料是指确定专题、拟订提纲之后，研究者要根据专题、提纲确定收集资料的量及质以及资料来源、方法。④分析资料是指在收集资料的同时或之后，要对资料进行分析，这是经验总结的一个重要环节。分析资料的目的是将经验事实上升为理性认识；主要任务是甄别真伪资料，判断资料的重点和非重点，理清复杂资料的内部结构联系和各种因果关系。⑤文字表述：经验总结的成果一般体现为经验总结报告。正确表述经验是总结经验的关键。⑥修改定稿：修改是总结经验的一项不可缺少的工作

了解并形成了一定的思维反馈。整体思维梳理是中国美术学院实验性教育模块《公共家具与空间》重要体系构成，学生PPT辅助汇报是对教学第一阶段的"质量检测"。学生PPT辅助汇报主要基于公共家具与空间范围内容，主张让学生自主思考、提出、解决问题，理论—实践—回归理论，并结合公共家具设计的方法学习设计，从而达到其资料检索等综合学习应用能力的相应提高。

2.3.2　公共家具设计展开

在经过二维思维草图、PPT 基础知识讲述、课程调研及学生 PPT 汇报等公共家具课程准备后，学生具备了独立思辨力与判断力，已经做好了进入下个阶段的准备——公共家具设计的展开。在进行公共家具设计展开的全过程中师生间需要保持交流，学生及时提出设计中碰到的问题，教师及时地提出解决问题的可能性，帮助学生开拓思维，始终贯穿课程教学中"心""手"结合的营造方法，锻炼学生心智训练的重要手段。借此，训练学生自觉将二维平面空间构想落实到实际的三维空间感觉中，发现问题，开拓思维，让学生具有研究并深入探讨材料与技术的专业认识，运用对材料与工艺技术的知识解决设计过程中问题的有效手段。培养学生直面社会生活，在生活学习设计，树立良好的学习习惯。

公共家具设计是一项复杂的工作，它需要分析和解决现实生活中的各种问题。我们通过合理的规划来划分设计步骤可以促使公共家具设计更有效地展开（表 2-4）。

公共家具设计展开的具体过程与步骤　　　　　　表2-4

设计阶段	设计内容	设计步骤（内容）
第一阶段	设计任务书	1. 资料收集
		2. 场地调研
		3. 分析综合
		4. 提出问题
第二阶段	设计方法应用	设计思维辅助
第三阶段	设计方案构思	1. 方案构思
		2. 方案推敲
		3. 方案深化
第四阶段	设计表现辅助设计	1. 二维徒手图解辅助设计
		2. 三维虚拟计算机软件辅助设计
		3. 三维实体模型辅助设计
第五阶段	设计方案实施	1. 材料工艺
		2. 成本核算
		3. 设计调整
		4. 安装配套
第六阶段	投入使用	1. 体验性标准（功能、美观、情感）
		2. 经济性标准
第七阶段	设计回访	设计的再调整与修护

2.3.2.1 设计任务书

在设计任务书阶段，教师并不提出任何限制条件，充分地发挥学生的主观能动性。不框死局限学生的思维发散，鼓励学生"做梦"、"造梦"，按照兴趣来提出设计任务书。开放性的任务书设置，有助于培养学生的发散性思维扩展。

从思维发散发展到二维平面构想，明确设计意向大方向，与教师面对面地交流。全过程好比是做真题、快题，跟甲方交流方案的实战演习。在确定大方向后，教师进行审核指导，并根据学生的具体情况因材施教进行辅导。学生在构思明朗后可自己根据具体情况进行分组作业。设计任务书发放后，课外有四项工作需要认真贯彻，见表2-5。

工作流程与具体内容   表2-5

工作流程	具体内容
资料收集	资料收集是在接受任务书后非常重要的一项工作。并不是一件很容易做的工作，需要一定的技能，而这一技能是随着资料的收集而不断积累起来的。资料收集时需要耐心、细致、仔细、慎重地考虑，并按照一定的程式执行，不能盲目地东抄西抄，胡搞完事
场地调研	场地调研是让我们关注土地上的实实在在的人。在考察过程中，要做现场笔记，不要单纯地依赖记忆。所谓好记性不如烂笔头。途中，学生应该亲身参与到这个地方最寻常的活动中去。不能主观认为所有人都有相同的心理反应或动机，尤其是在他们的年龄、性别和文化背景都不相同的情况下
分析综合	在收集资料和场地调研以后，必须从分析入手对收集的资料进行消化，对出现的问题加以分析、整理，归纳出详细的、针对性的信息，看清问题的来龙去脉。分析的过程是计划、设计过程中重要的阶段
提出问题	经过前三个步骤，已经对于要设计的公共家具设施有了概念性体会，同时也分析出了同类设施产品的优、缺点。从而，在这个提出问题的阶段，要做的就是针对目前要设计的对象提出需要解决的现实问题，如功能问题、结构问题、外形问题、材料工艺问题等

2.3.2.2 设计方法应用

环境设施设计与其他设计一样，有赖于人的形象思维活动，它是相对于抽象思维的一种思维方式。设计构思和思维方式多种多样，一般可概括为七个方面（表2-6）。

设计方法的具体类型与特征   表2-6

设计方法类型	特征
定向设计法	不同使用者如男女之别、老少之差，以及职业、文化程度、生活习惯、生活方式、地区等差异情况使得具体的人群使用情况各有特点。设计构思时可以向某一类群定向，即根据环境设施和人们需求的不同特点采用针对性较强的设计方法
反向设计法	是一种反方向思维的设计方法（即原型——反向思考——创新设计）。设计者要把习惯的事件进行反向思考，这种构思方法可以促使设计者获取更多的想象力，从而推陈出新
仿生设计法	仿生学是模仿生物系统的原理，建造技术系统的科学。自然界中的各种生物有着不同的结构、形态、生理反应和活动现象，人们自觉地以生物界作为各种技术的设计思想、设计原理和创造发明的源泉，从而导致了新兴技术科学——仿生学的产生。仿生设计不重形而重意，是摆脱了模拟原型的约束重组而成的意向设计
组合设计法	主要着重于功能的研究，是多种功能集中一体的设计方法。需要强调的是组合设计并非意味着盲目"拼接"，更多的是强调设计的协调与合理性。两种功能集于一体，精简了物体的数量，节省了设置的空间，符合绿色设计的时代要求

设计方法类型	特征
传统研究法	是研究传统并汲取传统中优秀的设计原理、结构、功能及形态等的基础之上创造新事物的一种常用的设计方法
图解思考法	借助于徒手草图启发思路，将设计概念与草图工作紧密联系在一起，互相促进，从而拓展出新概念。设计者将想法随手绘制成草图，然后进行观察、推敲，草图的图形通过视觉再一次被理解、解释和想象，产生新的想法
创新思维设计法	具体包括借鉴设计法、集思设计法、演绎法、归纳回归法、形态分析法、发散思维法、梦想法、缺点列举法、特征列举法、十进位探求矩阵法等

2.3.2.3 设计方案构思

1. 设计方案构思

在方案设计初期，学生会有许多构思，最直接、有效的方法就是利用二维平面空间思维构想将所有这些想法用图形的形式表现出来。通常在面对一个具体设计任务时，设计师的创作思路往往具有跳跃性，学生也不例外，敢于尝试一切解决问题的可能性，其中包含了大量不太可能实现的奇思妙想，但不乏一些独具匠心的创意。为了方便进一步深化开拓空间，这都需要以二维草图形式记录下来。记录尽可能多的灵感是对设计对象进行构思和整理的过程，这样良好设计习惯的培养，有利于学生更好、更深入地了解设计对象，总结出设计需要注意的重点。

二维草图记录不仅仅是记录的过程，也是一个开拓思路的过程，更是一个图形化的思考和表达方式。这是一个拓展设计思维深度与广度的不可或缺的步骤，许多精妙的创意就有可能产生于草图中。二维平面空间的构思与畅想的设计习惯不仅有利于学生自我思考，更有利于方案的逐步完善。

2. 设计方案推敲

在经过二维平面空间的构思与畅想阶段之后，学生通常会得到许多设计创意，其中不乏优秀的奇思妙想。在设计方案推敲阶段最重要的步骤就是比较、综合、提炼这些草图，希望能够得到基本成熟的方案。首先要将相同类型的草图分类，整理出相似的草图。同时，按照方案的造型、功能、艺术性、可行性、经济性、独创性来进一步深化研究。

如果说二维草图阶段是感性材料的积累，那么方案推敲阶段就应该是理性地审视之前阶段的感性材料，围绕前期所做的设计提案和设计依据进行设计优化与深入。以功能、施工方法、造价控制、艺术性、前瞻性等为参考依据，甄选出一件或两件真正有价值的设计创意进行深入。这个阶段更多考虑的是市场需求、功能需求、技术需求、经济需求等因素对设计的影响。这就是设计教育与现实生活相结合的典型表现。首先，需要把二维平面空间构思结果分类整理并进行分析；其次，把分类好的草图构思修整并具体化，避免过分模糊与笼统；对比研究，从各个方面考察可行性较大的一个或几个方案，得出可深化的具体方案。

3. 设计方案深化

设计方案深化阶段主要分为两大方面：一是针对被淘汰的草图，仔细分类其可取之处和不可取之处。针对可取之处，分析其如何能够完善现有方案；针对不可取之处，分析现有方案是否存在相同的问题或将来是否会出现这样的问题。二是针对已被选出的方案，从功能性出发，寻找可以拓展的方面。在这个阶段，初步方案应当基本确立。需要做的就是将草图转化为图纸，从中解决相关的材料、施工方法、结构等问题。

（1）将方案深化成系统的平面图、立面图、剖面图、顶面图。从尺寸上确立设计对象的尺度关系。

（2）针对设计对象甄选出合适的材料，从材料的特性、质感、色彩等多方面进行类比分析，得出最优材料选项。

（3）从思考技术工艺方面进行考虑，确定材料的安装方法，细化装配节点关系。

（4）将二维图纸转化成三维虚拟模型，研究对象在场地关系、色彩、尺度以及环境关系方面所要表达的设计意图是否得到明确的表达。

公共家具设计是一直在经历不断修改、完善的过程，需要学生的整体分析能力，与团队讨论解决方法，尽量保证在不改变原方案的基础上实现深化设计。

2.3.2.4 设计表现辅助设计

一个公共家具方案的设计过程与思维表达是分不开的，这个过程自始至终都贯彻着思考、绘画、感知、分析等内容，是学生通过在纸上不断勾画脑中的形象并不断思考、修改的过程。在这个过程中会不断地产生新的灵感。通过绘制清晰而客观的图纸，可使学生得到原来存在于大脑中的视觉形象。美国设计师保罗·拉索(Paul Laseau)在《图解思考》一书中提到："设计图自始至终是孕育设计意图的手段，借以促发内心的思维……"我们应该清楚地认识到徒手草图或是计算机所制 CAD 图、3D 效果图，都起着促进学生创造性的思维能力的培养作用。

创造性的思维能力是艺术创造活动中不可或缺的重要组成部分，公共家具设计也是如此。心理学家和教育家认为，创造力的培养与视觉思维能力有关，创造性思维的能力在先天上应该是具备的，但后天亦可以通过特定的训练来加强。图示思维和视觉思维联系紧密，都是与语言或逻辑思维不同的、富于创造性的思维。视觉思维的提出在一开始就与创造性思维的研究直接关联。创造性思维的培养需要观看、想象和构绘方面的能力的有机结合。通过脑、眼、手和图这四个环节的不断反复，学生创造性思维的能力会随之深入完善，自然而然地设计能力也会得到相应的提高。

公共家具设计的过程是设计师与有关事者一同寻找、认识、协调矛盾的整个过程，这要求公共家具设计师具备解决综合问题的能力，掌握相关的空间理论，具备一定的知识积累与流畅的表述能力。只有拥有这样的全方位的能力，学生才能在进行公共家具设计时得心应手。二维徒手图解、三维虚拟计算机软件、三维实体模型都能很好地辅助学生进行公共家具设计创造。

1.二维徒手图解辅助设计

二维徒手图解表现是指通过图像或图形的徒手表现形式来展现设计师思维和理念的视觉传达手段。在设计的最初阶段，设计师的灵感和创意处于杂乱和抽象的状态，这时就需要以快速和简单的方法将其表达出来。最简单的方法就是利用铅笔和草稿纸，随时将自己脑中那些稍纵即逝的想法以简单概括的图形记录下来。这时不需要精致的表达手法，不需要对绘画质量苛求，只是需要不断记录自己的各种思路。

另外，设计前期绘制草图也是设计师自己与自己沟通的方式之一，图形可以表达脑中一些无法言表的片段，通过草图记录，设计师会对自己所画的草图产生反应，随即产生新的创意。这种图形与思考同步的运作有利于发现更多的设计思路，也有利于思维的拓展（表2-7）。

不同的快速表达手法与特点   表2-7

快速表达手法	特点
硬笔	硬笔具有携带方便、书写自如、笔触清新刚劲等优点，可以利用手法的轻重缓急来控制线条的粗细与虚实。钢笔、针管笔、签字笔、一次性水笔等都属于硬笔
马克笔	马克笔又称麦克笔，通常用来快速表达设计构思，以及设计效果图之用。是一种使用极为方便的工具，使用快捷、表现力强，无须事先准备与事后清理，颜色上了之后很快就干，可立刻重复着色，且色彩亮丽，有水彩笔的特点。马克笔表现画面有单头和双头之分，墨水分为酒精性、油性和水性三种，能迅速地表达效果，是当前最主要的绘图工具之一。1.按笔头分：①纤维型笔头：笔触硬朗、犀利、色彩均匀，高档笔头设计为多面，随着笔头的转动能画出不同宽度的笔触。适合空间体块的塑造，多用于建筑、室内、工业设计、产品设计的手绘表达中。②发泡型笔头：较纤维型笔头更宽，笔触柔和、色彩饱满，画出的色彩有颗粒状的质感，适合景观、水体、人物等软质景、物的表达
	2.按墨水分：①油性马克笔：快干、耐水，而且耐光性相当好，颜色多次叠加不会伤纸，柔和；②酒精性马克笔：可在任何光滑表面书写，速干、防水、环保，可用于绘图、书写、记号、POP广告等；③水性马克笔：颜色亮丽，有透明感，但多次叠加颜色后会变灰，而且容易损伤纸面。还有，用沾水的笔在上面涂抹的话，效果跟水彩很类似，有些水性马克笔干掉之后会耐水
彩色铅笔	彩色铅笔与马克笔相比，是一种较容易掌握的上色工具。彩色铅笔适合用来表现细腻、微妙的颜色变化。彩色铅笔具有使用方法简单、色彩稳定、容易控制等优点，一般快速表达中，较多地采用水溶性彩色铅笔，遇水后可以自然溶解渗开，另外彩色铅笔使用方便，容易涂改且不易失误，笔触质地强烈
水彩	就其本身而言具有两个基本特征：一是颜料本身具有的透明性；二是绘画过程中水的流动性。水彩材质的特性导致水彩艺术的特殊性。水色的结合、透明性质、随机性及肌理都是值得研究的课题。水融色的干湿浓淡变化以及在纸上的渗透效果使水彩画具有很强的表现力，并形成奇妙的变奏关系，产生了透明酣畅、淋漓清新、幻想与造化的视觉效果，与自然把持了和谐的灵动之美，构成了水彩画的个性特征，产生独特的、不可替代的特殊性
喷绘	喷绘就是一种基本的、较传统的表现技法，它具有其他表现手法不可替代的特点和优越性：①相对其他手绘技法，它的表现更细腻真实，可以超写实地表现物象，达到以假乱真的画面效果；②相对电脑、摄影等现代技法，它所表现的物象更自然、生动

2. 三维虚拟计算机软件辅助设计

随着计算机辅助设计技术的普及，计算机图形表达越来越受到人们的关注，它可以轻而易举地画出直角、平行线和透视图。这种技术不仅为三维模型设计提供数据化的环境，更提供了一个快速有效的制作环境。

1）三维虚拟计算机软件辅助设计的特点

计算机软件辅助设计的特点是可以表现出设计作品的大量信息，充分说明设计师的设计意图。它能有效虚拟现实，通过路径设置有序地带领观众观看空间环境，真实再现设计空间的比例、造型和材质，使客户在设计阶段就可以看到实际落成的产品效果。设计作品在画面上的形体、场景，逼真地再现于空间环境，恰当地表达出人机关系，设计的表现向无纸化转变。计算机辅助设计，不需要各种各样的尺规、笔、纸等传统工具，电脑的操作平台提供了用之不竭的空间。

2）三维虚拟计算机辅助设计的表现类型

三维虚拟计算机技术可以提供一种三维思维模式。三维思维是设计师工作的重要方法之一。在设计过程中，当这些模型通过计算机辅助设计表现出来时，目的同样是通过三维模型思维来产生设计思路（表2-8）。

不同模型的表达类型及特点　　　　　　　　　　　　　　　　　　　表2-8

表现类型	特点
概念模型	数字化概念模型是一种立体计算机草图，是运用计算机辅助设计构思还处于比较朦胧的状态时所形成的三维表现形式。在这个设计阶段可以自由地设定设计方案，快速模拟具体的设计构思，这就是所谓的数字化概念模型。它具备快速修改的特点，设计对象可以被自由拉伸，便于设计者观察产品各个部分的组合关系
分析模型	分析模型的建立过程是将概念模型进行产品结构分析的重要过程，这个过程基于对原有模型的空间抽象汲取。设计过程中，这类模型是最易于设计交流的形式，并可以使设计信息多层次地同时进行传递和接受。在这类电脑模型中会大量地运用符号、线条及说明文字等使分析模型易于被解读，从而进入设计交流阶段
表现模型	表现模型的建立是把所有设计细节都表现出来，再配以材质的表达，使构思方案能够完整、全面地展示出来

3）三维虚拟计算机软件类型

（1）计算机辅助设计（CAD–Computer Aided Design）

CAD 是利用计算机及其图形设备帮助设计人员进行设计工作。在设计中通常要用计算机对不同方案进行大量的计算、分析和比较，以决定最优方案；各种设计信息，不论是数字的、文字的或图形的，都能存放在计算机的内存或外存里，并能快速地检索；设计人员通常用草图开始设计，将草图变为工作图的繁重工作可以交给计算机完成；由计算机自动产生的设计结果，可以快速作出图形，使设计人员及时对设计作出判断和修改；利用计算机可以进行与图形的编辑、放大、缩小、平移和旋转等有关的图形数据加工工作。

（2）3D 软件

3D（Three Dimensions），即三维，也就是由 X、Y、Z 三个轴组成的空间，是相对于只有长和宽的平面（2D）而言的。我们本来就生活在四维的立体空间中（加一个时间维），但是时间是虚构的，所以我们的眼睛和身体感知到的这个世界都是三维立体的，事物都具有丰富的色彩、光泽、表面、材质等外观质感，以及巧妙而错综复杂的内部结构和时空动态的运动关系。随着近些年来电脑技术的快速发展，3D技术的研发与应用已经走过了几十年的前期摸索阶段，技术的成熟度、完善度、易用性、人性化、经济性等都已经取得了巨大的突破。就 3D技术应用而言，更是成为了普通大专学生轻松驾驭的基本电脑工具，如电脑打字一般普及。就设计作品而言，3D 技术能有效虚拟现实，通过路径设置有序地带领观众观看空间环境，真实再现设计空间的比例、造型和材质，使客户在设计阶段就可以看到实际落成的产品效果。设计作品在画面上的形体、场景，逼真地再现于空间环境，恰当地表达出人机关系，设计的表现向无纸化转变（表 2-9）。

不同3D软件类型及特点 表2-9

类型	特点
Google Sketch-Up	这是一套直接面向设计方案创作过程的设计工具，其创作过程不仅能够充分表达设计师的思想而且完全满足与客户即时交流的需要，它使得设计师可以直接在电脑上进行十分直观的构思，是三维设计方案创作的优秀工具。Sketch-Up 大大简化了 3D 绘图的过程，让使用者专注于设计上。Sketch-Up 能够动态地、创造性地探索 3D 模型或材料、灯光的界面。也就是说我们可以利用 Sketch-Up 建立草模来研究其比例关系、结构、日照、气候等，作前期方案的探讨和研究
3D Max	广泛应用于广告、影视、工业设计、建筑设计、三维动画、多媒体制作、游戏、辅助教学以及工程可视化等领域。相比较 Sketch-Up 它更为真实，能够展示出近乎现实的作品，通过各种模拟光影的变化以及各种材质的变化，易于设计师了解自己设计的作品的可实施性。通过动画或虚拟现实等技术，人们可以全方位地了解设计对象，甚至可以在电脑中模拟进入设计对象来"实地考察"，轻松实现人机互动
Rhino 犀牛	Rhino 犀牛，是一款小巧强大的三维建模工具，大小才一百多兆，硬件要求也很低。不过不要小瞧它，它包含了所有的 NURBS 建模功能，NURBS 能够比传统的网格建模方式更好地控制物体表面的曲线度，从而能够创建出更逼真、生动的造型。用它建模感觉非常流畅，所以大家经常用它来建模，然后导出高精度模型给其他三维软件使用

3. 三维实体模型辅助设计

三维实体模型是辅助设计师的主要的设计表现手段之一,三维实体模型所具有的真实性、可感知性以及具体性是其他快速表达方式不可比拟的。模型的种类很多，按目的分有概念模型、工作模型、展示模型；按做法分为外观模型、构造模型、细节模型等。其实，模型的分类方法并不是重点，重点是知道使用什么样的模型类型能够清晰地表达自己的设计意图，如何合理地使用表现方式。

2.3.2.5　设计方案实施

设计方案实施这部分主张让学生主动研究动手营造的劳作方式，借此训练自觉将二维的平面空间构想落实到实际的三维空间的感觉能力，及时发现设计问题并提出解决对策，同时深入对材料与技术的认识研究，与解决现实问题结合，在以设计作为解决问题的有效手段之时，学习材料与技术的应用，并灵活运用材料和技术的专业知识。我们希望将现代较封闭、独立的教育方式，转化为较开放、融通的教学模式，培养学生直面生活，在生活中学习设计的良好学习惯。同时，与国际前沿学科相对应进行平等交流，提出自我原创性教育方式，树立公共家具教育的国际地位。

在设计方案付诸实际阶段时，材料工艺、成本核算是现实中需要重点考虑的方面，这些方面一旦出现问题就涉及设计调整，需要进一步分析出设计的可实施性，针对性地找出解决问题的方法，直到公共家具设计的合理化配件完成。

1. 材料工艺

面对公共家具设计，学生自然地就座具的造型、构图、创新局限住思维，从而忽视材料与结构以及生产工艺对公共家具的可实施性的巨大影响。公共家具产品通常都是由若干个零部件按照功能与构图要求，通过一定的接合方式组装而成。公共家具产品的接合方式多种多样，各有其优势与缺陷。零部件接合方式是否合理会直接影响到公共家具产品的强度、稳定性，以及实现加工工艺和设计造型。产品的零部件需要用原材料制作，而材料的差异将导致连接方式的不同。可见，材料工艺的合理考虑对公共家具设计实施是具重要意义的，不容忽视。

我们提倡充分利用自然材料。在有利于维护整个生态环境的大前提之下，充分满足人们对公共家具制作材料的需求。鼓励学生多使用"再生型"材料，积极探讨材料的可再生性，做到一物多用，一物久用。

2. 成本核算

任何一件公共家具的开发与制作都需要投入大量的人力、物力和财力。成本预算的给出是负责任地提供成本、利润等的价值判断。术业有专攻，成本预算一般都有相应的工作职能的人员专门负责。这部分学生的工作就是尽量给预算部门提供尽可能详细的施工图纸，其中必须详细标注设计对象的尺寸、材料、施工节点等。这样预算人员才能根据这些图纸计算出材料的施工费用、使用面积、材料成本等，最终提供价格成本。如果成本预算超过了，这时设计作品就需要重新进行评价，在材料工艺、造型结构标准件设计上再作考量修改。

3. 设计调整

在进行材料工艺与成本核算以后，或多或少地都需要进行公共家具设计的再调整。学生在这一步需要与结构以及加工工艺的制作厂家保持沟通交流，共同分析设计的真实可实施性。其设计的调整方向主要结合制作厂家提供的预算、施工和结构方面的意见作考量。此时，学生作为设计师需要灵活做相互周旋的工作，尽可能保持设计师正确的判断，及时解决不合理的问题。

4. 安装配套

由于公共家具使用环境和使用人群的特殊性，相比较一般家具产品损耗性大。标准通用化设计与生产手段是解决这一问题的有效途径。公共家具进入安装配件阶段，合理配件化能够大大缩短施工时间，节省人力、物力的消耗。公共家具制作厂商应该合理运用绿色技术。从设计到生产全过程运用绿色设计、技术，实行绿色制造。减少材料资源耗费，减少废弃物，利用废弃物、污染物再生产，追求无废弃物、零污染生产。确保公共家具从设计到生产全方位环保的整体性。

2.3.2.6 投入使用

使用者是设计的最终体验者，换句话说，使用者的评价是衡量设计好坏的最重要标准。判断一件公共家具是否优秀，需要其在投入使用后接受使用者的检验。它有以下几个标准。

1. 体验性标准

（1）功能

公共家具首先需要满足功能上使用者的需求。"功能是人类的需求客观化"，公共家具设计要体现设计者预期设想的功能，而这预期功能是能满足使用者的实际需求。公共家具产品能否成为人与公共空间环境沟通的有效桥梁，应该对"人"的需求作更深层的思考。多考虑公共家具与人、空间、场地、时间等的关系。使用者在不同状态、时间、空间场地对公共家具使用的需求问题是具多样性的。优秀的公共家具设计不单单只局限于形式，而且应该紧紧围绕使用者，对人的需求作更深层的思考。

（2）情感

随着生活水平的不断提高，消费者购买产品时不再简简单单地只是为了获得产品的使用价值，对情感的满足要求也越来越高了。消费者的需求，不仅仅是为了得到更多的物质产品本身，而且是越来越追求商品的象征意义和个性特点。人们在使用产品的过程中，会得到种种信息，引起不同的情感体验。不同年龄、文化、审美、心理需求、思想观念的使用者对公共家具的体验也是不同的。美国人唐纳德·A·诺曼（Donald Arthur Norman，1935 ~ ）在《情感化设计》一书中以本能、行为和反思这三个设计的不同维度为基础，阐述了情感在设计中所处的重要地位与作用，深入地分析了如何将情感效果融入产品的设计中。

（3）美观

在公共家具设计首要考虑功能之后，"美"的需求是第二需要考虑的，它能给人以强烈的视觉冲击和视觉印象，提升公共家具的审美体验，促使公共家具有效地使用。

2. 经济性标准

20世纪50年代经济的繁荣，极大地刺激了商业性设计的发展，在商品经济规律的支配下，现代主义"形式追随功能"的设计观点被"设计追随销售"所取代。但是这种发展却是不良循环，是以资源的浪费和环境的破坏为代价的。造成这种结果的罪魁祸首是汽车工业推行的"有计划的废止制度"，它是一种以人为的方式有计划地迫使商品在短期内失效，促使消费者不断更新、购买新的产品。它极大地刺激了人们的购买欲，迎合了20世纪经济上升时期人们求新求异的消费观念，给垄断资本带来了巨额利润。但同时却对社会资源造成浪费和对环境造成严重污染。如今，消费观念又出现变化。显然我们并不提倡"设计追随销售"或者是"有计划的废止制度"。我们这里提出的经济性标准并不是指产品利率无下限的追求，而是希望公共家具从设计、生产、使用都保持高质量标准，抑制公共家具产品过分更新，提高耐用性能，减少对社会资源的浪费和污染。

2.3.2.7 设计回访

设计回访是设计活动的重要环节，为世界各国普遍采用，在英美等国被称作工程反馈（feed-back）、工程后评估（post-construction evaluation，PCE）或用后评估（post-occupancy evaluation，POE）。设计回访是指在公共家具设计投入使用后，设计者对该公共家具的实际使用状况与用户反应进行调查，以及对设计成果的综合效益作出分析总结等一系列活动。

这个环节对学生设计来说也是至关重要的。学生对设计回访的关注可以帮助他们跳脱出设计者主观思考的思维方式，开始从大众的意志客观地评价设计作品的利弊。

1. 设计回访方法

设计回访应根据公共家具的性质和特点来确定回访的内容，一般主要针对使用者对设计成果的反应来开展，可能涉及社会环境、管理维护、易用性、经济效益、美学认同以及使用者对具体问题的看法等方面。设计回访的内容尤其应该突出重点、简明扼要，这样有利于提高工作效率，更好地达到预期目的。确定回访内容后，便要选择合适的回访调查方式（表2-10）。

具体回访方式及内容		表2-10
调查方式	具体内容	
座谈讨论	由设计者与建设者、使用者等方面一起或分别进行针对性的座谈讨论，这种方式适应性较广，普遍采用	
观察记录	对使用者的活动或设施的利用情况进行观察记录，这种方式可以取得较客观的数据，通常用于公共建筑或建筑中的公用设施的调查	
问卷调查	按需要拟定调查问卷，由被选择的调查对象来作答，然后统计出有关的数据	
查询档案	直接或间接地收集有关的档案资料，如各种设备的运行记录、经营账目、客流量统计等资料。以上每种方式都各有特长和局限，设计回访通常要采用几种方式相结合进行，才能获得所需的信息	

一个成功的设计回访必须做到目标明确、重点突出、方法科学、组织严密。设计回访的成效，很大程度上依赖于原始调查资料的真实性。工作中要尽量排除主观的和客观的干扰，保证原始信息的客观、准确。

2. 设计回访的作用

设计回访对于设计者与使用者都是非常有意义的，其主要作用体现在提高设计质量和完善设计服务两方面。

（1）提高设计质量

公共家具设计成果投入使用后，通过实践检验会反映出设计所预期的效果，也有可能出现事先未曾考虑周全的问题。通过设计回访设计者可以深入现场，及时发现问题、解决问题，保证设计目标的顺利实现并总结经验教训提高设计质量。设计师可以通过调查分析了解使用者对设计的反应，比较设计构想与现实效果之间的差距，从而更好地优化设计，为设计工作服务。

（2）完善设计服务

设计回访有助于完善设计服务。设计回访可以指导使用。随着公共家具功能要求的提高和材料工艺技术的发展，公共家具的复杂程度越来越高，对了解如何正确使用的要求也相应提高了。作设计回访时，公共家具投入使用不久，设计者可以协助有关方面对公共家具使用管理提出指导意见，提高城市公共空间和公共家具的利用率。

综上所述，做好设计回访，使设计工作善始善终，这是符合各有关方面的客观要求。成功的设计回访可以给设计者和使用者带来好处，同时能使设计者更充分地了解社会的反应，提高设计质量，更好地服务于社会。

2.3.3 教学成果

《公共家具与空间》课程作为中国美术学院实验性教育模块之一，极其强调"艺"与"匠"结合。回溯《公共家具与空间》课程学生的设计成长历程，需要我们用开放式的态度来审视、分析课程结果。我们旨在努力培养在现实中发现问题并切实解决问题，促进社会良性发展的专业设计人才。学生在经历设计任务书、设计方法应用、设计方案构思、设计表现辅助设计、设计方案实施、投入使用、设计回访等七个阶段后对公共家具设计会有更深刻的理解。作为学生作品难免有考虑不周的地方，但每件作品突出了学生设计团队的注重点，这是可圈可点的。

2.3.3.1 材料性优先

结构设计离不开材料的性能，对材料性能的理解是家具结构设计所必备的基础。材料不同，其材料的构成元素、组织结构也不相同，材料的物理、力学性能和加工性能就会有很大的差异，零件之间的接合方式也就表现出各自的特征。

1. 举例："集"公共竹椅（设计团队：潘丹丹、何丽春、Peter）

众所周知，在产品生产加工和使用的过程中或多或少地都会造成环境污染。如何合理有效地降低污染才是重中之重，要以使用者在使用产品时"健康、环保、安全"为前提，设计者要科学合理地选择和利用材料，节省能源消耗，提高使用效率，将污染减低到最低限度，创造舒适、安全的生存环境，保障人们的身体健康。

这款座具名为"集"，顾名思义，采用竹子与混凝土相结合，利用插接的方式将两者灵活地连接聚集起来。竹子属于天然的"绿色材料"，作为座具的主要材料，与自然共生，配合有限的混凝土的使用，节能、降耗、环保。

（1）制作过程

该组同学潘丹丹、何丽春、Peter 合作的作品在尝试运用不同材料质感组合的过程中遇到了困难，但积极努力转换思维方法来解决现实问题。首先，他们用胶合板制作出一个矩形模具塑造出混凝土构件。在遭遇到混凝土材料塑性限制瓶颈后，团队及时灵活地调整了方法。直接用水泥——失败！用砖砌——失败！最后，他们决定用钢筋做箍筋起固定混凝土的作用——成功了！在有了模具制作成功的经验后又完成了好几个钢筋混凝土构件，把它们运到场地。结合群体社交行为模式，计算好竹子的长短，把有大有小充满不规则形式美感的竹子们套进钢筋混凝土构件中，座具的组装完成（图 2-16、图 2-17）！

制作模型　和水泥　水泥填满　脱模失败　换一种思考方式

钢筋焊接作为内部支撑作用　把它运到河边　计算竹子尺寸　把竹子放到水泥块上　成品

图 2-16
"集"公共座椅的制作过程（设计团队：潘丹丹、何丽春、Peter）

图2-17
"集"公共座椅置于公共
空间当中（设计团队：潘
丹丹、何丽春、Peter）

（2）色彩

色彩明度高的竹子与色彩明度底的混凝土结合，视觉上的感受是粗糙与细腻，刚柔并济的。硬与软的东西处理得恰到好处。新鲜绿色的竹子随着时间的流逝慢慢变成灰色系列，其天然纯粹的纹路，给人一种质朴、古典的感觉。

（3）造型

规则立体混凝土构件和不规则的近似平面的竹子，有趣的造型结合在一起，既发挥了混凝土的强度、硬度，又规避了竹子难以塑性的材料弊端。在侧立面竹子多点群化的情况下，大小不同的点群化产生动感，拼贴在一起充满形式美感的同时还提高了座具的抵抗变形和断裂的能力。

（4）材料运用

竹子质坚韧强，结构简单，抗劈、抗压、抗拉强度高，具有很好的力学性能。且保留了原有的天然纹路，给人一种质朴、古典的感觉。竹子的吸湿、吸热性能高于其他木材，故冬暖夏凉。竹制产品无化学物质污染，可祛除异味，属于环保家具。竹子不太容易腐朽，它受气候的影响，雨季过后的很长时间几乎是处于不能使用的状态。它的热胀冷缩和碳化现象会影响材料本身的性能和美观质量。新鲜绿色的竹子随着时间的流逝慢慢变成灰色系列，这几乎是不可逆的。但是相对材料的裂缝、松动、位移等现象被看似笨拙的混凝土给灵活地规避了。另外，竹子在温度方面的问题也是需要动脑思考的，夏季不必烦恼，凉爽的夜晚，人们会非常乐意在这样的一个空间环境中停留休息、交谈。到了冬季，竹子跟混凝土的温度就让人望而却步。

这件座具在一定程度上是成功的。首先，材料上的运用是极为合理的，竹子与混凝土强强搭配，规避了其缺点。而竹子的色彩随着时间的流逝有了不一样的岁月变化，这是另外一种自然流露出来的美。造型上，硬与软的表现恰到好处。从经济角度来看，这件座具产量化的可实施性非常强。预算低、环保节能、维护费用低、造型简洁等都是它的优点，有利于座具的生产并投入使用。

2. 举例：Twist公共座具（设计团队：叶蒙惠、任俊超）

（1）造型设计

叶蒙惠、任俊超团队通过二维草图思维推演，通过分析—总结—推翻，再分析—再总结—再推翻等得出了最后结果。造型上规则的实木板材拼接搭配了较为硬朗但却不失活泼的钢材结构。这样的搭配，轻重缓急，恰到好处，软硬兼施！在传统的摆放方法上作了些许突破，

图 2–18
Twist 公共座具置于公共空间中（设计团队：叶蒙惠、任俊超）

跟曲径通幽有异曲同工之妙，美其名曰：转折（Twist）。使用者在不同的位置上休息能看到不一样的风景，这别样的设计也可以引导使用者的行为——对角上的人如果有群体活动的意识——他们会很自然地面对彼此，亲切交谈。当然如果不想的话，对视的角度存在着尴尬，这种不舒服的感觉会迫使人不想长时间地停留在这里（图 2–18）。

（2）材料运用

黑色的钢材与作了表面油漆处理的深色木纹互为呼应。木质材料不方便直接接触地面，需要防水、防潮、防虫害等，这些材料的不足被很好地注意到了。油漆的保护处理可以减少或避免木材直接接触水、虫等不利因素。钢材的防锈涂料保护处理则增加了它的耐腐蚀力。钢材的结构设计巧妙地把平板实木稳稳地高举在适当的位置上。在材料力学上，钢材的强度、塑性、硬度等都是有优势的。它能承受无限次交变荷载作用而并不发生断裂破坏，在热压和蒸汽压作用下可以任意弯曲造型。

（3）优势

加工设备、加工方法是公共家具产品的技术保障。零部件的生产不仅是形的加工，更重要的是接口的加工。接口加工的精度、经济性直接决定了产品的质量和成本。因此，在进行产品的结构设计时，应根据产品的风格、档次和企业的生产条件合理确定接合方式。这款座具设计中市场经济性方面的优势是非常突出的。立马投产，立马就能使用。想要突破常规但又不至于过分的设计上，市场前景是有的。它像是一件广为普及的大众艺术品。

3. 举例："替"公共座具（设计团队：彭晶晶、苑春超）

（1）制作过程

这款作品的制作工艺也十分讲究。首先是焊接加工钢筋，将两根金属焊接成为一个不可拆卸的整体。焊接的方法有许多种，如：电焊、氧焊和交、直流氩弧焊等。在焊接完毕以后，涂上原子灰，原子灰俗称腻子，是近 20 多年来世界上发展较快的一种嵌填材料，与我国传统的腻子如桐油腻子、醇酸腻子等相比，原子灰具有灰质细腻、易刮涂、易填平、易打磨、干燥速度快、附着力强、硬度高、不易划伤、韧性好、耐热、不易开裂起泡、施工周期短等优点。把钢筋骨架上不完整的空

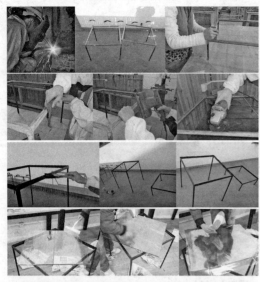

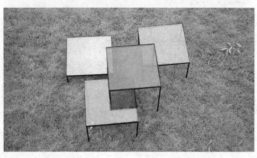

图 2-19（上）
制作过程
图 2-20（下）
"替"公共座具置于公共空间中（设计团队：彭晶晶、苑春超）

隙填补上，打磨多余的原子灰，并用砂轮打磨掉突出的钢筋的"杂质"。钢筋骨架抹上原子灰打磨后，涂上黑色油漆，形成坚韧的保护膜，以达到既美观又能防止表面腐蚀，以及隔热、隔声、绝缘、耐火、耐辐射、杀菌、导电等特殊功能。抛光研磨后的钢筋骨架平滑、光洁、亮丽。玻璃从传统意义上的仅承受自重、风压和温度应力荷载，向具有节能、安全、装饰、隔声等多种功能发展，玻璃具有抗弯曲性能、抗冲击强度和表面抗菌自洁功能，从而达到安全和环保要求。玻璃清洗，并贴上相应颜色的膜。安装组配。玻璃表面通过后期工艺加工成为一种独特的富有装饰艺术效果的材料（图 2-19、图 2-20）。

（2）材料运用

"替"这件作品主要选用的材料是钢筋和玻璃。钢筋材料具有质地坚硬、强度高、韧性好、导热传电性强、防水、防腐等优良性能。它具有的独特性能和审美价值是其他材料不可替代的。通过机械加工方式和现代科技手段，可制造各种形式的构件和材质优美的成品用材。切割、焊接、抛光等加工方便，表现范围广泛。

玻璃由红、黄、蓝、白等四种颜色构成。透明材料与不透明材料、色彩明度高亮材和色彩明度低暗材有机结合，构成感十分强烈。规则立体型材不规则地代替（replacement）摆放。平面型材在随机摆放时，色彩出现叠加的变化，出现了不一样的美学感受。钢筋和玻璃都经过了表面保护处理。

2.3.3.2 稳定性优先

公共家具结构设计的主要任务是保证产品在使用过程中牢固稳定。家具的属性之一是使用功能。各种类型的产品在使用过程中，都会受到外力的作用。如果产品不能克服外力的干扰保持其稳定性，就会丧失其基本功能。家具结构设计的主要任务就是要根据产品的受力特征，运用力学原理，合理构建产品的支撑体系，保证产品的正常使用。

1. 举例：Dominous 公共座具（设计团队：孙圆瑛、管丹辉、卜小虎）

（1）设计概述

孙圆瑛、管丹辉、卜小虎同学 Dominous 公共座具的设计灵感的来源是多米诺骨牌，它利用装轴连接，将木板折叠连接，拆开卡扣又可平展放置。它的优点是利用了各个连接点相互牵制的力，使原本松散的木板能承受重力。材料运用的是松木（图2-21）。

（2）造型设计

该组同学善于观察生活中的细节，发现美并合理利用到自己的设计中。发现了多米诺骨牌的造型密切关系并合理利用，将结构力学知识灵活结合到座具设计当中，把松木板拼接起来，木板之间用转轴连接起来。同时，这个力的连接是灵活的，把卡扣拆开，木板又可以平展放置。整个设计组装后，看起来就是三角形元素的组团。三角形具有稳定性！这个经典的结构力学设计绝对是这款座具的亮点之一。换个角度看，这个设施是具潜质，可继续深挖的。三角形组团不断重复出现，它的组合形式变化亦可丰富。构件设计合理，定制产量化的可行性是可以，量化的生产成本合理，符合市场经济的原则。

（3）材料运用

材料上运用的是松木。木材是一种具有结构性能的可再生自然资源，具有天然纹理，容易着色和涂饰，具有良好的保温隔热和电绝缘性能，其应变力、强度、刚度、稳定和破坏极限都要优于很多材料。膨胀和收缩是木材的特性，该设计部件几乎都是运用的木材，在设计木质部件之间的接合时尤其要注意到这一点。

一开始的选择为预期用途选出合适的木材种类，加以适当的详细设计，并考虑到其详细的放置位置及潜在的有害药剂的存在。室外使用透气清漆，开气孔，在表面形成保护膜。这样使水蒸气从木材中挥发，结合颜料可有效进行防紫外线保护（图2-22）。

（4）问题

室外木材公共家具必须抗腐蚀、腐烂和虫蚀，可通过表面刷漆进行保护，但是木漆在公共空间不会持续太久，及时重新粉刷维护会成为每年都必要的功课。

a. 木质部件的连接和咬合一直是最大、最难的挑战之一。两块木材的连接可以通过不同

图 2-21
Dominous 公共座具的制作过程（设计团队：孙圆瑛、管丹辉、卜小虎）

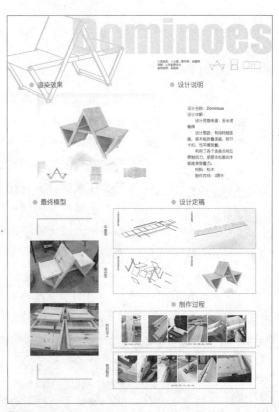

图 2-22
Dominous 公共座具的制作（设计团队：孙圆瑛、管丹辉、卜小虎）

方式实现。木质部件之间的连接是机械连接即连接头和钉板、钉子螺栓等。由于大气的变化，运用木材设计节点得考虑适当的活动幅度。

b. 水分与木材（木材的水分含量越高，质量越大，越容易变形，其可加工性、硬度、机械阻力则会降低。干燥会使木材的表观密度及体积变小，而其力学性能、持久性和热绝缘性能则会增强）。

c. 形变度（是由横纹顺纹的扩张收缩差异造成的，表面加工，适用于室外应用和高水分含量环境中的部件）。

d. 老化（接触降雨、霜、温湿变化或者紫外线，木头老化得很快）。

e. 虫害（保护处理）。

木材在加工和使用之前应对其进行有效干燥、防腐防蛀、防变色、防火等防护工作，能有效防止腐朽、虫蛀、变形、干裂和翘曲等问题，提高其耐久性和使用寿命。

2. 举例："灵动"公共座具（设计团队：王凡、林楠、Jessica）

（1）设计要点

人的社交行为、活动与公共家具之间是怎么相互作用的——是这件作品在设计初始想要研究思考的主要问题。公共家具对人类的社交活动起一定的作用。好的公共家具可以对社会活动起引导作用。对于公共座具而言，形态造型的设计、材料的选择、地点设置的原则等都可以围绕着"人"与"空间"来做文章。

（2）形态造型

灵活地运用座具本身的形态造型引导不同群体的行为活动是这件作品的一大亮点。座具设置的多样性创造了各类群体间活动的良好环境。假设把此件作品投放使用到喧闹的公共场所中，不同群体间能保持相对的私密性和领地感。站与不站、坐与不坐、攀谈与观察等多种行为模式都被人性化地考虑周全了。大框架的结构是较为硬朗的大木块，如果只有直愣愣的几个大块，座具就算是有亲民优势，材料运用也同样会给人过于冷峻的感受。座位部分的细节处理温柔，少许的曲面处理了这样尴尬的问题（图2-23、图2-24）。

图2-23（左）
"灵动"公共座具细节图（设计团队：王凡、林楠、Jessica）
图2-24（右）
"灵动"公共座具置于公共空间之中（设计团队：王凡、林楠、Jessica）

（3）材料运用

该作品的材料选择的是木材，有研究显示，相对于石材、金属质感的坐具，人们更乐意使用木材质感的坐具。材料的加工工艺性直接影响到家具的生产。对于木质材料，在加工过程中，要考虑到其受水分的影响而产生的缩胀性、裂变性及多孔性等。木材属于天然材料，纹理自然、美观、形象逼真、手感好，且易于加工、着色，是生产家具的上等材料。

色彩上采取的是统一的暖色自然木纹色调，色彩明度较低。统一的运用让人感受到细腻的感觉。

（4）问题

首先，保护处理没有体现在作品当中，木材的缩胀性、裂变性及多孔性等都需要经过适当的处理才能长久地置于室外，不至于老化腐蚀过于迅速。所以，如果选用木材做主要材料，有很多问题需要适当地考虑进去。其次，木材虽具有天然的纹理等优点，但随着需求量的增加，木材蓄积量不断减少，资源日趋匮乏，与木材材质相近、经济美观的材料将广泛地用于家具的生产中。如果需要大规模量产的话，榫接的设计需要更加讲究些。因为木头材料的特殊性，细节之处更需要仔细把关。有关维护问题，由于造型的设计，这里的大多数构件都是各不相同的，损耗维修的投入也是极其巨大的。

公共家具设计的过程中有许多问题需要考虑进去，有了好的创意只是开始的第一步。当然，设计是慢慢的、循序渐进的、不断解决出现的问题的过程，一蹴而就往往不得要领。这件学生作品十分周全地考虑了人和空间的关系，属难得的佳作了。

2.3.3.3 工艺性优先

加工设备、加工方法是家具产品的技术保障。零部件的生产不仅是形的加工，更重要的是接口的加工。接口加工的精度、经济性直接决定了产品的质量和成本。因此，在进行产品的结构设计时，应根据产品的风格、档次和企业的生产条件合理确定接合方式。

举例："竹·趣"公共座具（设计团队：丁宁、林瑞虎）

"竹·趣"，绿竹半含箨，新梢才出墙。雨洗娟娟净，风吹细细香。

1.造型形态

该作品运用竹子材料作弯曲状，形同起起伏伏的浪花，看是简单但其实非常讲究地思考了人的社交行为模式设计，并考虑了人机工学的基本尺度关系。不规则里又充满了规则的可能。座椅的靠背就是树木，这样天然的材质被灵活地运用起来，不单单只是节省材料，而且也起到了可持续发展的作用。竹子—树木这样不同自然材质的慢慢过渡，让使用者不知不觉地走进并亲近自然。个体到群体社交活动在这

图 2-25（上）
"竹·趣"公共座具置于
公共空间中（设计团队：
丁宁、林瑞虎）
图 2-26（中）
"竹·趣"公共座具的制
作过程（设计团队：丁宁、
林瑞虎）
图 2-27（下）
"竹·趣"公共座具的制
作过程（设计团队：丁宁、
林瑞虎）

个空间中与家具的关系都被很好地考虑到了。人们可以坐在草地上，背倚竹椅认真地阅读；坐在竹椅上背靠大树仰望星空。熟人之间在这个空间中相处自然，攀谈逗留。陌生人在这个空间可以以大树为屏障进行隔断，维护自己所需的私密性、领地感，但是又不会出现尴尬（图 2-25、图 2-26）。

2. 制作过程

由于竹子的特殊性，不一样的锻造方法成就了不一样的形态。选择竹子无疑是选择了挑战。这个团队深知自身技术的不足所以决定找安吉的工厂合作，在座具制作的过程中，设计践行与现实对接出现的问题如何合理地寻求解答正是这次设计的最大收获。这里采用的是火烤弯接法，由于设计本身对技术火候的限制，制作出来的成品并不如意，但对材料特性的大胆探讨与运用是值得学习的（图 2-27）。

3. 材料运用

该作品使用的最主要的有机材料是竹材。该组学生认同"少用材料就是环保"，注重现有材料竹材的使用，减少其他材料的用量。大树靠背就是就地取材的很好范例。在使用材料过程中注重材料的实用性，并不盲目追求高档材料。竹材的利用有原竹利用和加工利用两类。原竹利用时是把大竹用作建筑材料、运输竹筏、输液管道；中、小竹材制作文具、乐器、农具等。加工利用有多种用途。这里是小竹的加工利用。

4. 加工工艺

实际上，竹材径向是容易弯曲的。这件作品在选用竹材形式时考虑到人的承重力，所以直接采用整个小竹火烤弯接加工处理。虽然理论上是没有问题，但是加工出来的成品弯曲度没有达到之前的设想。反之，如果换作是竹条弯曲的话，成功的概率应该要高一些。即制作出竹材集成材，把模具成捆的竹条径向弯曲使用环保胶合成竹条。工艺流程如下：竹条—加热软化（防虫、防霉处理）—捆扎—放入模具—弯曲—干燥定型—竹条涂料—拼宽胶合—抛光、定厚砂光—竹条板涂料—组坯—层积胶合—弯曲竹材集成材。这也是一种竹加工的方法，如果使用这样的竹加工材料的话，可能有些问题例如如何配件组装、人机工学、使用舒适度等方面会有更好的考虑方向。

5. 问题

对材料语言的探索是该作品的优点，但是随着材料竹子的选择，有很多问题开始出现。各个榫接点如何处理？在产量化的情况下，配件如何实现批量化生产？工艺的把握跟后期维修成本如何控制？在地域气候有限制条件时座具能否正常投入使用？这些问题都急需要进一步地解决。

2.3.3.4 装饰性优先

公共家具不仅是一种简单的功能性物质产品，而且是一种广为普及的大众艺术品。家具的装饰性不只是由产品的外部形态表现，更主要的是由其内部结构所决定。

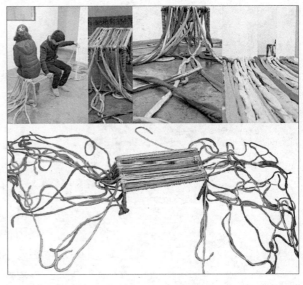

图 2-28
"藏"公共座具（设计团队：张蓉、杨子江）

1. 举例："藏"公共座具（设计团队：张蓉、杨子江）

（1）设计描述

"藏"这件作品主要材料是彩色缎子，骨架是由几根钢筋焊接起来的。彩色缎子在骨架的基础上交叉进行编制，并将钢筋完全"藏"起来，整体看起来像是一条五颜六色的彩带长椅，感觉不出钢筋的坚硬感，此外，彩色的带状有点藏区风马旗的风味。它主要强调使用中的乐趣。在满足使用功能的同时又能使使用者感受到乐趣，众多彩带可以进行任意编织，延伸至地面还可以作为地毯使用（图 2-28）。

（2）设计来源

筋骨藏于软肋，藏魂存于缤纷。"藏"这件公共家具在设计的初始就以趣味性为出发点，主张在使用它的同时又能找到乐趣。整体造型在远处望，就像一条彩虹落在凡尘，人老远就被吸引过来并停留在这个空间中寻找并发现乐趣。让公共家具"活"起来的想法淋漓尽致地展现出来。编织彩带从座具上一直延绵到地面并散落在远处，这样的处理既能增加座具的形式感，又能使使用者感受到公共家具的乐趣。对于这点，这件作品处理得恰到好处。

（3）制作过程

"藏"这件作品的制作烦琐，极其需要耐心。首先，座具的骨架是重点，几根钢筋焊接起来的骨架是这个设计实现的主要支撑点。再者，用双面胶将彩色缎带与麻绳固定住，用缝纫机把彩带包住，麻绳锁边，把麻绳隐"藏"起来。经过色彩的选用与配比后，无数根彩带在骨架上编织缠绕，把钢筋架子完全地"藏"起来。带子从架子上一直延绵到地面远处。从上面的描述——焊接、胶粘、缝制、色彩配比、编织——可知这件座具的工作量之大，但是制作出来的效果还是显著的（图 2-29）。

（4）材料运用

该作品使用的材料主要是钢筋、麻绳、彩色缎带。色彩在这里作为第一视觉语言借助材料载体表达情结，传达感情，成为人的生理和心理变化的重要因素。彩虹般的色彩加工和处理让座具显得十分突出。当然，材料的色彩表现并不能达到我们所想象的如调色盘上的色彩那么丰富和自如，在一定程度上受到材料本身的性能和生产技术的制约。当然，材料的色彩美感并不是孤立存在的，而是与其他的美感元素相互融合，设计者应运用色彩规律，在材料组合与搭配中充分体现材料的色彩魅力。色彩的表现不仅可以调节空间变化，创造空间意境，而且具有容易打动感觉的特点。无论大人还是小孩面对色彩都会有相似的、积极的、消极的情感反应。红橙黄绿青蓝紫搭配在一起属于积极的具有活力和温暖感的感觉色，明度高给人开朗、坦然和柔软的感觉，同时彩度高给人强烈的视觉刺激感受。

线状"二次肌理"的质感形式要素通过表面的配列和组织构造，使用者通过触摸获得触觉质感和通过观看而获得视觉质感。形、色、质、软硬、无规律与有规律等都是该作品在材料肌理处理中的出色之处。材料的质地美感与材料的色彩色相、明度和受光影响程度以及加工处理有着密切的关系。该作品合理地选择和利用材料，使材料的材质美感得

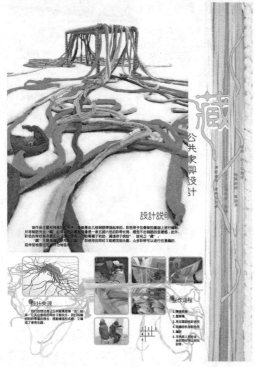

图 2-29（上）
"藏"公共座具的制作过程（设计团队：张蓉、杨子江）
图 2-30（下）
"藏"公共座具（设计团队：张蓉、杨子江）

到充分的体现，从而创造出独特个性的户外家具作品（图 2-30）。

2. 举例："Fly out"公共座具（设计团队：张子翰、唐超）

"Fly out"，这款家具的设计想法并不是局限于一种简单的功能性物质产品，而是定位于一种广为普及的大众艺术品。装饰艺术设计师在创造某种使用功能时更重要的是赋予其以人类情感和生命即满足人类的心理需求，设计通过自己的语言——材质、色彩、形体构造及整体传达它的功能目的和深层的文化含义（图 2-31）。

世界呈多元发展趋势，到底是功能第一性还是形式第一性？并没有非黑即白的答案。设计是功能和形式多角度的融合。使用者作为设计的最终受益者，公共家具如何适应地域性文化的情感需要才是重要的。装饰艺术设计绝对有它存在的理由，它是由设计师的设计哲学所导向的。设计的基本任务是协调人与人的关系、人与环境的关系及人与物的关系。如果偏装饰艺术的公共家具设计可以完成设计的基本任

务，它就能存活。

今天，人们对公共家具设计的柔性接纳使其有了更大的灵活性，进入了一个有着一切可能性，更为广阔地与人交流的领域。在注重功能因素和经济原则的基础上强调尊重人的情感，强调设计的有机结构和感情品质，换取人们对设计的亲近感和信任感是可行的。

2.3.3.5 创新性优先

在某种意义上讲，公共家具不仅是一种功能产品，更是一种精神产品。在不违反人体工学原则的前提下，运用模拟与仿生的手法，借助生活中常见的某种形体、形象或仿照生物的某些特征，进行创造性构思，设立出神似某种形体或符合某种生物学原理与特征的公共家具，是公共家具创新设计的一种重要手法。模拟与仿生可以给设计者以多方面的提示与启发，使产品造型具有独特生动的形象和鲜明的个性特征，可以给使用者在观赏和使用中产生对某事物的联想，体现出一定的情感与趣味。

图 2-31
"Fly out"公共座具（设计团队：张子翰、唐超）

1. 举例："乱·石"公共座具（设计团队：刘洋、陈思）

（1）设计灵感

"乱·石"——冻枝落，古木号，乱石击。乱石处处，杂草丛生。片石东溪上，阴崖剩阻修。雨馀青石霭，岁晚绿苔幽。从来不可转，今日为人留。白石尺余高，嶙峋列于道旁，远看杂乱而置。无棱无角，有棱有角。冰冷坚硬的岩质深藏某些哲理，在残酷的困惑中苍茫岁月无不感慨。以一身纯粹的骨质，在匆匆的永恒里翘首以待。多少沉默的声音，已化作了经年的魂骸。一首小诗表达了设计者想要表达的心情。一闪的念头，画下来，写下来！

图 2-32
"乱·石"公共座具（设计团队：刘洋、陈思）

在某种意义上讲，座具不仅是一种功能产品，更是一种精神产品，即座具应是具有某种文化内涵的载体。在不违反人体工学原则的前提下，运用模拟与仿生的手法，借助生活中常见的某种形体、形象或仿照生物的某些特征，进行创造性构思，设立出神似某种形体或符合某种生物学原理与特征的家具，是公共家具创新设计的一种重要手法。模拟与仿生可以给设计者以多方面的提示与启发，使产品造型具有独特生动的形象和鲜明的个性特征，可以给使用者在观赏和使用中产生对某事物的联想，体现出一定的情感与趣味。因为这是一种较为直观的和具象的形式，所以容易博得使用者或观赏者的理解与共鸣（图2-32）。

（2）材料运用

该作品整体造型模仿乱石外形，内有乾坤——使用了与混凝土颜色类似的灰色布料来制作，内置钢架结构来支撑受力，棉絮填充其中。这个障眼法玩得很是有趣。使用者一个不经意像掉进一个棉花糖里惊

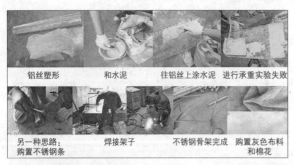

铝丝塑形　和水泥　往铝丝上涂水泥　进行承重实验失败

另一种思路：　焊接架子　不锈钢骨架完成　购置灰色布料
购置不锈钢条　　　　　　　　　　　　　和棉花

图 2-33（上）
"乱·石"公共座具的制作过程（设计团队：刘洋、陈思）
图 2-34（下）
"乱·石"公共座具置于不同场所当中（设计团队：刘洋、陈思）

喜的感觉！材料的视觉、触觉、心理的感觉运用到了极致。粗糙与细腻，软与硬，刚与柔，轻与重，恰到好处。

（3）制作过程

这组同学最初尝试的材料是混凝土。他们想把铝丝网尽量拗成曲线形做混凝土的骨架。经过多次力学实验后发现，铝丝网的抗压强度、抗弯折强度、抗冲击强度等都不达标，虽然塑性能力强，也抵不过材料局限的硬伤。第一种设想以失败告终。经过冷静的思考，他们及时地转换制作方法。用灰色布料来代替钢筋混凝土，用不锈钢钢条焊制成骨架，制作布料并填充棉絮，化腐朽为神奇（图 2-33）。

（4）注意问题

这件作品在大气温度、湿度的变化或其他介质的作用下引起的湿胀干缩、热胀冷缩和碳化收缩等问题上并没有什么大碍。但是在耐燃性和耐火性上，即安全隐患上应该适当注意。在阻燃处理上多下功夫或者直接选用耐火性能较好的符合材料。只能在室内公共空间放置也是这件作品的局限。维护方面也有一定的局限。在安全和维护方面在保持其天然造型的前提下再继续深化下去，这件作品也就趋于完美（图 2-34）。

2. 举例："Shadow"公共座具（设计团队：张道炜、董霁）

（1）造型设计

"Shadow"是一款运用在户外公共空间的家具。可放置于公园的水泥或木质地面上。它尝试将绿色空间带到户外的裸露底面上，白色的木质桌子与绿色的仿倒影草坪形成了特殊的倒影现象，塑料仿草坪设计的地毯直接铺于底面，可以让小孩席地玩耍，简单的木质结构便于生产和组装，绿色仿草坪塑胶防水，便于维护。

（2）设计来源

局部构件的模拟是目前被应用最多的一种模拟设计方法，用此法进行设计时模拟的主体往往是家具的某些功能构件，可以是台桌和椅凳的脚，可以是柜类家具的顶饰，也可以是床头板或沙发椅的扶手和靠背等。但有时模拟的主体不一定是功能构件，而只是作为附加的装饰品。"Shadow"就是利用这样的设计方法来设计的。该组同学细心观察生活，并努力把自己的所见所感践行于设计当中。设计者对影子很感兴趣，"街头很清净，影子忠实地伴随我们，在水门汀上颠来倒去"，郭沫若的《影子》如是说。光线是揭示生活的因素之一，又是推动生活活动的一种力量。没有光照，便是一片黑暗。世界上所有物体的形态和色彩在我们的视觉意识和情感意识里，必须由光照来支配和调节。无论是自然界可选用的天然材料或是人工创造的各种各样的合成材料，都拥有各自的色彩，这些材料在构成空间物体时造成多彩化的阴影和色调（图2-35）。

　　3.举例："骰子"公共座具（设计团队：周蕾、高雯菲）

（1）设计灵感

　　"骰子"石凳是以骰子为设计灵感来源，设计的一款户外趣味性休闲家具。骰子，为一正多面体，最常见的骰子是六面骰，它是一颗正立方体，上面分别有一到六个孔（或数字），其相对两面之数字和必为七。学生结合家具的功能构件进行骰子图案的描绘与形体的简单加工。

（2）材料运用

　　不同的材料的材质决定了材料的独特性和相互间的差异性。同时，不同裁量的质地给人以不同的视觉、触觉和心理感受。混凝土具有原料丰富、价格低廉、生产工艺简单的特点，因而使其用量越来越大。同时，混凝土还具有抗压强度高、耐久性好、强度等级范围宽等特点。混凝土配合比设计也是有讲究的，首先要分析工程项目的结构、构件特点、设计要求，预估可能出现的不利情况和风险，立足当地原材料。然后，采用科学、合理、可行的技术线路、技术手段，配制出满足设计要求、施工工艺要求和使用要求的优质混凝土（图2-36、图2-37）。

（3）注意问题

　　a.变形：混凝土在荷载或温湿度作用下会产生变形，主要包括弹性变形、塑性变形、收缩和温度变形等。

　　b.耐久性：在一般情况下，混凝土具有良好的耐久性。但在环境水的作用下（包括淡水的浸溶作用、含盐水和酸性水的侵蚀作用等）会受影响。其中，硫酸盐、氯盐、镁盐和酸类溶液在一定条件下可产生剧烈的腐蚀作用，导致混凝土的迅速破坏。在风化作用、中性化作用、钢筋锈蚀作用等情况下混凝土容易遭到破坏。

　　4.举例："曲·悦"公共座具（设计团队：吴勇、秦川）

　　"曲·悦"是利用仿生的设计方法设计而成。由于造型设计和加工工艺的限制，该作品的实现方式较为折中。在材料运用上，他们择用了钢筋和麻绳，首先，用钢筋做骨架经过焊接成型，其承受力的作用。然后，运用三面环绕式、交叉式编织、交叉式环绕式相结合等多种方式把麻绳捆绑在骨架上。

图2-35（上）
"Shadow"公共座具（设计团队：张道炜、董霙）
图2-36（中）
制作过程
图2-37（下）
"骰子"公共座具（设计团队：周蕾、高雯菲）

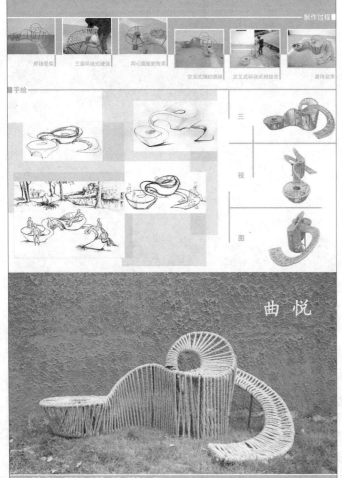

在二维草图思维中可以看到学生思考人与人、人与空间、人与公共家具、空间与公共家具之间的关系。这点是难能可贵的（图2-38、图2-39）。

2.3.4 课程总结

公共家具课程体系的最终目标是系统性地培养学生的能力，如调研、草图手绘、分析综合、动手营造等，使学生能全方位地自我发展。任何教育体系都有自身的目标、方向、内容，如何实现这些目标，其实现途径具有多样性：设计竞赛、社会调查、设计交流、设计展览等，而这些都是以课程内容为核心而展开的。因此，教育课程终究是教学体系的核心，教学内容的科学与否，方法是否得当等都是极大地影响教学结果的重要因素。

图 2-38（上）
"曲·悦"公共座具的制作过程（设计团队：吴勇、秦川）
图 2-39（下）
"曲·悦"公共座具（设计团队：吴勇、秦川）

第三章 "作"——如何生产公共家具？

3.1 公共家具材料研究

家具史的发展就是材料史的发展。每次跨时代作品的出现都是出于对一种新材料的尝试。材料的不同带给人视觉和触觉上的感受也不同。材料本身所具有的特性加上人工处理使公共家具会产生重轻感、软硬感、明暗感、冷暖感等不同的感受。从 20 世纪起，新的人造胶合板材料、弯曲技术和胶合技术，特别是塑料这种现代材料的发明为家具设计师提供了更大的创造空间。北欧芬兰设计大师阿尔瓦·阿尔托（Alvar Aalto，1898 ~ 1976 年）采用现代的热压胶合板技术，使家具从生硬角度的造型变得更加柔美和曲线化，增加了更多情感元素。新一代美国建筑、家具设计师埃罗·沙里宁（Eero Saarinen，1910 ~ 1961 年）和查尔斯·伊姆斯（Charles Eames，1907 ~ 1978 年）运用塑料注塑成型工艺、金属浇铸工艺、泡沫橡胶和铸模橡胶等新技术和新材料设计出了"现代有机家具"，这些新的、更具圆形特点的雕塑形式的家具设计迅速成为现代家具的新潮流。由此可见，合理运用自然材质、发现并进行新材料的研究成为每个设计师所追求的目标。

3.1.1 家具材料的基本性质

尽管种类繁多且分类方法各不相同，材料在实际的应用中却始终体现出使用价值和审美功能，将技术与艺术相融合。

3.1.1.1 材料的分类

1. 按材料的发展历史分类

（1）原始的天然石材、木材、竹材、秸秆和粗陶；

（2）通过冶炼、焙烧加工而成的金属和陶瓷材料；

（3）以化学合成的方法制成的高分子合成材料，又称聚合物或高聚物，如聚乙烯、聚氯乙烯、涤纶、橡胶等；

（4）用有机、无机非金属乃至金属等各种原材料复合而成的复合材料，如塑铝板、有、无机复合涂料与混凝土、镀膜玻璃等；

（5）加入纳米微粒且性能独特的纳米材料，如纳米金属、纳米塑料、纳米陶瓷、纳米玻璃、纳米涂料等。

2. 按材料的化学成分分类（表3-1）

按材料的化学成分分类 表3-1

材料分类	具体内容			
有机材料	木材、竹材、橡胶等			
无机材料	金属材料	黑色金属材料（铁及铁为基体的合金）	纯铁、碳钢、合金钢、铸铁等	
		有色金属材料（除铁以外的金属及其合金）	铝与铝合金、镁及镁合金、钛及钛合金、铜与铜合金	
	非金属材料	天然石材	大理石、花岗石、鹅卵石、私土等	
		陶瓷制品	氧化物陶瓷、碳化物陶瓷、氮化物陶瓷、金属陶瓷、复合陶瓷等	
		胶凝材料	水泥、石灰、石膏等	
高分子材料	塑料，如聚乙烯、聚氯乙烯、聚苯乙烯、ABS塑料、聚碳酸酚塑料、环氧塑料、有机玻璃、尼龙等			
复合材料	塑铝板、玻璃钢、人造胶合板、三聚氰胺贴面板（防火板）、强化木质复合地板、氟物涂层金属板、织物状复合地毯和墙纸、夹膜玻璃等			
纳米材料	纳米金属、纳米陶瓷、纳米玻璃、纳米高分子材料和纳米复合材料等			

3.1.1.2 材料的基本性能

材料的内部组织结构和生产加工技术决定了材料的性能。随着现代科学技术的发展和加工技术的不断提高，材料向着功能多样化发展，这促进了材料在环境设计中表现范围的扩大。材料的基本性能包括材料的使用性能和工艺加工性能。材料的使用性能是指材料在使用条件下表现出来的性能，如材料的力学性能、物理性能和化学性能等；而材料的工艺加工性能则是指材料在加工过程中表现出的性能，如在锯、切、刨、焊接、粘结、钻孔、弯曲、抛光、涂装中所表现出来的性能。掌握材料的基本性能，不仅能正确地选择材料的应用范围，提高材料的节能与环保效应，以及在应用材料的同时考虑维护材料、延长材料的使用寿命和安全质量；而且可以提高材料表现的艺术效果，使材料应用达到技术与艺术的统一。

1. 材料组成与结构

材料是由化学和矿物共同组成的，它们决定了材料各种性质的最基本元素。化学组成决定着材料的化学性质，影响着物理与力学性质，如碳素钢随着其含碳量的增加，它的强度、硬度、冲击韧性会发生变化。

2. 材料的物理化学性能（表3-2）

材料的耐久性：材料在使用过程中，能抵抗周围各种介质的侵蚀而不破坏，也不失其原有性能的性质。户外公共家具的一个重要特征便是耐久性。影响耐久性的因素见表3-3。

材料的物理化学性能 表3-2

材料性能	表现
表观密度	即材料的孔隙率。除钢材、玻璃等少数材料外，绝大多数材料都含有一些孔隙。材料相关的工程性质如强度、吸水性、抗渗性、抗冻性、导热性、吸声性等都与材料的密实程度有关。一般情况下，孔隙率大的材料宜选择作为保温隔热材料和吸声材料。同时，还要考虑材料的开口与闭口状态。开口孔隙对吸水、透水、吸声有利，对材料的强度、抗渗、抗冻和耐久性不利
密度	材料密度的大小影响材料的使用性质（如强度、硬度、吸水性、表面质感等）和加工性能（如密度大的金属材料易于抛光，但难于切割）
熔点	指金属材料由固态转为液态或非金属材料燃烧的温度
吸水性	材料含水后，不但可使材料的质量增加，而且会使强度降低，保温性能下降，抗冻性能变差，有时还会发生明显的体积膨胀
耐水性	材料长期在饱和水作用下不破坏，强度也不显著降低的性质称为耐水性。对于经常位于水中或潮湿环境中的重要结构材料，必须选用软化系数大于 0.85 的耐水性材料；对用于受潮较轻或次要结构的材料，其软化系数不宜小于 0.75
亲水性、憎水性	大多数材料为亲水性材料，如水泥、混凝土、砂、石、砖、木材等，只有少数材料为憎水性材料，如沥青、石蜡、某些塑料等。施工过程中憎水性材料常被用作防潮、防水及防腐材料，或作为亲水性材料的覆面层，以提高其防水、防潮性能
抗冻性	材料在吸水饱和状态下，能经受多次冻融循环作用而不破坏，且强度也不显著降低的性质
胀缩性	材料的胀缩主要包括湿胀干缩、热胀冷缩和碳化收缩等现象。不同的材料其胀缩率也不同。因此，在材料的组接与配搭中应注意胀缩率，避免裂缝、松动、位移等现象
导电性	导电性的强弱通常用电阻率、电导率来衡量。电阻率小的材料其导电性强，如金属材料的导电性强，陶瓷、玻璃、聚氯乙烯（PVC）和干燥木材的导电性差
导热性	材料的导热性由热导率决定。热导率是指在维持单位温度差时，单位时间内流经物体单位面积的热量。热导率是衡量金属或非金属材料导热性能的一个重要性能指标。非金属材料的热导率比金属材料的热导率低
耐热性	除有机材料（如木材、竹材、橡胶等）耐热性差之外，一般非金属材料都有一定的耐热性。但在高温下，大多数材料都会有不同程度的破坏甚至熔化、着火燃烧。非金属材料耐热性不如金属材料
耐燃性	根据耐燃能力，分为不燃材料、难燃材料和易燃材料。陶瓷、玻璃、石材为不燃材料，许多工程塑料、人造纤维织物、人造皮革通过阻燃处理后为难燃材料，而木材、天然纤维织物、化纤织物和有机溶剂型涂料为易燃材料
耐火性	耐火材料具有长期抵抗高温而不熔化、不变形且能承载的性能
耐磨性	通常指地面材料表面的磨损程度。金属的耐磨性强，瓷化程度越高的陶瓷地面砖的耐磨性越好，强化化纤地毯、复合地板、PVC 塑料地板、花岗石饰面板以及优质实木地板等的耐磨性好
耐腐蚀性	是指金属或非金属材料抵抗环境周围介质腐蚀破坏的能力。不同的材料有着不同的耐腐蚀性能，在金属材料中，不锈钢及铝合金具有很强的耐腐蚀性；而普通碳钢、铸铁及普通低合金钢等耐腐蚀性差些，但其表面通过防锈涂料保护处理后会增加其耐腐蚀力
吸声性	吸声材料一般为金属、石膏板、玻璃棉吸声板、疏松多孔的纤维材料等

影响材料耐久性的因素 表3-3

影响因素	表现
物理作用	包括环境温度、湿度的交替变化，即冷热、干湿、冻融等循环作用。材料经受这些作用后，将发生膨胀、收缩或产生应力、长期的反复作用，将使材料逐渐被破坏
化学作用	包括大气和环境水中的酸、碱、盐等溶液或其他有害物质对材料的侵蚀作用，使材料产生质变而被破坏，如钢材的锈蚀、水泥石的化学腐蚀。此外，日光、紫外线等对材料也有不利作用
生物作用	包括菌类、昆虫等的侵害作用，导致材料发生腐朽、虫蛀等而破坏。如材料及植物纤维材料的腐烂等
机械作用	包括荷载的持续作用，交变荷载对材料引起的疲劳、冲击、磨损等

为了提高材料的耐久性，可采取提高材料本身对外界作用的抵抗能力（提高密实度、改变孔结构、选择合适的原材料等）、对主体材料施加保护层（覆面、刷涂料等）、减轻环境条件对材料的破坏作用等措施。提高材料的耐久性，对节约材料、保证公共家具长期正常使用、减少维修费用、延长公共家具使用寿命等均具有十分重要的意义。

3. 材料的力学性质

材料的力学性质是指材料在荷载作用下的变形和抵抗变形的能力（表3-4）。

材料的力学性质 表3-4

力学性质	表现
强度	是指材料抵抗外力产生塑性变形和破坏作用的能力。强度又分为抗压强度、抗拉伸强度、抗弯折强度、抗剪切强度、抗冲击强度、硬强度、抗循环负荷强度等。由于材料的种类、构成物、配料比、组织结构、形状以及外力作用方式的不同，材料所表现出的强度也不一样
脆性	脆性材料的特点是塑性变形很小，抗压强度远大于其抗拉强度。因此，其抵抗冲击荷载或振动作用的能力很差，大部分无机非金属材料均为脆性材料，如混凝土、玻璃、天然岩石、砖瓦、陶瓷灯
韧性	是指金属材料在冲击荷载作用下抵抗变形和断裂的能力。其特点是塑性形变大，抗拉、抗压强度都较高。钢材、木材、橡胶、沥青混凝土等都属于韧性材料
弹性	材料在外力作用下产生变形，当外力取消之后能够完全恢复原来形状的性质称为弹性。这种能够完全恢复的变形称为弹性变形。在金属材料中，钢的弹性最大
塑性	是指材料在外力作用下产生变形，当外力取消后不能恢复的永久性变形。例如，金属材料的机械成型、木材在热压或蒸汽压的作用下可以任意弯曲造型等都属于塑性变形

实际上，只有单纯的弹性或塑性的材料是不存在的。通常一些材料在受力不大时只产生弹性变形可视为弹性材料，而当外力达到一定值后，即产生塑性变形，如低碳钢。另外，一些材料在受力时，弹性变形和塑性变形同时产生，除去外力后，弹性变形可以恢复，而塑性变形不会消失，如普通混凝土。

4. 材料的热学性质

在公共家具设计中，材料除满足强度及其性能要求外，还要具有良好的热工性质，使公共家具满足保温和隔热效果（表3-5）。

热学性质 表3-5

热学性质		表现
导热性		材料导热系数是评定建筑材料保温隔热性能的重要指标。导热系数越小，材料的保温隔热性能越好
耐燃性	非燃烧材料	无机材料均为非燃烧材料，具有良好的耐燃性，如砖、混凝土、玻璃、钢材、陶瓷、铝合金材料等。但是玻璃、混凝土、钢材、铝材等受到火焰作用会发生明显的变形而失去使用功能，不耐火
	难燃烧材料	多是以可燃材料为基体的复合材料，如石膏板、水泥、石棉板等，它们可以推迟发火时间或缩小火势的蔓延
	燃烧材料	木材及大部分有机材料

5. 材料的美感属性

在现代公共家具设计中，设计师对于材料运用不能只强调某一方面的功能作用，而是需要在充分发挥材料使用功能的同时，注重其独特的美感效果，借助这些视觉美感元素来表达情感及对生活的理解。材料的材质美感因素包括材料的色彩、肌理、质地、形状等，在材料间的相互的组合与搭配中体现出来。

色彩美：

色彩的表现以材料为载体，作为第一视觉语言的色彩借助材料载体表达情结、传递感情，成为影响人的生理和心理变化的重要因素。由于人们的生活条件、传统习惯等不同，对色彩的感觉和评价也不尽相同。

材料的色彩分为三大类：一是材料本身具有的天然色彩特征与美感；二是成品材料所具有的固有色彩，无须经过后期色彩的加工及处理；三是采用加工工艺对自然或成品材料进行色彩处理。在决定色彩时要考虑到色彩的面积效果、同化现象、视认性、前后感、胀缩感、感情等效果。色彩不单是一种美学元素，更是一种情感因素。无论大人还是小孩对色彩都会有着积极或消极的情感反应。

肌理美：

肌理是指材料本身的肌体形态和表面纹理，它反映出材料表面的形象特征，使材料的质感体现得更加形象丰富。其内涵包括：形、色、质，以及干湿、粗细、软硬、有纹理和无纹理、有光泽和无光泽、有规律和无规律、透明与半透明或不透明等感觉因素。材料的肌理美，一是产生于材料内部的天然构造；二是在成品基材的表面上加工处理而形成，如经过喷涂、蚀刻或磨砂的金属板；三是运用现代生产技术而直接成型的各种凹凸肌理的材料，如陶瓷面砖、玻璃砖、各种织物、地毯、壁纸等。同一材料相同肌理或相似肌理的表现与不同材料、不同肌理的对比表现，都增强了材料的感染力，使公共家具更符合现代人的审美要求。

质地美：

质感是材料表面的精细、软硬程度、凹凸不平、纹理构造、花纹图案、敏感色差等给人的一种综合感觉。"肌理"是质感的形式要素，即物面的几何细部特征；而"质地"是质感的内容要素，即物面的理化类别特征。材料的质地有自然质地（如石材质地、木材质地、竹材质地）和人工质地（如金属质地、陶瓷和玻璃质地、塑料质地、织物质地等）。

不同材料的质地给人以不同的视觉、触觉和心理感受。石材质地坚固、凝重；木质、竹质材料给人以亲切、柔和、温暖的感觉；金属质地不仅坚硬牢固、张力强大、冷漠，而且美观新颖、高贵，具有强烈的时代感；纺织纤维品如毛麻、丝绒、皮革质地给人以柔软、舒适、豪华典雅之感。

线性美：

线性主要是指立面装饰的分格缝与凹凸线条构成的装饰效果。如抹灰、水刷石、干粘石、天然石材、加气混凝土等均应分格或分缝，既可获得不同的立面效果，又可防止开裂。分格缝的大小应与材料相配合。

3.1.2　天然材料

3.1.2.1　木材

木材是一种万能的材料，广泛存在于自然界中。来源广、生产加工方便、应用性能好、绿色环保、经济成本低等是木材所具有的特点，除了这些，木材还具有可再生、可循环利用的特性，它与钢材、水泥并称为三大材料。木材的加工过程也仅仅是改变形状的冷加工物理过程，不涉及化学污染，加工的废料也可以多次循环回用。总之，木材在加工利用的过程中对自然的索取少，对自然的负面影响小，是一种十分理想的生态材料。

探讨木材所拥有的潜力主要是基于它的易加工性以及其纹理所带来的美学多样性。木材应用在设计领域之中，给公共家具增添了许多生物质材料的特性。木材表面处理具有无限的可能性，通过修饰可以适应各种不同的功能、品位和应用。设计师应深层发掘木材美感的各种表面处理技术，例如可以对其磨砂、磨光、打蜡、油漆、上色或绘制。

人类对木材的使用可以追溯到数千年以前。事实上，木材是人类最早使用的材料。原始人将自然形态的石头、木头磨成尖锐的棱角，作为生活工具和防卫、狩猎武器。这些工具和武器尽管粗糙和简陋，但反映了人们对自然材料利用的欲望和需要。在兽骨上刻"象形文字"，作为对劳动生活成果的记载或相互交流的符号。这一时期，人类对材料的认识和体验只是对自然材料的简单加工和利用。人们使用木材建筑房屋最直接的方式是用原木当梁柱，或者把原木水平堆砌成墙。浙江余姚河姆渡文化的"干阑"木构建筑的实例显示我国劳动人民在五六千年前已经利用木材构筑房屋。由于木材很难克服其均匀性，很长一段时期内都不流行于工业生产。从那时起，木材的使用与发展就停止了脚步。相对地轻质使它成为小规模工程或家具制造最普遍的材料。由于木材基础性很难有改善的可能，人们便将注意力集中到木材的处理方法与工艺研究中去。

1. 木材的分类

（1）按软硬分类（表3-6）。

木材按软硬分类　　　　　　　　　　　　表3-6

分类	树种
软针叶	杉木、马尾松、落叶松、红松、樟子松、鱼鳞云杉、臭冷杉木、柏木等
硬针叶	樟木、榉木、楠木、红木、柚木、桃花心木、古夷苏木、山毛榉、铁力木等
软阔叶	杨木、椴木、色木、桦木、柳木、泡桐等
硬阔叶	水曲柳、黄菠萝、椰榆、柞木、槐木、香椿、木荷、枣木、梓树、麻栎、黄檀、北美鹅掌楸

（2）按材质分类可分为：实木板、人造板两大类（表3-7）。

木质人造板的种类　　　　　　　　　　　　表3-7

种类	特征
胶合板	构造天然，结构对称，质地均匀，强度纵横方向性均齐，尺寸稳定，耐潮性较好，胶合板的纵向和横向抗拉强度和抗剪强度均匀，适应性强；导热系数小，绝热性能好；无明显纤维饱和点存在，平衡含水率和吸湿性小；不翘曲开裂，无瑕疵；板材幅面大，使用方便，装饰性好
硬质纤维板	表面平整，背面网痕，结构不对称，质地均匀，强度方向性呈各向同性，尺寸较差，耐潮性较差。硬质纤维板的强度高、耐磨、不易变形
中密度纤维板	强度大、表面光滑、材质细密、性能稳定、边缘牢固，且板材表面的再装饰性能好，强度方向性呈各向同性，耐潮性一般，厚度10～25mm
软质纤维板	粗糙多孔，密度低，耐潮性很差，保温、吸声、绝缘性好，结构对称，质地均匀，强度方向性呈各向同性，尺寸稳定
刨花板	刨花板是利用木材加工中产生的大量刨花、木丝、木屑为原料，经干燥与胶结料拌合，热压而成的板材。采用的胶结料主要有动植物胶、合成树脂胶、无机胶凝材料。这类板材平整，结构对称，质地不均匀，强度较低，强度方向性呈各向同性，尺寸较差，耐潮性较差，表观密度小，加工性能良好，可开榫、钉圆钉。主要用作绝热和吸声材料
细木工板	构造天然，质坚、吸声、绝热、易加工，强度纵横方向性均齐，尺寸较稳定，耐潮性较好。适用于家具和建筑物内装修等
指接集成材	构造天然，结构对称，质地似木材，强度纵横方向性均齐，尺寸较稳定，耐潮性较好

（3）按成型分类可分为：实心板、夹板、纤维板、装饰面板、防火板等（表3-8）。

常用木材种类　　　　　　　　　　　　表3-8

种类	特征
橡胶木	原产于巴西、马来西亚、泰国等，国内产于云南、海南及沿海一带。橡胶木颜色呈浅黄褐色，年轮明显，轮界为深色带，管孔甚少。木质结构粗且均匀，斜纹理，硬度适中，切面光滑，易胶粘，油漆涂装性能好。但橡胶木有异味，因含糖分多，易变色、腐朽和虫蛀。不容易干燥，不耐磨，易开裂，容易弯曲变形，木材加工易，而板材加工易变形
胡桃木	主要产自北美和欧洲。黑胡桃呈浅黑褐色带紫色，弦切面为美丽的大抛物线花纹。黑胡桃非常昂贵，做家具通常用木皮，极少用实木
椒木	木纹好，质地适中，常用作仿古或现代实木家具材料
棒木	纹理好，用于制造实木家具，也可用来做木皮或贴面板，有白棒、红棒种，多用于酒店家具或高档民用家具
樱桃木	进口樱桃木主要产自欧洲和北美，木材浅黄褐色，纹理雅致，弦切面为中等的抛物线花纹，间有小圈纹。做家具也是通常用木皮，很少用实木，常用作中、高档实木家具材料
影木	有很好的木纹，较贵重，用于高档实木家具或生产木皮及贴面板
榉木	为江南特有的木材。重、坚固，抗冲击，蒸汽下易于弯曲，可以制作造型，钉子性能好，但是易于开裂。纹理清晰，木材质地均匀，色调柔和，流畅。比多数硬木都重，在窑炉干燥和加工时容易出现裂纹。有东北榉和西南榉两种，质地适中，价格便宜
松木	松木是一种针叶植物，它质地、硬度适中，不易变形，具有松香味、色淡黄、疖疤多、极难自然风干等特性，故需经人工处理，如烘干、脱脂去除有机化合物，漂白统一树色，中和树性，使之不易变形

图 3-1（上）

回力棒；2006 年伦敦建筑双年展上回力棒设计师以一个标准大小的回力棒为基本元素，用不同的排列组合方式，装配出一系列景观小品

图 3-2（下）

礁石长凳；板条结构；木质长凳；固雅木

2. 木材的基本特性

木材是唯一具有结构性能的可再生自然资源。这种固有的特质在树木被锯开后依然存在。这种内在特质体现于木质部件移动或出现缺陷时。木材具有天然的色泽和纹理，容易着色和涂饰，质轻、强度高、强重比大，能够吸能减振，耐冲击，具有良好的保温隔热和电绝缘性能。木材是弹性塑性复合体，使用过程具有安全感，对紫外线和红外线具有吸收反射作用；木材具有吸声性能和调湿性能。木材在生产过程中，易接合（图 3-1），加工方便，可塑性强，比金属更富有弹性，能耐较大的变形而不易折断，它还有很好的可塑性，木材切片之后，在热压下可以变形，利用这一特性，可以制成各种曲木家具（图 3-2）。

（1）物理性能

木材具有天然的色泽和纹理，但有时也存在一些缺陷，如节疤、虫眼、弯曲等，且木材直径也有一定的限度，影响木材的利用率，这些则可在加工时注意合理使用和利用木材容易接合的特点加以克服。

含水率：木材所表现的对象不同，选用木材的含水率也不一样，如同家具表面的板材要求含水率在 8% ~ 12% 为宜，家具腿脚料的含水率在 13% ~ 15% 为宜。

调湿作用：材料性质极不稳定，干缩湿胀。其含水量随所处环境的湿度变化而异，常产生尺寸和形状变异，并发生开裂、扭曲等现象。这种缺点，可以通过人工干燥及其他方法来减轻与克服。

（2）化学性能

导热性：干木材导热系数的值是比较小的，不会出现受热软化、强度降低等现象。

吸声性：木材还具有较好的吸声性能，故常用软木材、木丝板、穿孔板等作为吸声材料。

绝缘性：木材具有较好的绝缘性。但木材的绝缘性会随着含水率的增大而降低。

易变形、易燃、易腐：木材由于干缩湿胀而引起尺寸、形状和强度的变化，会发生开裂、扭曲、翘曲现象，同时有色变、虫蛀和在潮湿的空气中易腐朽等弊病。另外，木材的着火点低，容易燃烧，尤其是干性木材。因此，木材在应用前应进行干燥、防火、防腐处理。

（3）力学性能

木材的力学性质具有明显的方向性。

强度：木材的强度重量比是混凝土的3倍。木材的顺纹抗压强度较高，仅次于顺纹抗拉和抗弯强度，且木材的瑕疵对其影响较小，工程中常见的柱、桩、斜撑及桁架等承重构件均是顺纹受压；木材的顺纹抗拉强度是木材各种力学强度中最高的，顺纹受拉破坏时往往不是纤维被拉断而是纤维间被撕裂，强度值波动范围大，木材的瑕疵如木节、斜纹、裂缝等都会使顺纹抗拉强度明显卜降；木材受弯时内部应力十分复杂，上部是顺纹抗压，下部为顺纹抗拉，而在水平面中则有剪切力，木材的抗弯强度很高，在土建工程中应用很广，如用于桁架、梁、桥梁、地板等。

硬度：是反映木材抗凹陷的能力。木材的硬度与树种的类型、树木的生长"年轮"和生长季节有关。

弹性：一般质地坚硬的木材弹性弱，质地松软的木材弹性强。

塑性：是指木材保持形变的能力。木材蒸煮后可以进行切片，在热压作用下可以弯曲成型；木材可以采用胶粘、钉、凿卯等方法进行牢固的组接。

韧性：是指木材易发生最大形变而不致破坏的能力。

3. 木材的加工工艺

将木材原材料通过木工手工工具或木工机械设备加工成构件，并将其组装成制品（图3-2），再经过表面处理、涂饰，最后形成完整的木制品（表3-9）。

工艺流程　　　　　　　　　　　　　　　　　　　　　　　表3-9

步骤	制作流程		内容及目的
第一步	切削		制材时下锯方式很重要，根据现有的设备，原木的尺寸、质量，产品的要求，出材率来考虑
第二步	干燥		目的是控制木材含水率，防止收缩、裂纹和变形；提高和改善加工性能和力学性能；防止变质和腐朽
第三步	装配	榫卯装配	—
		胶结合	胶结合是木制品常用的一种结合形式，主要用于实木板的拼接及榫头和榫孔的胶合，其特点是制作简便、结构牢固、外形美观，产品形式不受手工工艺的局限
		螺钉与圆钉结合	螺钉与圆钉的结合强度取决于木材的硬度和钉的长度，并与木材的纹理有关。木材越硬，钉直径越大，长度越长，沿横纹结合，则强度大，反之强度小
第四步	表面涂饰	表面处理	涂饰前，木材表面需进行干燥，去毛刺，脱色，消除木材内含杂物
		木材着色	底层涂饰，改善木制品表面的平整度，提高透明涂饰及模拟木纹和色彩的现实程度，获得纹理优美、颜色均匀的木质表面
		涂饰涂料	底层完成后便可进行面层的涂饰。用于表面涂饰的涂料一般分为透明涂饰和不透明涂饰
		表面粘覆	是将面饰材料通过胶粘剂在木制品表面形成一体的一种装饰方法。可制作圆弧形甚至复杂曲线的板式家具，使板式家具的外观线条变得柔和、平滑和流畅，增加外观装饰效果

4. 木材的防护

室外木材必须抗腐蚀、腐烂和虫蚀，以及被留在室外时要抵抗过度的扭曲、打孔和变形。一些木材天生就适合放在户外，比如柚木、巴西蚁木或红柳、桉树，都是最好的室外家具材料。其他木材可以通过表面刷漆进行保护，但是木漆在公共空间不会持续太久，而且重新粉刷会成为每年都要做的功课。影响木材耐久性的因素有三种：树种、菌种、水分。防护方法见表3-10。

木材的防护方法 表3-10

防护方法	内容
干燥	木材在加工和使用之前，经干燥处理可有效防止腐朽、虫蛀、变形、干裂和翘曲，能提高其耐久性和使用寿命。①自然干燥是将木材架空堆放于棚内，利用空气对流作用，使木材的水分自然蒸发，达到风干的目的。这种方法简便易行，成本低但耗时长、过程不易控制，容易发生虫蛀、腐朽的现象。②人工干燥是将木材置于密封的干燥室内，使木材中的水分逐渐扩散而达到干燥的目的。这种方法速度快、效率高，但应适当地控制干燥温度和湿度，如果控制不当，会因为收缩不均匀而导致木材的开裂和变形
防腐防蛀	木材防腐的基本原理就在于破坏真菌及虫类生存和繁衍的条件，常用方法有：木材干燥至含水率在20%以下，保证木结构处在干燥状态，对木结构采取通风、防潮、表面涂刷涂料等措施；将化学防腐剂施加于木材，使木材成为有毒物质，常用的方法有表面喷涂法、浸渍法、压力渗透法等。常用的防腐剂有水溶性的（如氯化锌、氯化钠、硼砂等）、油溶性的（如煤焦油）和浆膏类
防变色	对于化学变色的预防，主要是用漆膜涂覆等手段阻断外因，或用溶剂浸泡、化学处理等方法消除或改性木材内部的变色成分；对于生物变色的预防，改变或破坏适宜微生物生存的环境因子，如喷水保存、塑料密封和化学药剂处理；对于酶变色的预防，降低隔离氧和酶的活性，如进行酸碱处理调节 pH 值，通过煮沸、高频加热
防火	对木材的防火处理（又称阻燃处理）主要在于提高木材的耐久性，使之不易燃烧；或当木材着火后，火焰不致沿材料表面很快蔓延；或当火焰移开后，木材表面上的火焰立即熄灭。①表面涂敷法：常用的对木材防火处理的方法中，最简单的是表面涂刷或覆盖难燃材料，如镀锌薄钢板、水泥砂浆、耐火涂料等，防止木材直接与火焰接触。②溶液浸渍法：若防火处理要求高时，可采用溶液浸渍法，常用的防火剂有硼酸、硼砂、碳酸铵、氯化铵、磷酸铵、硫酸铵和水玻璃

5. 新型木质材料

（1）新型木质材料的研究

A. 木塑复合材料：一种主要以木材或者纤维素为基础材料与塑料制成的复合材，是由木纤维或植物纤维填充改性热塑性复合材料，经过挤压、压制或注射成型成板材以及其他制品，替代木材或塑料的一种新型复合材料。木塑复合材料材质均一，强重比高，具有良好的物理性能和机械强度，热伸缩性和吸水性小，耐候性强，尺寸稳定性好，不会产生裂缝、翘曲变形，且无节疤，加入着色剂、覆膜或复合表层可制成各种色彩的制品。木塑复合材料同时具备木材和塑料的双重加工性能，可采用挤出、热压等塑料或木质人造板工艺进行成型生产，也可采用锯、刨、旋切、磨削、砂光、胶合、轧花、印刷、表面涂饰等木材或塑料的加工方法进行加工和后期处理。木塑复合材料在生产加工过程中不需要施加酚醛树脂等有害胶粘剂，整个生产过程中没有污染，材料可以回收循环使用，降解后可用于能源生产，属环保节能型高新技术产品。

B. 木材金属复合材料：是将木质单元与金属单元（网、粉、纤维、箔及合金）通过复合界面特性处理技术，采用一系列工艺制造的具有抗静电和电磁屏蔽等性能的一种新型木质复合材料。它兼具木材与金属的特点，对木质材料进行了功能性改良，目前主要开发研究出的品种有金属化木材、金属覆面木材、木材表面金属化、木材金属复合管。

C. 炭化木：炭化木分表面炭化木和深度炭化木两种。表面炭化木是指在不含任何化学剂的条件下，通过局部高温对木材进行炭化处理，使木材表面形成一层很薄的炭化层，该炭化层能增强木材的防腐及抗生物侵袭的作用，并使表面具有深棕色的美观效果。深度炭化木也称为完全炭化木、同质炭化木，是经过 200℃左右的高温炭化技术处理的木材。适宜的炭化处理可以提高木材的尺寸稳定性、耐候性、抗弯弹性模量和抗压强度，但同时也会降低冲击韧性和握钉力，且处理的温度越高、抗冲击韧性和握钉能力越低。炭化木的生产将低质劣质的木材加工成高性能的环境友好型材料。炭化木安全环保、无特殊气味，热处理炭化木是一种绿色环保型产品。

D. 木陶瓷：木陶瓷是采用木材在热固性树脂溶液中浸渍后真空（或通入氮气保护）条件下炭化而成的一种新型无定型碳或玻璃碳复合碳材料，兼具有碳材料固有的质轻、吸附性强与陶瓷材料的高硬度、高耐热性、高耐蚀性等优点。可用于生产制作木陶瓷的木质原料来源广泛，废纸、建筑废材、木片、枝丫材、农副产品及废竹材、果壳、甘蔗渣、稻壳等都可以。

E. 木质—橡胶复合材料：是将废轮胎粉碎后的橡胶碎屑和木纤维、木屑或刨花用高强度胶粘剂粘结，经热压后制备成一种新型的功能性环保复合材料。木质橡胶复合材料具有很好的防水、防腐、防蛀、隔声、吸声、较强的抗冲击能力及防振效果，不易开裂变形。用于体育馆等运动场所或公共场所，或易损、防振等设备的包装用材和建筑装潢材料等。

F. 科技木：是以人工林速生材或普通木材为原料，利用仿生学原理，在不改变木材天然特性和物理结构的前提下采用计算机技术与 CAM 机床技术等高科技手段，对木材进行调色、配色、胶压层积、整修、模压成型等特殊工艺处理制作后的新型木质装饰材料。这种科技木具有天然木材性质和仿珍贵木材花纹、色泽，材质均匀，密度适中，可进行锯截、打眼、钉钉、切削，也可直接胶贴在普通刨花板、纤维板等人造板素板上，生产加工便利且成本低。

G. 木材—无机纳米复合材料：将木材与无机纳米材料在微观层面

进行科学合理的复合，可极大地提高木材表面硬度、耐磨性、耐水性、尺寸稳定性等物理力学性能，甚至还有可能会赋予木材某些奇异的电学、磁学、光学、热学、声学、力学、化学和生物学等方面的功能（如环保性、自清洁性、奇特的介电特性等），进而制备出高性能、多功能的新型木质复合材料，使木材兼具功能材料和结构材料的特性。

（2）国外新型木材制作技术

A. 木材废料回收：Timbercrete 块、砖、板及铺路材料是利用回收的锯木厂废料、砂子和水泥在正常温度下的模具中制造的，可变换任意色彩、形状，绝缘性能比普通砖高 4 倍还多，造价低，可进行锯截、打眼、钉钉、切削。作为建筑材料，它有最高的防火等级。它质轻、不渗透、不腐烂、不受白蚁侵蚀，甚至可以防弹。其寿命可长达百余年，并且可轻易抵抗极端天气，如炎热、潮湿、霜冻及快速的冻融周期。

B. 数字印板：Collection Digitalia 是新的系列，包括明亮、多彩且包含装饰图案的数字化印刷，这也许会产生光学错觉。

C. 木质马赛克砖：Fortis 乔木马赛克砖是由结实的竹、柚木及紫檀木经手工制作而成的，木质砖表面都很富有生机，易于保持，并增加了木材的天然之美。Fortis 马赛克乔木实际上可以被用于室内任何一处与水分接触少的区域当中。无论将这种木质砖应用于现代还是传统设施中，Fortis 马赛克乔木都体现了环保性能，使环境和谐美观，这是其他材料无法比拟的。

D.3D 纹理木板：胶合板墙结构是用于墙壁和顶棚的内部木质板材。将这些结构组合起来，能够创造出连续的表面。这些结构是由桦木胶合板及固体木框架组成的。

E. 柔韧的木胶合板：这是一层薄胶合板，结合一层纸衬背来防止用胶水粘合的板层基质开裂。这种胶合板极其柔韧，不易于开裂，能弯曲并成型或卷起，这大大改善了储存及运输中的难题。

3.1.2.2　竹藤材料

竹，冬生草也。——《说文解字》

竹素有"梅兰竹菊"四君子之一的美称。中国古今文人墨客，嗜竹咏竹者众多。竹子作为高雅、淡泊、谦逊、正直、高风亮节的象征，为文人士大夫所追求和喜爱，因而形成了独特的中国竹文化。据有关史料记载，我国早在唐宋时期已有竹家具，从唐宋时代的一些佛教画像中可以看到竹子做的四处头官帽椅、脚凳、禅椅等竹家具。明清竹家具也是非常盛行的。

竹为高大、生长迅速的禾草类植物，茎为木质。广泛生长于亚洲、非洲、加勒比及拉美地区。最矮小的竹种，其秆高 10 ~ 15cm，最大的竹种，其秆高达 40m 以上。恢复一棵 60ft 高的树需要 60 年，而一棵 60ft 高的竹子只需 59 天即可再生。竹子常用于制造家具，生产手工艺品，编制竹篮、竹席、人造纤维和造纸等。

藤本：攀缘类藤本的藤条，因其通直，柔韧性好，粗细匀称，常用于生产藤料家具。

1. 竹藤家具的分类（表 3-11）

竹藤家具的分类 表3-11

类型		特征
圆竹家具		是利用竹竿弯折、竹条编排而制成的家具，其类型主要以椅、桌为主，其他也有床、衣架、花架、屏风等
竹材人造板式家具		是在木质板式家具基础上发展起来的，利用竹集成材、竹材粒片板、竹材中密度板、竹木复合结构等竹材人造板制成的竹材板或家具，可以制作成各种类型的家具（图 3-3）
	竹集成材家具	竹集成材是由一定厚度或宽度的竹片在厚度和长度方向上胶合而成的，可按所需尺寸制成任意大的横截面或任意长度，做到小材大用。分为竹集成材框式家具和竹集成材板式家具
	竹重组材家具	以各种竹材的重组材（竹篾或竹丝）为原料，是一种将竹材干燥后浸胶并加以强化成型的方形断面型材，采用木制家具的结构与工艺所制成的一类家具。通过炭化处理和混色搭配制成的重组竹，其材质和色泽与热带珍贵木材类似，可以做成框式、板式、固定式、拆装式结构
	竹材弯曲胶合家具	主要是利用竹片、竹单板、竹薄木等材料，通过多层弯曲胶合工艺制成的一类家具

由于竹集成材和竹重组材并没有改变竹材的结构和特性，因此它与天然实木板材、实木集成材同样是一种天然基材。在家具生产中，可根据家具构件的受力情况，设计其断面形状，在制作如家具异型腿等构件时，可先将竹集成材或竹重组材制成接近于成品结构的半成品，再进行仿型等工艺加工。

2. 竹藤的基本特性

竹制家具的竹料选取 5～6 年竹龄的天然竹，质坚韧强，结构简单，抗劈、抗压、抗拉强度高，具有很好的力学性能。且保留了原有的天然纹路，给人一种质朴、古典的感觉。竹子吸湿、吸热性能高于其他木材，故冬暖夏凉。生长速度快，同时竹制家具无化学物质污染，可祛除异味，是纯粹的环保材料。竹地板是小竹片烘干，水分处理比较均匀，收缩性小，且是直纹维排列，不易产生扭曲变形。竹材是世界上一切植物中硬度最高的一种。竹地板较木地板更不怕水和干燥。

3. 竹藤的加工工艺

竹藤虽然是两种材料，但在材质上却有许多共同的特性，在加工和构造上有许多是相同的，而且还可以相互配合使用。竹材的处理工艺：将竹切割成细小条状，经过粗洗、精洗、漂洗、蒸煮、脱脂、炭化等工序，然

图 3-3
竹材人造板式家具

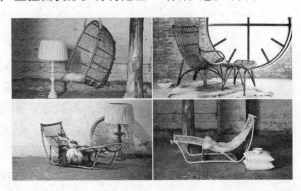

后用特制胶水粘合成型，使用液压设备加以压制定型，最后，经过处理的竹制板材，防水性好，耐磨、耐酸、抗压力强。框架的接合方法见表3-12。

竹藤框架的接合方法 表3-12

接合方法		内容
弯接法	火烤弯接法	用于弯曲曲率半径小的火烤法
	锯口弯接法	适用于曲率半径较大的锯口弯曲法，即在弯曲部位挖去部分形成缺口进行弯折
	锯口夹接弯曲法	适用于框架弯接的小曲度弯曲法，是在弯曲部分挖去一小节的地方，夹接另一根竹藤材，在弯曲处的一边用竹钉牢，以防滑动
缠接法		是竹藤家具中最常用的一种结构方法。主要特点是在连接部分用藤皮缠接，竹制框架应先在被接的木焊件上打孔。藤制框架应先用钉钉牢，组合成一构件后，再用藤皮缠接。按其部位来说有三种缠接法：一是用于两根或多根焊件之间的缠接；二是用于两根焊件作相互垂直方向的一种缠接，分为弯曲缠接和断头缠接法；三是中段连接，用在两根焊件近于水平方向的一种中段缠接法。除此之外，还有在单根焊件上用藤皮缠绕，以提高触觉手感和装饰效果的做法
插接法		是竹木家具独有的结合方法，适用于两个不同管径的竹焊接合，在较大的竹管上挖一个孔，然后将适当的较小竹管插入，并用竹钉锁牢，也可用板与板条进行穿插，或用藤皮竹篾进行缠接
连接法		—
嵌接法		—

3.1.2.3 石材

石材，通过各种各样的颜色、质地、图案和形状，为设计提供了无穷无尽的可能性。这是一些闻名退迩的例证：罗马的圆形大剧场、中国的万里长城。没有任何一种别的材料可以来代替石材提供这么大范围的选择。

石头是人类发展历史上较早利用的材料之一。从历史上看，石材的应用是和人类生存的自然条件与环境紧密地联系在一起的。在距今50万年前的旧石器时代，原始人就利用天然崖洞作为居住处所。在我国，天然石材作为生活材料可以追溯到新石器晚期。从奴隶社会进入封建社会，新的生产方式促进了当时社会的发展。城市规模的扩展、铁器的使用促进了石材在各方面的应用。从战国到西汉已有石基、石阶等，到秦汉时期，人工剁斧的条石、块石及石像大量用于古长城、古陵园及墓的建筑与装饰。魏晋南北朝时期佛教兴盛，作为宗教流传的各种具体形象如寺庙、佛像、佛塔、石窟等，也就大量出现在各地。隋唐时期达到登峰造极的程度，最著名的石窟艺术莫过敦煌石窟。随着石材开发和应用规模的不断扩大，我国形成了独特的石文化。

目前，出现的石材开采加工新技术、新设备和发展趋势如下：开采技术设备简单化、实用化，石材加工技术设备大型化、多功能化。石材异型产品加工机械多样化，适应各种需求。打破传统，开发新型设备和工具。高科技普遍用于石材加工设备，金刚石刀具专业化。

1. 石材的分类与识别

石材分为天然石材和人造石材。

天然石材：由天然岩石开采的，经过或不经过加工而制得的材料，称为天然岩石。天然岩石是最古老的建筑材料之一，具有强度高、耐久性与耐磨性好等优点，部分石材具有良好的装饰性，产源分布广，便于就地取材。天然石材因生成条件各异，常含有不同种类的杂质，矿物组成有所变化，所以，即使是同一类岩石，其性质也可能有很大差别。因此，使用前都必须进行检验和鉴定。通常情况下，石材结构致密、质坚而脆、纹理自然、抗压强度高，具有良好的耐久性、耐磨性、耐水性、耐燃性，资源广，便于就地取材。但是难以开采加工和运输，抗拉强度低，个别石材可能含有放射性元素，给人类健康造成很大的危害。

天然岩石根据地质分类法可分为岩浆岩、沉积岩、变质岩（表3-13）。

天然岩石分类   表3-13

天然岩石	岩浆岩	花岗岩	密度大、硬度大、结构致密、质坚且脆、吸水性小、抗压强度高，耐冻、耐磨、耐久、耐候性好，表面可锯、切、磨光、钻孔、雕刻，经加工后具有良好的装饰性能。化学性质稳定，不易风化，耐酸、碱及腐蚀气体的侵蚀，使用寿命可达200年左右。热膨胀系数小，不易变形，但在高温作用下花岗岩内的石英膨胀而引起破坏，因而耐火性差。花岗岩具有不导电、不导磁、场位稳定等特点。某些花岗岩含有微量放射性元素，会对人体造成极大伤害
		玄武岩	强度和耐久性好，但因硬度高、脆性大，加工困难，主要用作筑路材料、堤岸的护坡材料等
		辉绿岩	为全晶质的中粒或细粒结构，呈块状构造，呈深灰、墨绿等色，具有较高的耐酸性。可用作建筑材料、铺砌道路或耐酸混凝土骨料
	沉积岩	砂岩	砂石质地细腻、结构疏松、吸水率较高，因此在防护时的造价较高。具有隔声、吸潮、抗破损、耐风化等特点。砂石不能磨光，属亚光型石材，故显露出自然形态，含有丰富的文化内涵。致密的硅质砂岩性能接近于花岗岩，密度大、强度高、硬度大，加工较困难，可用于纪念性建筑及耐酸工程等。疏松、易加工的砂岩常用于室内外墙面装饰、雕刻艺术品、园林建造用料等，但不耐酸的侵蚀
		石灰岩	抗压强度高，具有较好的耐水性和抗冻性，来源广，硬度低，易劈裂，便于开采，具有一定的强度和耐久性，广泛用于建筑工程及水利工程中，其块石可作基础、墙身、阶石及路面等，其碎石是常用的混凝土骨料。此外，它也是生产水泥和石灰的主要原料
	变质岩	片麻岩	在垂直于片理方向具有较高的抗压强度，沿片理方向易于开采加工，但在冻融循环过程中易剥落分离成片状，抗冻性差，易于风化
		大理岩	花纹种类繁多、色泽鲜艳、表面细腻柔润、抗压强度较高、吸水率低、耐久性好、耐磨、耐腐蚀及不变形，不易老化，其使用寿命一般在50～80年左右。大理石由于密度大但硬度低，具有优良的加工性能：锯、切、磨光、钻孔、雕刻等。但化学稳定性差，抗风能力弱，磨光面易损坏，所以不宜用作室外人流较多的场所，一般只用于室内装饰和家具制作，不宜用作装修，绝对不能用于化学实验室的台面装饰
		石英岩	质地均匀致密，抗压强度高，耐磨、耐酸、耐久性好，但硬度大，加工困难。常用作重要建筑物的贴面石，其碎块可用于道路或作混凝土的骨料

人造石材：人造石材是利用各种方法加工制造的具有类似天然石材性质、纹理和质感的合成材料，例如人造大理石、花岗石等。从广义而言,各种混凝土也属于这一类。由于人造材料可以人为控制其性能、形状、花色图案等，具有质轻、强度高、耐污染、耐腐蚀、施工方便等优点，在现代设计中得到广泛应用（表3-14）。

		人造石材分类　　　　　　　　　　　　　　　　表3-14
人造石材	水泥型	可形成各种水磨石制品，该类产品的规格、色泽、性能等均可根据要求制作
	树脂型	是目前国内外使用最多的一种人造石材，与天然大理石相比，树脂型人造石材具有强度高、密度小、厚度薄、耐酸碱腐蚀及美观等优点；该类产品光泽好、颜色浅，可调配成各种颜色鲜明的花色图案；由于不饱和聚酯的黏度低，易于成型，且在常温下固化较快，便于制作形状复杂的制品。不过树脂型人造石材的耐老化性能不及天然花岗石。目前，多用于室内装饰
	复合型	是将具有良好装饰性的有机树脂与低成本的无机材料相结合的新型室内装饰与家具制作材料，成本下降了60%左右；板材变形小，结构均衡，与墙面粘贴效果比较好；可用水泥砂浆做胶粘剂，成本低，效果好；缺点是受温差影响后聚酯面易产生剥落或开裂
	烧结型	装饰性好，性能稳定，但需经高温焙烧，因而能耗大、造价高

2. 石材的加工工艺

石材的出材率是指每平方米所生产的成品板材的平方米数。以厚度20mm的板材计算，目前我国生产厂家的出材率约为11～21每平方米，与发达国家相差甚远。目前，世界天然石材装饰板的标准厚度还是2cm，但欧美国家已经开始向薄型板材的方向发展，厚度为1.2～1.5cm的板材产量日趋增多，最薄的厚度达到7mm。一般对大理石要求纯白、纯黑或纯黑带细白纹的，以及粉红色等颜色。对花岗石则喜欢纯黑、红色、淡绿等颜色。由于花岗石的硬度大于大理石，故在加工过程中难度大，锯片、锯料、磨料等都有严格要求（图3-4）。

石材的工艺性质指开采及加工的适应性，包括加工性、磨光性和抗钻性。加工性指对岩石进行劈解、破碎与凿琢等加工时的难易程度。强度、硬度较高的石材，不易加工；质脆而粗糙，颗粒交错结构，含层状或片状构造以及业已风化的岩石，都难以满足加工要求。岩石越致密、均匀、细腻，磨光性越好。

石材产品的生产工艺流程：矿山选配荒料—工厂选配荒料—大板锯解—毛板磨抛—切割规格板—排版编号—磨边—开槽—倒角—烘干

图3-4
日本东京都丸之内 Oazo 北翼;黑色花岗石;建筑师：Mitsubish Jisho Sekkei 公司，日本建设公司，山下设计有限公司；完成时间：2004 年

防护—包装。石材可以加工成光面板、亚光板、机刨石、自然面板、荔枝面板、火烧板、蘑菇板等。

（1）光面板：是经过磨光处理的石板材，表面光亮，质感丰富，更能显出石材的潜在美。但是如果被用在室外的地面铺装中，特别是在下雨天，行人走在上面总免不了有如履薄冰的感觉。通常可用作墙景、水景的装饰应用。

（2）火烧板、荔枝面板：板材经过火烧或者粗凿处理后，它的面板就变得有点不平，污染物容易粘到面板上，难以清洗，可以看到一些室外石材地面变得灰暗，很难辨析原色，更谈不上美感了。但是这类板材表面防滑性较好，因而在室外也常使用。

（3）亚光板：是石材在抛光时，控制好石材的光亮度，使得石材达到表面平而不滑的效果，但石材的潜在美（其纹路、晶粒体及色彩）基本上可以表露出来，而且它易于清洗，也更加耐磨耐擦，防滑性也较好，因而这类石材在室外装饰中是较合适的。

（4）自然面板：石材从天然石材中开采出来，在没有经过处理前表面呈现出的是一种很自然的凹凸不平的效果，起伏的高度相差有 3 ~ 6cm。不宜作为地面铺设，可作花槽、步级等的应用。

3. 石材的防护

天然石材常见"病症"有：吐黄、锈斑、水斑、白华病及污染斑等现象。在近期石材养护实践中出现了一些新的问题，形成了一些新的观点，总结如下：

（1）石材养护一定要因材制宜，要因材施工。

（2）不可随意上蜡或接触非中性物品，蜡基本上都含酸碱物质，不但会堵塞石材毛细孔，还会沾上污尘形成蜡垢，造成石材家具表面产生黄化现象。

（3）环境湿度太大，石材会产生水斑、白化、风化、剥蚀、锈黄等病变。

（4）天然石材地坪铺装无须选用光面石材，采用毛面找平翻新后，再进行人工养护。这样可以大大降低成本。这种方法在国外早已用于工程实践。这种方法一般只适合于色差较小、没有纹理的花岗岩类石材，对于很多带有纹理的大理石，还是应该用传统方法来做，排好图案，然后再进行施工。

3.1.3 金属材料

铸铁最早出现于公元前 550 年的中国，从中世纪直到 19 世纪末，多数欧洲国家采用加泰罗尼亚"法格"锻造法，用木炭炼取铁沙石中的软钢。但是在 18 世纪，木炭逐渐变得稀缺并因此价格上涨，焦炭逐渐取代木炭。时至今日，焦炭仍然应用于冶炼高炉。到了 18 世纪末至 19 世纪初，铁作为结构部件开始被广泛应用。1776 ～ 1779 年间，英国建成了世界上首座铸铁桥梁。19 世纪铸铁被应用到某些有重要意义的建筑中，其中包括 1851 年伦敦世博会约瑟夫·帕格斯通为其设计建造的水晶宫，以及 1889 年为法国巴黎世博会设计建造的埃菲尔铁塔。

金属的使用已经有几千年的历史，在现代材料技术中它仍然扮演着重要的角色。尽管金属的强度、韧性、弹性和均质性都非常优良，但它们也有一些生态型缺点。开采和加工金属都需要消耗大量能源，污染环境。而塑料、陶瓷和木材加工领域的进展提供了替代性选项。研究金属材料的未来发展是迫切需要的。目前，金属材料研究的重点在于提高金属的强度、韧度和导电性。

1. 金属的分类与识别

所有金属均以某种"矿石"形式埋藏在地下，被加工后用于专门用途。在自然界中已发现的元素中，凡具有良好的导电、导热和可铸性能的元素称为金属，如铁、锰、铝、铜、铬、镍、钨等。纯金属是比较软而强度又不高的材料，不能满足实际工程的需要，通常需要加入一种或多种其他元素形成合金，以提高强度或改变性能。钢是铁和碳所组成的合金，黄铜是铜和锌所组成的合金。

金属材料分为黑色金属及其合金、有色金属及其合金、非晶、微晶金属材料、低维金属材料、特种功能金属材料。

金属材料是现代设计中所用的主要材料之一，可作为结构材料、连接材料、维护材料和饰面材料使用。它具有较高的抗拉、抗压强度，具有强度高、密度大、易于加工、导热和导电性良好等特点，可通过冷加工或热处理方法大幅度控制产品的性能，可制成各种铸件、板材、型材或线材，可焊接、螺栓连接和铆接，便于装配和机械化施工。普通金属尤其是钢铁的缺点是易锈蚀、维护费用高、耐火性差、生产能耗大。当暴露在室外时，大多数天然金属都需特殊保护以防损耗。

不同的金属有不同的属性和用途。铁硬而脆，必须浇铸成型。钢较坚硬，在受热时富有韧性，可以被做成结构需要的形式。铝较轻，通常被用作框架、幕墙、窗框、门、防雨板和五金件等。铜合金是良好的导电体，最常用于屋面、防雨板、五金件和管道用具，当外露在空气里，铜会氧化，并会生成一层"铜绿"，从而阻止进一步锈蚀。黄铜和青铜则是更优良的可塑性合金，常被用作装饰五金件。

2. 金属材料的特性

金属材料具有良好的导电性、导热性，具有良好的强度、承受塑性形变的能力，它具有良好的光反射和光吸收能力。当光投射到金属材料的表面时，呈现出金属特有的材质美感。金属材料表面通过研磨、抛光或磨砂等加工后，呈亮面或雾面。亮面金属材料如镜面不锈钢、抛光铜等具有良好的光反射能力（图3-5）；雾面金属材料表面肌理细密、均匀，具有良好的光吸收能力，呈亚光，给人以柔和、素雅之感。它具有良好的加工性能，经过轧制、挤压、拉拔等加工方法制成的各种金属型材，可进行钻孔、切割、折边、打磨抛光；能够通过焊接与螺栓、凹凸槽接固定和弯曲成型等施工手段，制成各种预制配件、结构支架和其他的造型；能够通过雕刻、研磨等机械加工手段和化学染色、镀层、蚀刻，使金属表面呈现出各种肌理、光泽和装饰花纹。

图3-5
法国南市贝济耶；无限的印象

3. 金属材料的加工与表面装饰

在环境设计中，为了使金属材料的特性得到充分的表现，不仅要熟悉和掌握金属材料的基本性能与用途，还应了解金属材料的加工方法及表面装饰工艺（表3-15）。

金属材料的加工方法及表面装饰工艺　　　　　　　　　　　　表3-15

步骤	工艺	内容
第一步：金属材料成型加工	铸造	熔炼金属、制造铸型并将熔化金属流入铸型凝固后获得一定形状和性能的铸件成型方法（图3-6）
	压力加工	材料经轧制、挤压、拉拔等压力加工方法，产生塑性形变，从而获得具有一定形状、尺寸和机械性能的原材料、毛坯或成品
	锻打	利用金属材料的延展性，通过外力的作用将金属线材锻制成立体的造型构件
第二步：金属型材后期加工		金属材料的后期加工是指在实际的使用中，对已成型的金属材料如板材、线材及不同截面的型材进行加工，如焊接、机械加工或通过镀塑、镀锌、涂装等进行表面处理
	焊接加工	不同性能的金属材料进行结构连接和装饰造型时，需要运用不同的焊接工艺技术和方法。如扁钢、槽钢、等边角钢、不等边角钢、工字钢焊接时，通常采用电焊或氧焊；而不锈钢板材或管材进行连接时，则采用氩弧焊
	机械加工	是通过操作机床或机械工具对板材、线材及不同截面型材进行加工。其主要方法有车、钻、折边、磨边、弯曲、切割等
第三步：金属材料表面装饰		金属材料的表面通过多种加工技术和工艺方法（电镀、化学镀、喷漆、烤漆、喷塑、抛光、砂光、蚀刻、钻孔），提高金属材料的质量，丰富材料的视觉美感
	镀层装饰	在材料表面上采用电镀、化学镀、真空蒸发沉积镀等方法，使金属表面形成其他材料的被覆装饰层。不仅能提高材料表面色彩、光泽和肌理效果，而且能够增强材料的耐蚀性和耐磨性
	涂层装饰	涂料附着在被覆金属的表面，形成坚韧的保护膜，以达到既美观又能防止金属材料表面腐蚀，以及隔热、隔声、绝缘、耐火、耐辐射、杀菌、导电等特殊功能。如增塑溶胶是一种乙烯基表面，有时会用于金属室外家具。在整个生命周期里都会带来健康危害
	研磨	利用坚硬微细的研磨料在金属表面上进行的机械工艺加工
	蚀刻	利用化学药品的作用，根据加工金属材料表面的特定图案造型侵蚀溶解而形成凹凸不平的特殊效果。表面蚀刻适用于不锈钢和铝，以创造一种"原始的"感觉，并作为粉末涂层的不完全处理。侵蚀过程中使用的溶媒是有危害的，如果在整个过程中操作或者处理不当，就有可能带来危害

4. 金属材料的连接方式（表3-16）

金属材料的连接方式（图3-7）　　　　　　　　　　　　　　　表3-16

相接材料种类	连接方法	特点
同种金属材料	焊接	不可拆卸、稳固性强
	压凹凸槽接	安装便捷、可拆卸
	高压或热压可弯曲一体成型接	不可拆卸、稳固性强
同种或不同种金属材料	铆钉连接	分单、双面铆，拆卸难
同种或不同种金属材料，金属与非金属材料	螺栓（平头、圆头、沉头）连接	可调性强，可拆卸，用于装配式装置或构件连接
	用强力胶粘结	不可拆卸、稳固性强，粘结前要除去锈、尘粒、水汽

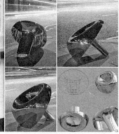

图 3-6（左）
Brodie Neill 回声椅；镀镍铝材；委托方：宫殿画廊；完成时间：2009 年

图 3-7（右）
塔拉纳基码头，惠灵顿，新西兰；客户：Wellington Waterfront Ltd.；竣工时间：2000 年

5. 新型金属材料处理技术

A. 平滑坚硬起伏的金属表面

XURF 系统的灵感来自生物细胞膜，旨在创造使任何平面材料延展成有着绵延形变的三维起伏表面，可以塑形制造成具有各种复合弧线的产品表面。

B. 折叠金属表面

AlgoRhythm 是由规则系统的计算方式结合数码制造的低成本方法产生的批量定制的产品表面。弯曲表面的三维感及其力量感从平板中呼之欲出。这种样式多样又独特的外形具有不变形的特性，即使金属板弯曲成三维形状，仍然保持金属板的完整性。由下而上蜿蜒伸展，这样可以保证同一主题的无限变化。

C. 网形金属包层

Eyetech 产品的制造流程可生产一种三维的铝网，具有双重特性，从一个方向上看去，它是不透明的，从另一个方向上看去，它又是透明的。在炎热的国家，它越来越多地被视为一种低能源需求的遮阳解决方案。尽管外表硬朗，根据周围光线和色彩的不同，Eyetech 会像变色龙一样不断地变化着自己的外观。它也可以被叠加来产生莫尔图案效果，激发人们视觉上的兴趣。把两层尺寸略有不同的网格叠加在一起就会产生这种效应。

D. 金属丝网外立面

产品将美观的外形与高技术特性结合起来。结合不锈钢编织丝网与最先进的 LED 技术可以产生各色独立的可编程照明效果，这包括在新建或现有的外立面上作视频演示。把 LED 型材附着在丝网背面，即使在 LED 不使用时丝网也能保持其同质性和透明的外观。它们有多种不同的图案，每种图案中在强度、透明度、金属密度、表面处理和光学效应上又各有不同。

3.1.3.1 钢材

钢材是含碳量小于 2% 的铁碳合金。建筑钢材主要指用于钢结构中的各种型材（如角钢、槽钢、工字钢、圆钢等）、钢板、钢管和用于钢筋混凝土结构中的各种钢筋、钢丝等。钢材的这些特性决定了它是经济建设部门所需要的重要材料之一，在传统意义上，钢材、水泥和木材，被称为三大材料。建筑上由各种型钢组成的钢结构安全性大，自重较轻，适用于大跨度和高层结构。

1. 钢材的分类与识别（表 3-17）

常用钢材种类　　　　　　　　　　　　　　　　　　　　　　　　表3-17

钢材种类	特征
不锈钢材	添加铬和镍的钢材，具有良好的抗腐蚀性、耐久性，而且具有真正的金属美感，但是造价高，会产生眩光，且坐下的时候可能会感觉到热或凉。不锈钢并非绝对不生锈，保养工作也十分重要。不锈钢饰面处理：光面板、雾面板、丝面板、腐蚀雕刻板、凹凸板、半珠形板
压型钢板	使用冷轧板、镀锌板、彩色涂层板等不同类别的薄钢板，经滚压、冷弯而成，其截面呈 V 形、U 形、梯形或类似这几种形状的波形，称之为压型钢板。压型钢板具有质量轻、板厚 0.5 ~ 1.2mm、波纹平直坚挺、色彩鲜艳丰富、造型美观大方、耐久性强、抗震性高、加工简单、施工方便等特点
塑料复合钢板	塑料复合板是在钢板上覆以 0.2 ~ 0.4mm 厚的半硬质聚氯乙烯塑料薄膜而成。它具有绝缘性好、耐磨损、耐冲击、耐潮湿、良好的延展性及加工性，可弯曲 180°。塑料层不脱离钢板，既改变了普通钢板的乌黑面貌，又可在其上绘制图案和艺术条纹，如布纹、木纹、皮革纹、大理石纹等
彩色有机涂层钢板	是以冷轧钢板或镀锌钢板的卷材为基板，经过刷磨、涂油、磷化、钝化等表面处理形成的。彩色涂层钢板具有优异的装饰性，涂层附着力强，可长期保持新颖的色泽。板材加工性能好，可以进行切断、弯曲、钻孔、铆接、卷边等，具有质轻、强度高、采光面积大、防尘、隔声、保温、密封性能好、耐候性好、造型美观、色彩绚丽、耐腐蚀等特点
铸铁	是铝合金，它被倒入型砂模，而后又被加工成需要的形状。铸铁和锻铁构成了装饰性要素

2. 钢材的基本特性

由于钢材的高强度、耐久性、广泛性、容易加工性和经济性，它成为城市公共空间公共家具中最经常使用的材料之一，可塑性极强。它可以做成钢板、钢盘、钢管、钢梁、角钢等（图 3-8）。由于钢材易生锈的特性，城市公共空间公共家具在钢材设计方面同时必须考虑饰面材料，表面材料一定要足够坚固，以承受磨损、撕裂和偶尔的撞击。

图 3-8
钢材用于支撑结构

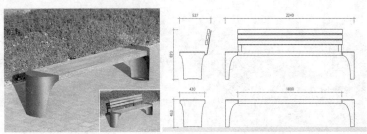

不同的设计结构对钢材的要求也不相同，具体选用时要根据设计要求对钢材的强度、塑性、韧性、耐疲劳性能、焊接性能、耐锈性能等进行全面考虑。钢材的优点主要如下：

（1）强度高，表现为抗拉、抗压、抗弯和抗剪强度都很高。可用作各种构件和零部件。在钢筋混凝土中，能弥补混凝土抗拉、抗弯、抗剪和抗裂性能较低的缺点。

（2）可塑性好，在常温下钢材能承受较大的塑性变形。钢材能承受冷弯、冷拉、冷拔、冷轧、冷冲压等各种冷加工。冷加工能改变钢材的断面尺寸和形状，并改变钢材的性能。

（3）韧性高，可以焊接或铆接，便于装配；能进行切割、热轧和锻造；通过热处理方法，可在相当程度上改变或控制钢材的性能。

3. 钢材的加工工艺

在冶炼、铸锭过程中，钢材中往往会容易出现结构不均匀、气泡等缺陷，因此在工业上使用的钢材必须经过压力加工，以克服其材料的缺憾。压力加工可分为热加工和冷加工。

（1）热加工

热加工是将钢锭加热至一定温度，使钢锭呈塑性状态进行的压力加工。热加工的方法有：退火、正火、淬火和回火。一般使用的钢材只在生产厂进行热加工处理，并以热处理状态供应。有时在施工现场需要对焊接钢材进行热处理。

（2）冷加工

钢筋常利用冷加工、时效作用来提高其强度，增加钢筋的品种规格，节约钢材。

A. 冷加工

冷加工是钢材在常温下进行的加工，建筑钢材常见的冷加工方式有：冷拉、冷拔、冷轧、冷扭、刻痕等。钢材在常温下超过弹性范围后，产生塑性变形强度和硬度提高、塑性和韧性下降的现象称为冷加工强化。在一定范围内，冷加工的变形程度越大，屈服强度提高越多，韧性和塑性降低得越多（图3-9）。

B. 时效处理

将经过冷拉的钢筋于常温下存放15 ~ 20天，或加热到100 ~ 200℃并保持2h左右，这个过程称为时效处理。前者称为自然时效，后者称为人工时效。钢筋冷拉以后再经过时效处理，其屈服点、抗拉强度及硬度进一步提高，塑性及韧性继续降低。一般强度较低的钢材采用自然时

图3-9
肌肉；法国圣艾蒂安；完成时间：2008年；主要材料：钢，镀锌的环氧涂层

产品与居住·公共家具与空间

效，而强度较高的钢材采用人工时效。因时效而导致钢材性能改变的程度称为时效敏感性。时效敏感性大的钢材，经时效后，其韧性、塑性改变较大。因此，对重要结构应选用时效敏感性较小的钢材。

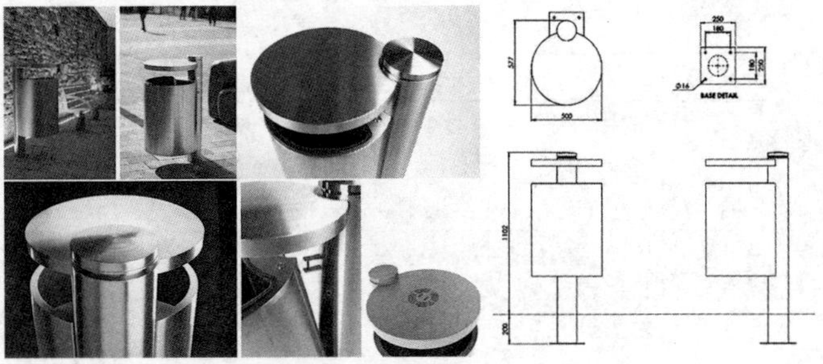

图 3-10
Geo 废物箱

4. 钢材的防护

钢材表面与周围环境接触，在一定条件下，可发生相互作用而使钢材表面腐蚀。腐蚀不仅造成钢材的受力截面减小，表面不平导致应力集中，降低了钢材的承载能力；还会使疲劳强度大为降低，尤其是显著降低钢材的冲击韧性，使钢材脆断。钢材锈蚀时，伴随体积增大，最严重的可达原体积的 6 倍，在钢筋混凝土中会使周围的混凝土胀裂。防止钢材腐蚀的主要方法有三种：

（1）保护膜法。利用保护膜使钢材与周围介质隔离，从而避免或减缓外界腐蚀性介质对钢材的破坏作用。例如，在钢材的表面喷刷涂料、搪瓷、塑料等；或以金属镀层作为保护膜，如锌、锡、铬等。

（2）电化学保护法。无电流保护法是在钢结构上接一块更为活泼的金属如锌、镁，牺牲阳极，而钢铁结构得到保护。常用于那些不容易或不能覆盖保护层的地方。

（3）合金化。在碳素钢中加入能提高抗腐蚀能力的合金元素，如镍、铬、钛、铜等，制成不同的合金钢（图 3-10）。

钢结构防火保护的基本原理是采用绝热或吸热材料，阻隔火焰和热量，推迟钢结构的升温速度。防火方法以包覆法为主，即以防火涂料、不燃性板材或混凝土和砂浆将钢构件包裹起来。

3.1.3.2 铝材

铝是近年来发展起来的一种轻金属材料。铝的资源丰富，可与铁矿相匹敌。铝及其合金具有一系列优越性能，是一种颇有发展前途的材料。

铝属于有色金属中的轻金属，银白色，相对密度为 2.7，熔点为 660℃，导电性能良好，强度低、塑性好，便于铸造加工，可染色。铝的化学性质很活泼，在空气中易和空气反应，在其表面生成一层氧化铝薄膜，可阻止其继续被腐蚀，因而耐腐蚀性强。极有韧性、无磁性、有良好的传导性，对热和光反射良好，并且有防氧化作用。铝的缺点是弹性模量低、热膨胀系数大、不易焊接、价格较高。

1. 铝材的分类与识别

纯铝强度较低，为提高其实用价值，一般加入镁、铜、锰、锌、硅等元素组成铝合金，使其化学性质发生变化，机械性能明显提高。

种类	特征
防锈铝合金	常用阳极氧化法对铝材进行表面处理，增加氧化膜厚度，以提高铝材表面硬度、耐磨性和耐腐蚀性。该合金塑性好、耐腐蚀、焊接性优异。加锰后有一定的固溶强化作用，但高温强度较低
硬铝合金	硬铝和超硬铝合金的铜、镁、锰等合金元素含量较高，使铝合金的强度较高，延展性和加工性能良好
铝镁合金	该合金的性能特点是抗蚀性好，疲劳强度高，低温性能良好，即随温度降低，抗拉强度、屈服强度、伸长率均有所提高，冷处理硬化后具有较高强度。常将其制作成各种波形的板材，它具有质轻、耐腐、美观、耐久等特点
铝装饰板	是新型、高档内外墙装饰材料，还包括单层彩色铝板、铝塑复合板、铝蜂窝板和铝保温复合板等
铝塑复合板	由上下两层为高强度铝合金板，中间层为低密度PVC泡沫板或聚乙烯PE芯板，经高温、高压而制成的一种新型装饰材料。铝塑复合板具有质轻、强度高、刚性好、耐酸碱、超强的耐候性能和耐紫外线性能，色泽漂亮持久，隔声和隔振性能好，抗冲击性好，隔热和阻燃效果好，火灾时无有毒烟雾产生。加工性能优良，易切割、易裁剪、易折边、易弯曲，安装方便

图3-11（上）

铝合金制品延展性好，硬度低，具有质量轻、易加工、强度高、刚度好的特点

图3-12（下）

铝合金制品

铝合金有防锈铝合金（LF）、硬铝合金（LY）、超硬铝合金（LC）、锻铝合金（LD）、铸铝合金（LZ）（表3-18）。

2. 铝材的基本特性

铝合金延展性好，硬度低，可锯可刨，具有质量轻、易加工、强度高、刚度好、耐久性长等优点，而且具有色彩、造型丰富的特点（图3-11）。

3. 铝材的加工工艺

铝合金材料可通过热轧、冷轧、冲压、挤压、弯曲、卷边等加工，制成不同尺寸、不同形状和截面的型材（图3-12）。铝合金型材在加工制作和施工过程中不能破坏其表面的氧化铝膜层；不能与水泥、石灰等碱性材料直接接触，避免受到腐蚀；不能与电位高的金属（如钢、铁）接触，否则在有水汽的条件下易产生电化腐蚀。

4. 铝材的防护

铝合金进行着色处理（氧化着色或电解着色），可获得不同的色彩，常见的有青铜、棕、金等色。还有化学涂膜法，用特殊的树脂涂料，在铝材的表面形成稳定、牢固的薄膜，作为着色和保护层。

3.1.3.3 铜材

考古学的研究表明，在铁器出现之前，人类历史相当漫长的一段时间里，铜及其合金曾是用量最多、用途最广、对人类社会发展所起作用最大的一种金属材料。商代及西周时期史称"青铜时代"，是我国历史上青铜冶铸技术的辉煌时期。劳动人民充分发挥自己的聪明才智，利用青铜的熔点低、硬度高、便于铸造的特性，制造出铜币、铜食器、铜酒器、铜床、铜兵器和铜饰品等，为我们留下了无数制作精良的艺术精品。

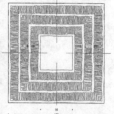

　　纯铜表面氧化成氧化铜薄膜后呈紫红色，故称紫铜，它具有很高的导电性、导热性、耐蚀性及良好的延展性、易加工性，可压延成薄片和线材。纯铜强度低，不宜直接用作结构材料，常用作配件。其种类分为纯铜、黄铜、青铜、白铜、红铜及铜与金的合金。铜材长时间暴露会产生绿锈，故应注意保养、定期擦拭，或可面覆保护膜，或做成可活动组合拆卸的，方便日后重新整修维护（图3-13）。

3.1.3.4 铁材

　　铁的使用在人类社会发展史上具有划时代的意义。由于铁的硬度和韧性较高，铁比铜的冶铸工艺和技术要求更高。在历史上，

其工艺技术体现形式是在武器的制造上，从最早的煅烧、反复地折叠和锤击、焊接，到表面蚀刻，都展示出铁器复杂而精美的工艺技术。铁作为材料可以生产出各种坚固的城市公共家具（图3-14）。

3.1.4 无机材料

　　无机材料分为：玻璃与非晶无机非金属材料、人工晶体材料、无机陶瓷材料、特种功能无机非金属材料。

3.1.4.1 玻璃

　　在古罗马时代，工匠就做出了平板玻璃。两千多年前，碎片有色玻璃被利用于嵌入厚重的石材或石膏之中，彩色玻璃也随之诞生。到19～20世纪，玻璃才开始作为工程材料发挥至关重要的作用。设计师在一些重要工程中开始使用大量玻璃。沃尔特·格罗皮乌斯（Walter Gropius，1883～1969年）在德国汉诺威建造的法古斯工厂，约瑟夫·帕克斯顿（Joseph Paxton，1803～1865年）设计的伦敦水晶宫等都是设计充分利用玻璃的优秀范例。至此，玻璃从仅承受自重、风压和温度应力荷载的传统认知向具有节能、安全、装饰、隔声等多种功能的方向发展，即玻璃的功能作用不单纯是采光、透光，而且向控制光线、调节热量、节约能量、阻隔噪声、低辐射、抗紫外线、挡尘粒、降低设计结构自重等多功能方向发展，并具有更优良的抗弯曲性能、抗冲击强度和表面抗菌自洁功能，从而达到安全和环保要求（图3-15）。

图3-13（上）
木头长椅；铜；日本西雅秋
图3-14（中）
Zenne-tree-grill；材料：铸铁
图3-15（下）
雨中消失的座椅；日本，东京，六本木丁目（榉树板街）吉冈德仁设计；委托方：森大厦株式会社；完成时间：2002年；主要材料：玻璃

1. 玻璃的分类与识别

石英砂、纯碱、重晶石、长石及石灰石等在高温下熔融、拉制或压制成型，经冷却处理后成固态的非晶态物质，即玻璃。在玻璃原料中加入辅助性材料或特殊的工艺处理后可得具有各种不同性能的玻璃，如经过热处理的强化玻璃，增强防火性能的嵌丝玻璃，用于减轻太阳辐射的吸热玻璃，可以减少热能损失的保温玻璃，用于装饰室内隔断的波纹玻璃以及用于金属反射面上的镜子玻璃等。在现代设计中通常也会用于建筑物的表面（图3-16）。

图 3-16
灯笼屋；挪威；玻璃、木材

玻璃可按照表3-19所示方式分类。

玻璃分类方法及种类 表3-19

分类方法	种类
按化学组成分类	钠玻璃、钾玻璃、铝镁玻璃、硼硅玻璃、石英玻璃、钠钙玻璃
按制品结构分类	平板玻璃、泡沫玻璃、夹层玻璃、夹丝玻璃、中空玻璃、异性玻璃、压花玻璃、玻璃砖、玻璃纤维、玻璃布
按制品功能分类	变色玻璃、太阳能玻璃、防弹玻璃、吸热玻璃、有色玻璃、热反射玻璃、电热玻璃、漫射玻璃、钢化玻璃
按生产工艺分类	浮法玻璃、对辊法玻璃、浇铸法玻璃、模压玻璃、电解浮法玻璃
按使用功能分类	节能玻璃：涂层型节能玻璃（热反射玻璃、低辐射玻璃）、结构型玻璃（真空玻璃、中空玻璃、多层玻璃）、吸热玻璃、太阳能玻璃
	安全玻璃：钢化玻璃、夹层玻璃、夹丝玻璃、贴膜玻璃
	装饰玻璃：深加工平板玻璃（磨砂玻璃、压花玻璃、雕花玻璃、镀膜玻璃、彩釉玻璃、泡沫玻璃、激光玻璃）、熔铸玻璃（玻璃马赛克、玻璃砖、微晶玻璃、槽形或U形玻璃）
	其他功能玻璃：隔声玻璃、屏蔽玻璃、电加热玻璃、液晶玻璃、光致变色玻璃等

2. 玻璃的基本特性（表3-20、表3-21）

3. 玻璃的加工工艺

普通平板玻璃经过表面加工后，通过后期加工如磨砂、喷砂、彩绘、刻花、压花、喷花、镀膜、丝网印刷等，可改善其外观和表面性质。但是，过多地使用玻璃会增加反光点，产生光污染，从而影响环境质量。玻璃的表面加工可分为冷加工、热加工和表面处理三大类。

（1）玻璃的冷加工：在常温下通过机械方法来改变玻璃制品的外形和表面形态的过程，称为冷加工。冷加工的基本方法有研磨抛光、切割、喷砂、钻孔和切削，这样可以使玻璃边缘的灯光照明突显切割玻璃的光辉和彩虹色，使毛面具有好的纹理和不同的粗糙度，从而获

常用玻璃特性   表3-20

玻璃类型	工艺与特性
镜面玻璃	是用普通平板玻璃经过机械磨光、抛光而成的透明玻璃。多采用单面或双面连续研磨与抛光，磨光的目的是为了消除由于表面不平而引起的波纹缺陷，使透过玻璃看的物像不变形，但其抗压强度也随之降低
磨砂玻璃	经研磨、喷砂或氢氟酸溶蚀等加工，使玻璃表面成为均匀粗糙的平板玻璃，又称毛玻璃。磨砂玻璃能够产生透光不透视的现象，使室内光线不眩目、不刺眼
浮法玻璃	熔融的玻璃液流入锡槽，在干净的锡液表面上自由摊平，成型后逐渐降温退火的平整玻璃。表面平整光洁，无玻筋波纹，光学性能优良
钢化玻璃	是将普通平板玻璃加热至软化点，然后急剧风冷所获得的一种玻璃。与普通玻璃相比，具有良好的机械性能和耐热抗震性能；钢化玻璃破碎后呈颗粒状，能够避免对人体造成伤害
夹丝玻璃	又称钢丝玻璃，将普通平板玻璃加热到红热软化状态，再将经热处理后的钢丝网或钢丝压入玻璃中间而成。与普通平板玻璃相比，夹丝玻璃耐冲击性和耐热性好，属安全玻璃类，尤其是具有一定的防火性能，故也称为防火玻璃
夹层玻璃	在两片或多片平板玻璃之间嵌夹透明塑料薄片，经过加热、加压、粘合而成的平面或曲面的复合玻璃制品，属于安全玻璃。夹层玻璃的种类有减薄夹层玻璃、遮阳夹层玻璃、电热夹层玻璃、防弹夹层玻璃、玻璃纤维增强玻璃、报警夹层玻璃、防紫外线夹层玻璃、隔声玻璃
吸热玻璃	是能吸收大量红外线辐射能量而又能保持良好可见光透过率的平板玻璃。起到隔热、调节空气和眩光的作用
防火玻璃	在规定的耐火试验中能够保持其完整性和隔热性的特种玻璃。分为防火夹层玻璃、薄涂层防火玻璃、防火夹丝玻璃几种
中空玻璃	用两张或三张中间夹有干燥空气层的玻璃制成，边部用有机密封剂密封起来。它具有良好的隔热、隔声性能，且不易出现露水冷凝现象
单向透视玻璃	是一种对可见光具有很高反射比的玻璃，单向透视玻璃与普通镜子相似，室外看不到室内的景物，但室内可以看清室外的景物。而当室外比室内昏暗时，室外可看到室内的景物，且室内也能看到室外的景物，其清晰程度取决于室外照度的强弱。单向透视玻璃主要适用于隐蔽性观察窗、孔等
玻璃锦砖	即玻璃马赛克。用于外饰面，与陶瓷锦砖在外形和使用方法上有相似之处，但它是乳胶状半透明玻璃质材料，背面略凹，四周侧边呈斜面，有利于与基面粘结牢固。其色彩丰富且价格低于陶瓷马赛克，且性能优良
彩色玻璃	可在玻璃原料中加入一定量的着色剂或在平板玻璃的表面施釉，也可原料中加入乳浊剂，经过热处理（不透明但透光），可形成透明、不透明和半透明三种彩色玻璃
压花玻璃	滚花玻璃，使用压延法即在玻璃硬化前经过刻有花纹的滚筒，使玻璃单面或两面压有花纹图案的平板玻璃。由于花纹凹凸不平，使光散射失去透明性，减低光透射比，具有良好的装饰效果

玻璃的基本特性   表3-21

基本性能	内容
物理性能	玻璃的相对密度与其化学组成有关，且随温度升高而有所减小，因而玻璃应是绝对密实的材料
化学性质	玻璃具有较高的化学稳定性，通常情况下，大多数玻璃材料能抗除氢氟酸以外的各种酸类物质的侵蚀，但玻璃耐碱腐蚀能力较差。但长期受到侵蚀性介质的腐蚀，也能导致变质和破坏
力学性质	玻璃的力学性质决定其化学组成、制品形状、表面形状和加工方法等 （1）抗压强度：实际抗压强度却很低 （2）抗拉强度：玻璃的抗拉强度很小，在冲击作用下易破碎，是典型的脆性材料 （3）弹性模量与硬度：玻璃的弹性模量为钢的1/3，与铝相接近。在常温下玻璃具有弹性，但脆而易碎。温度升高弹性模量较低，出现塑性变形。玻璃硬度较大
热学性质	玻璃的导热性很差，是铜的1/400，随着温度升高导热系数增大。热膨胀系数较小，所以玻璃抵抗温度急冷急热的性能差。导热系数大小还受玻璃颜色和化学组成影响
光学性能	具有优良的光学性质，既能通过光线，还能吸收和反射光线。透光率的高低与玻璃本身的质量、厚度、层数以及玻璃着色、表面加工处理等有关
电学性能	常温下玻璃是绝缘体，有些玻璃则是半导体材料。当温度升高时，导电性迅速提高，熔融状态时则变为良导体

图 3-17
国际花园节（2003 年）；
加拿大魁北克省；低反光
玻璃装置

得隐秘性或是装饰性（图 3-17）。

（2）玻璃的热加工：玻璃热加工的原理主要是利用玻璃黏度随温度改变的特性以及表面张力与导热系数的特点来进行，如熔融、弯曲玻璃等，通过把有色的玻璃片熔融或进行弯曲拉伸制得的玻璃具有非常丰富有趣的视觉效果。玻璃常常进行热加工处理的目的是为了改善其性能及外观质量。

（3）玻璃的表面处理：分三类，即化学刻蚀、化学抛光和表面着色。

A. 化学刻蚀：是用氢氟酸融掉玻璃表层的硅氧膜，根据残留盐类溶解度的不同得到有光泽的表面或无光泽的毛面的过程。

B. 化学抛光：原理与化学刻蚀一样，是利用氢氟酸破坏玻璃表面原有的硅氧膜而生成一层新的硅氧膜，提高玻璃的光洁度与透光率，化学抛光效率高于机械抛光，且节省动力。

C. 表面着色：在高温下用着色离子的金属、熔盐、盐类的糊膏或薄膜涂覆在玻璃表面上使其着色。广泛应用于加工制造热反射玻璃、护目玻璃、膜层导电玻璃、保温瓶胆、玻璃器具和装饰品等。

4. 玻璃的防护

凡含有未熔夹杂物、结石、节瘤或具有细微裂纹的制品，都会造成应力集中，从而降低玻璃的机械强度。玻璃表面承受荷载之后，表面可能发生极细微的裂纹，长时间后会导致制品破碎。因此，须定期用氢氟酸处理其表面，消灭细微裂纹，恢复其强度。

5. 新型玻璃材料

今天，设计中采用玻璃材料由此产生温度调节的难题普遍增多。这种问题产生的根本原因是设计师没有周全地考虑到过多的太阳照射或者玻璃材料绝缘性能差所造成的潜在劣根。眼下有许多新产品的出现正是针对这些材料本身的缺憾。如太阳能控制玻璃，技术上简单工艺的含百叶双层玻璃构件，或是更为复杂的电子控制透明度的电致变色玻璃。通过采用内含半透明绝缘材料，如玻璃纤维或气凝胶的双层玻璃单位，玻璃的绝缘特性可以得到改善。

随着科学技术的发展以及行业的进步，玻璃已由单一的采光功能向着功能性服务方向发展，如调节热量、节约能源、防火、防辐射、控制光线、减少噪声、防振、降低自重、改善环境以及增加美观等。

（1）装饰玻璃砖

又称特厚玻璃，分空心和实心两种，采用机械压制方法制成。装饰玻璃砖具有抗压强度高、采光性好、耐磨、耐热、隔声、隔热、防火及耐酸碱腐蚀等多种优良性能。

（2）节能玻璃

具体指一种在玻璃表面镀有复杂镀层的新型玻璃，它具有冬季蓄热、夏季隔热的特点，由此称为智能玻璃。还有一种节能玻璃，像家用电器那样自如任意开关。它采用光致变色材料，如氯化银，在冬天它可呈透明状，让阳光顺利透过。在夏天它变暗色，吸收阳光，减少射入量。

（3）分色色彩效应玻璃

这种玻璃颜色能够随光线的反射、观看的角度以及背景的不同而有所变化。通过在一系列基层玻璃上采用超薄金属氧化物涂层获得了斑斓多变的色彩效果。每个涂层的厚度小于100um，完成后的涂层非常坚硬，耐划痕和耐化学冲击。高折射率层和低折射率层的组合产生了可见的颜色变化。

（4）乳白玻璃

可以营造出类似于天窗、几乎没有阴影的散射照明效果。不同于单个聚光灯这种在传统照明中使用的顶棚照明。

（5）电致变色玻璃

当电源关闭时，液晶分子四散，从而使入射光散射，这时薄膜是不透明的。通电后液晶分子排成队，入射光线通过玻璃就由模糊白色的半透明休眠状态变成透明。

（6）LED 发光玻璃

将发光的玻璃构件编程，由一个中央控制单元对一片一片的玻璃或所有玻璃同时控制，使得整个区域互动的整体灯光设计成为可能。

3.1.4.2　陶瓷材料

陶瓷，是陶器与瓷器的总称。它是以黏土为主要原料及各种天然矿物经过粉碎混炼、成型和煅烧制成的各式制品。不管是粗糙的土器或是精细的陶、瓷器都属于它的范围。

陶器通常有一定的吸水率，断面粗糙无光，不透明，敲之声音粗哑，有无釉和施釉之分。瓷器的胚体致密，吸水性较弱，有半透明性，通常都施有釉层。介于陶器和瓷器之间的一类产品，国外称为炻器，在中国古称"石胎瓷"。坯体致密，已完全烧结，与瓷器接近，但还没有玻化。炻器与陶器的区别在于陶器胚体是多孔的，而炻器胚体的孔隙率却很低，达到了烧结程度，吸水率常小于2%。炻器与瓷器的区别主要是炻器胚体多数带有颜色而且无半透明性。从陶器、炻器到瓷器，其原料从粗到精，烧成温度及烧成结果由低到高，胚体结构由多孔到致密。

制陶技艺的产生可追溯到公元前4500年至前2500年的时代。原始社会晚期出现的农业生产使人类祖先过上了比较固定的生活，客观上对器皿有了需求，逐渐通过烧制黏土烧制出了最原始的陶器。陶器的发明是原始社会新石器时代的一个重要标志。彩陶则是新石器时代仰韶文化的代表，因此仰韶文化也称为彩陶文化。到了商周时期，已经出现了专门从事陶器生产的工种。战国时期，陶器上出现了各种讲究的纹饰与花鸟。此时的陶器也开始应用铅釉，使得表面更为光滑，并具有一定的色泽。世界第八大奇迹的秦始皇陵兵马俑就出土了数量巨大的陶车、陶马、陶俑。汉代开始使用黄、绿釉陶明器，为唐三彩的先河。

瓷器的发明是在陶器技术不断发展和提高的基础上产生的。早在欧洲掌握制瓷技术之前一千多年，中国已能制造出相当精美的瓷器。商代的白陶是原始瓷器出现的基础。在西周遗址中发现的"青釉器"已明显具有瓷器的基本特征。质地较陶器细腻坚硬，胎色灰白，被称为"原始瓷"或"原始青瓷"。东汉以后，中国的制瓷技术迅速发展，从出土的文物数量上来看多为青瓷，它加工精细、胎质坚硬，施有一层青色玻璃质釉。如此高标准的制瓷技术标志着中国瓷器生产已进入一个新纪元。魏晋南北朝使其迅速兴起的佛教艺术对陶瓷也产生了相应的影响，器物造型上有明显痕迹。宋代瓷器在胎质、釉料和制作技术等方面，有了新的提高，烧瓷技术到达成熟期。在工艺技术上，有了明确的分工，是我国瓷器发展的一个重要阶段。宋代五大名窑（汝、官、哥、钧、定）都有它们自己独特的风格。元代以后，"瓷都"江西景德镇制瓷业迅速繁华起来。

1. 陶瓷材料的分类与识别

陶瓷制品的品种繁多，它们之间的化学成分、矿物组成、物理性质以及制造方法等常常相互接近，无明显的界限，而在应用上却有很大的不同。陶与瓷的区别在于原料土的不同和温度的不同。在制陶的温度基础上再添火加温，陶就变成了瓷。陶器的烧制温度在800 ~ 1000℃，瓷器则是用高岭土在1300 ~ 1400℃的温度下烧制而成。瓷器是陶瓷器发展的更高阶段。

按用途的不同分类：

A. 日用陶瓷：如餐具、茶具、缸、坛、盆、罐、盘、碟、碗等。

B. 工艺陶瓷：如花瓶、雕塑品、园林陶瓷、器皿、陈设品等。

C. 工业陶瓷：指应用于各种工业的陶瓷制品。

a. 建筑陶瓷：如砖瓦、排水管、面砖、外墙砖、卫生洁具等；

b. 化工陶瓷：用于各种化学工业的耐酸容器、管道，塔、泵、阀以及搪砌反应锅的耐酸砖、灰等；

c. 电瓷：用于电力工业高低压输电线路上的绝缘子；

d. 特种陶瓷：用于各种现代工业和尖端科学技术的特种陶瓷制品，有高铝氧质瓷、镁石质瓷、钛镁石质瓷、锆英石质瓷、锂质瓷以及磁性瓷、金属陶瓷等；

e. 耐火材料：用于各种高温工业窑炉的耐火材料。

2. 陶瓷材料的基本特性

通常疏松多孔的陶瓷胚体表面粗糙，即使胚体烧结后孔隙率依然接近零，由于它的玻璃中含有晶体，所以胚体表面仍然粗糙无光，易于玷污和吸湿，影响美观、卫生、机械和电学性能。施釉的目的在于改善胚体的表面性能和提高力学强度。施釉后的制品表面平整、光滑、发亮、不吸湿、不透气，同时在釉下装饰中，釉层还具有保护画面、防止涂料中有毒元素溶出的作用。让釉着色、析晶、乳浊等，能增加制品的装饰性，掩盖胚体的不良颜色与缺憾。

瓷器的特征是坯体已完全烧结，完全玻化，胎体致密，胎薄处呈半透明，断面呈贝壳状。硬质瓷具有陶瓷材中最好的性能，可制高级日用器皿、电瓷、化学瓷等。

3. 陶瓷材料的加工工艺

陶瓷生产过程是一种流程式的生产过程，整个工艺较复杂，生产周期较长而且机械化、自动化程度较低，工序之间连续化程度较低。陶瓷生产过程中辅助材料和能源消耗过大。一般来说，陶瓷生产过程包括坯料制造、坯体成型、瓷器烧结等三个基本阶段。

（1）淘泥：把瓷土淘成可用的瓷泥，高岭土是烧制瓷器的最佳原料。

（2）摞泥：淘好的瓷泥并不能立即使用，要将其分割开来，摞成柱状，以便于储存和拉坯用。

（3）拉坯：将摞好的瓷泥放入大转盘内，通过旋转转盘，用手和拉坯工具，将瓷泥拉成瓷坯。

（4）印坯：根据要做的形状选取不同的印模将瓷坯印成各种不同的形状。

（5）修坯：刚印好的毛坯厚薄不均，通过修坯将印好的瓷坯修刮整齐和匀称。

（6）捺水：即用清水洗去坯上的尘土，为接下来的画坯、上釉等工序做好准备工作。

（7）画坯：画坯有好多种，有写意的，有贴好画纸勾画的。

（8）上釉：画好的瓷坯，粗糙呆板，上好釉后则全然不同，光滑而又明亮。不同的上釉手法，又有全然不同的效果。

（9）烧窑：瓷坯在窑内经受几天、千度高温的烧炼。

（10）成瓷：经过几天的烧炼，窑内的瓷坯已变成了件件精美的瓷器，从打开的窑门中迫不及待地脱颖而出。

（11）成瓷缺陷的修补：一件完美的瓷器有时烧出来会有一点瑕疵，用 JS916-2（劲素成）进行修补，可以让成瓷更完美。

4. 新型陶瓷材料

陶瓷的生产发展经历了由简单到复杂，由粗糙到精细，从无釉到施釉，从低温到高温的过程。随着科学技术的发展，陶瓷原料的由传统岩石、矿物、黏土等材料组成向新型陶瓷采用人工合成的高纯度无机化合物原料发生转变。人工合成的高纯度无机化合物原料制器具有一系列优越的物理、化学及生物性能，应用范围是传统陶瓷不可同步而语的。这类陶瓷为特种陶瓷或精细陶瓷。现代陶瓷除了保留传统工艺品、量器具的使用功能以外逐渐向工程材料领域发展，如陶瓷墙地砖、卫生陶瓷、琉璃制品等。陶瓷材料的墙地砖具有高强度、耐高温、抗老化、无有害物质、装饰效果好等特点。

新型陶瓷按其应用不同可分为工程结构陶瓷和功能陶瓷两类。

工程结构陶瓷：也称高温结构陶瓷，顾名思义主要在高温下使用。这类陶瓷以氧化铝为主要原料，具有在高温下强度高、硬度大、抗氧化、耐腐蚀、耐磨损、耐烧蚀等优点，可耐受 1980℃的高温，是空间技术、军事技术、原子能、工业及化工设备等领域中的重要材料。工程陶瓷有许多种类，但目前世界上研究最多的是氯化硅、碳化硅和增韧氧化物等三类材料。

功能陶瓷：利用陶瓷在声、光、电、磁、热等物理性能方面所具有的特殊功能来制造专业性能的陶瓷制品。如按陶瓷电学性质的差异可制作出导电陶瓷、半导体陶瓷、介电陶瓷、绝缘陶瓷等电子材料。利用陶瓷的光学性能可制作出固体激光材料、光导纤维、光储存材料及陶瓷传感器。此外，陶瓷还用作压电材料、磁性材料、基底材料等。

3.1.5　高分子材料

1855 年由英国人亚历山大·帕克斯（1813—1890）发明了历史上最古老的热可塑性树脂，名叫"赛璐珞"，以硝化纤维和樟脑等原料合成。1869 年 J·W·海厄特等的研究发现樟脑的酒精溶液可使硝酸纤维素容易加工，且性能柔韧。三年后的 1872 年在美国纽瓦克建赛璐珞（云石膜）工厂，这标志着塑料工业的开始。1907 年人工合成出高分子酚醛树脂，拉开了人类应用合成高分子材料的序幕。1915 年，为了摆脱对天然橡胶的依赖，德国用二甲基丁二烯制造合成橡胶，在世界范围内首先实现了合成橡胶的工业化生产。1929 年开始，美国科学家卡罗瑟斯研究了一系列的缩合反应，验证并发展了大分子理论，促成了尼龙 66 树脂的问世。随后，聚甲基丙烯酸甲酯、聚苯乙烯、聚氯

图 3-18
环保塑料的应用

乙烯、脲醛树脂、聚硫橡胶、氯丁橡胶等等各类合成高分子材料相继出现，迎来了现代高分子化学的繁荣发展。近年来，合成高分子化学有向结构更为精细、性能更为高级的趋势发展。

高分子材料分为塑料、橡胶和纤维、功能高分子材料、高性能高分子材料、高分子液晶材料等。高分子材料在工程中作主要使用的包括建筑塑料、橡胶、纤维、薄膜、涂料、胶粘剂、防水密封材料等，作为辅助添加剂的包括各种减水剂、增稠剂及聚合物改性砂浆中添加的高分子副业或可再分散聚合物胶粉等。其中，塑料、合成橡胶和合成纤维被称为现代三大高分子材料。它们具有密度低、质地轻巧、易加工成型、耐水、耐候、耐化学腐蚀、原料丰富、性能良好、用途广泛等特性，其发展速度大大超过钢铁、水泥和木材三大传统基本材料。

3.1.5.1 塑料

所谓塑料，它其实是以合成树脂或天然树脂为基础原料，加入各种塑料助剂、增强材料和填料，在一定温度、压力下，加工塑制成型或交联固化成型，得到的固体材料或制品。塑料已经成为我们日常生活中随处可见并不可被忽视的工程材料。相比玻璃，塑料更易塑形，颜色和形状更具多样性，重量较轻，生产成本更为低廉。随着塑料制品的品种逐步系列化、配套化和标准化，环保节能的要求和推广应用的力度也相应加大（图 3-18）。

1. 塑料的分类与识别（表 3-22）

常用塑料种类　　　　　　　　　　　　　　　　　表3-22

塑料种类	特性
热塑性塑料	
聚乙烯	柔软性好，耐低温性好，耐化学腐蚀和介电性能优良，成型工艺好，但刚性差，耐热性差（使用温度小于50℃），耐老化差。主要用于防水材料，给水排水管和绝缘材料等
聚氯乙烯	成本低廉，力学性能较好，耐化学腐蚀性和电绝缘性优良，产品具有自阻燃的特性，但耐热性较差，高温时易发生降解。在建筑领域里用途广泛，尤其是管材、塑钢门窗、板材、人造皮革等用途最为广泛
聚丙烯	耐腐蚀性能优良，力学性能和刚性超过聚乙烯，耐疲劳和耐应力开裂性好，但收缩较大，低温脆性大。主要用在拉丝、纤维、注射、BOPP膜等领域，管材、卫生洁具、模板等（图 3-19）
聚苯乙烯	树脂透明，有一定的机械强度，电绝缘性好，耐辐射，成型工艺好，但脆性大，耐冲击和耐热性差。在有透明需求的情况下，用途广泛，如汽车灯罩、日用透明件、透明杯、罐等或以泡沫塑料形式作为隔热材料

塑料种类	特性
	热固性塑料
酚醛塑料	电绝缘性能和力学性能良好,耐水性、耐酸性和耐腐蚀性能优良,酚醛塑料坚固耐用,尺寸稳定,不易变形。主要用于生产各种层压板、玻璃钢制品、涂料和胶粘剂等
不饱和聚酯树脂	可在低压下固化成型,用玻璃纤维增强后具有优良的力学性能,良好的耐化学腐蚀性和电绝缘性能,但固化收缩率较大。主要适用于玻璃钢、涂料和聚酯装饰板等
环氧树脂塑料	具有优良的粘结性、电绝缘性、耐热性,力学性能和化学稳定性较好,机械强度高,收缩率和吸水率小,固化收缩率低。可在室温、接触压力下固化成型。主要用于生产玻璃钢、胶粘剂和涂料等产品
聚氨酯塑料	强度高,耐化学腐蚀性优良,耐热、耐油、耐溶剂性好,粘结性和弹性优良。主要作为隔热材料及优质涂料、胶粘剂、防水涂料和弹性嵌缝涂料等
氨基塑料	有脲甲醛、三聚氰胺甲醛、尿素三聚氰胺甲醛等,质地坚硬,耐摩擦,耐弱酸碱,电绝缘性好,无色无味、无毒,着色力好,不易燃烧,耐热性差,耐水性差,不利于复杂造型。加入色料可制成彩色鲜艳的制品,俗称电玉
有机硅塑料	耐高温、耐腐蚀、电绝缘性好、耐水、耐光、耐热,固化后的强度不高。主要用于防水材料、胶粘剂、电工器材、涂料等

图 3-19
冰树林;灯饰;聚丙烯塑料;设计者:Diogo Aguiar,Teresa Otto;设计公司:LIKEarchitects

（1）按使用性能和用途分

A. 通用塑料：产量大、用途广、成型性好、价格便宜的塑料。通用塑料有五大品种，即聚乙烯（PE）、聚丙烯（PP）、聚氯乙烯（PVC）、聚苯乙烯（PS）及丙烯腈—丁二烯—苯乙烯共聚合物（ABS）。

B. 工程塑料：能承受一定外力作用，具有良好的机械性能和耐高、低温性能，尺寸稳定性较好，可以用作工程结构的塑料，如聚酰胺、聚砜等。

C. 特种塑料：指具有特种功能，可用于航空、航天等特殊应用领域的塑料。如氟塑料和有机硅具有突出的耐高温、自润滑等特殊功用，增强塑料和泡沫塑料具有高强度、高缓冲性等特殊性能，这些塑料都属于特种塑料的范畴。

（2）按热性能分

塑料按热性能分可分为两大类：热塑性塑料和热固性塑料。热塑性塑料当加热时变成液体，可以被塑型或铸塑，经冷却变得坚硬和透明，即可运用加热及冷却，使其产生可逆变化（液态⟷固态）。而热固性塑料通过一次加热、化学反应或辐射而形成固化效果，其结果不可逆转。

A. 热塑性塑料

热塑性塑料可溶于一定的溶剂，具有可熔可溶的性质。热塑性塑料易于成型加工，但耐热性较低，易于蠕变，其蠕变程度随承受负荷、环境温度、溶剂、湿度而变化。通用的热塑性塑料其连续的使用温度在100℃以下，具有优良的电绝缘性。特别是称为四大通用塑料的聚乙烯、聚氯乙烯、聚丙烯、聚苯乙烯，具有极低的介电常数和介质损耗，宜于作高频和高电压绝缘材料。

B. 热固性塑料

热固性塑料具有耐热性高、受热不易变形等优点，其缺点是机械强度不高，但可通过添加各种填料和添加剂，制成层压或模压材料来弥补其弱势。需要高绝缘性能的品种，可采用云母或玻璃纤维为填料；需要耐热性能的可采用石棉或其他耐热填料；要求抗震的，可采用各种适当的纤维或橡胶为填料及一些增韧剂以制成高韧性材料。热固性塑料有酚醛、不饱和聚酯、环氧、氨基、聚硅醚等，还有较新的聚苯二甲酸二丙烯酯塑料等。以酚醛树脂为主要原料制成的热固性塑料，如酚醛模压塑料（俗称电木），具有坚固耐用、尺寸稳定、耐除强碱外的其他化学物质作用等特点。

2. 塑料的基本特性

塑料的弹性模量介于橡胶和纤维之间，受力会发生形变。软塑料接近橡胶，硬塑料接近纤维。塑料的基本性能由树脂的本性决定，添加剂起着重要辅助作用。有些塑料如有机玻璃、聚苯乙烯等基本上是由合成树脂所组成，不含或少量含添加剂。优点如下：

（1）多数塑料密度低、质轻、化学性稳定、比强度高。可作木材、水泥、砖瓦等替代材料。

（2）具有较好的透明性、耐磨耗性，耐冲击性好。

（3）成型性、着色性好，加工成本低，采用不同的原料和加工方法进行制作，从而制得坚韧、刚硬、柔软、轻盈、透明的各类制品。

（4）电绝缘性与隔热性好，用于制造电子元器件，可与陶瓷、橡胶相比。

缺点如下：

（1）塑料是由石油炼制的产品制成的，石油资源是有限的。

（2）回收利用废弃塑料时，分类十分困难，而且经济上不合算。

（3）塑料容易燃烧，燃烧时产生有毒气体。例如，聚苯乙烯燃烧时产生甲苯，这种物质少量会导致失明，吸入有呕吐等症状，PVC燃烧也会产生氯化氢等有毒气体，除了燃烧，就是高温环境，会导致塑料分解出有毒成分，例如苯环等。

（4）大部分塑料耐热性差，热膨胀率大，易燃烧，耐低温性差，低温下变脆，容易老化。

（5）尺寸稳定性差，容易变形。

（6）某些塑料易溶于溶剂。

3. 塑料的加工工艺

塑料的成型加工是指由合成树脂制造厂制造的聚合物制成最终塑料制品的过程。加工方法包括压塑、挤塑、注塑、吹塑、压延等，可制得管、棒、板、中空制品、薄膜、异形材等（表3-23）。

加工方法　　　　　　　　　　　　　　表3-23

方法	内容
压塑	也称模压成型或压制成型，压塑主要用于酚醛树脂、脲醛树脂、不饱和聚酯树脂等热固性塑料的成型
挤塑	又称挤出成型，是使用挤塑机将加热的树脂连续通过模具，挤出所需形状的制品的方法。挤塑有时也用于热固性塑料的成型，并可用于泡沫塑料的成型。挤塑的优点是可挤出各种形状的制品，生产效率高，可自动化、连续化生产；缺点是热固性塑料不能广泛采用此法加工，制品尺寸容易产生偏差
注塑	又称注射成型，注塑是使用注塑机将热塑性塑料熔体在高压下注入到模具内经冷却、固化获得产品的方法。注塑也能用于热固性塑料及泡沫塑料的成型。注塑的优点是生产速度快、效率高，操作可自动化，能成型形状复杂的零件，特别适合大量生产。缺点是设备及模具成本高，注塑机清理较困难等（图3-20）
吹塑	又称中空吹塑或中空成型。吹塑是借助压缩空气的压力使闭合在模具中的热的树脂型坯吹胀为空心制品的一种方法，吹塑包括吹塑薄膜及吹塑中空制品两种方法。用吹塑法可生产薄膜制品、各种容器及儿童玩具等（图3-21）
压延	是将树脂和各种添加剂经预期处理后通过压延机的两个或多个转向相反的压延辊的间隙加工成薄膜或片材，随后从压延机辊筒上剥离下来，再经冷却定型的一种成型方法。主要用于制造薄膜、片材、板材、人造革、地板砖等制品
浇铸	指能在无压或稍加压力的情况下，倾注于模具中能硬化成一定形状制品的液态树脂混合料，如MC尼龙等；反应注射塑料是用液态原材料，加压注入膜腔内，使其反应固化成一定形状制品的塑料，如聚氨酯等
层压	是指浸有树脂的纤维织物，经叠合、热压而结合成为整体的材料。连接：一般情况下塑料构件可以用螺栓、按钮连接，还可以用粘结的方式连接，热塑性材料可以采用热焊接

图 3-20（左）
注入聚氨酯泡沫的热成型
可丽耐
图 3-21（右）
吹塑制品

4. 塑料的防护

（1）聚氯乙烯公共家具制品易老化、脆裂，不适用于室外，只能放在室内使用。避免阳光直射，远离温度高的炉灶和散热器。有破裂可用电烙铁烫软后粘合，也可以用香蕉水和聚氯乙烯碎末溶解成的胶水粘合。

（2）聚丙烯公共家具制品耐光、油，对化学溶剂性能好，但硬度差，应防止碰撞和刀尖硬物划伤，如有开裂可用热熔法修补，无胶水可粘。

（3）玻璃钢材料公共家具的性能优良，适合室内外应用。它寿命长，坚固耐用，但不易修补，可用螺栓加垫片连接修整。应防止承载过荷和意外的压裂、划伤等。

（4）塑料贴面家具不要受阳光直射和承受局部垂压，也不要受热，防止贴面的结合部膨胀、脱胶。也要防止局部捶击，切割开裂。贴面家具的基体多为纤维板，极易受潮膨胀、分离，要特别注意防水、防潮。可以在基体即贴面的反面涂 1~2 层清漆防潮。如发现贴面与其基体脱开，应先将结合部位用香蕉水或二甲苯清洗，然后用万能胶粘贴复原，干胶后再在结合缝处用清漆封闭。

5. 新型塑料材料

塑料技术的发展日新月异，针对全新应用的新材料开发，针对已有材料市场的性能完善，以及针对特殊应用的性能提高可谓新材料开发与应用创新的几个重要方向。

（1）内饰的透明塑料元素

由透明塑料矩形的、有角度的和各种半径的半圆形元素组成，可以在内部空间用作区分间隔。砖是由一环组件连接在一起，通过透明的硅胶，把它们固定在一起。

（2）表面有织纹的丙烯酸或树脂板

可根据需求定制雕刻。当被照射时，在板材上雕刻的纹理在设计上会呈现新的深度，使各种曲线更加明显。重量只有玻璃等的一半，但比玻璃坚固 17 倍，比混凝土坚固 4 倍。

（3）冰纹理随机分布的亚克力板材

在没有冷冻的温度下，具有冰纹理的质地，其表面纹理视感、触感都很真实。在特殊的灯光下，表面的光折射可以产生显著的效果，可在设计中完美呈现。尤其适用于装饰镶板、隔断、水景、标牌、家具等。

（4）降低声音反射的网纹片

透明或半透明的印花有机玻璃板，由于其具有微穿孔，能减少反射声和建筑物之间的回声，具有高效能隔声效果，极易于安装。它可以使透明体和开放空间变成幻影从而满足设计声学上的要求。

（5）木塑复合装饰板

是由再生环保纸和塑料制成的一种新型复合材料，减少了填埋和垃圾焚烧。这使得它在紫外线照射引起的石墨化过程中，比其他以木材为原料的木塑复合材料来说有更好的天然抵抗力。定期用喷射软管和刷子进行清洗即可，在表面未处理过的板材在潮湿的环境中也具有较高的天然抵抗污渍、防霉变和防变形性质。板材的高摩擦表面和防滑性、舒适度及触感俱佳。

3.1.5.2　橡胶

橡胶制品指以天然及合成橡胶为原料生产以及利用废橡胶再生产的各类橡胶制品的活动。人类使用天然橡胶已经有好几个世纪的历史了。第一次世界大战期间，德国的海上运输被封锁，切断了天然橡胶的输入，首次研发合成橡胶，其思路源于人们对天然橡胶的剖析和仿制，少量生产以应战争急需。合成橡胶工业的诞生和发展取决于原料来源、单体制造技术的成熟程度，以及单体、催化剂和聚合方法的选择。由于当时合成和聚合技术的落后，人工合成橡胶的产品性能相比天然橡胶要差得多，故战后停止生产。第二次世界大战促进了多功能合成橡胶工业的飞跃发展。20世纪50年代初，齐格勒—纳塔催化剂的发明和单体制造技术的成熟，使合成橡胶工业进入合成立构规整橡胶的崭新阶段。20世纪60年代以后，合成橡胶的产量开始超过天然橡胶。

1. 橡胶的分类与识别

橡胶材料按照来源和用途分类有天然橡胶、合成橡胶。合成橡胶又分为通用合成橡胶和特种合成橡胶。天然橡胶的主要来源为三叶橡胶树，当这种橡胶树的表皮被割开时，就会流出乳白色的汁液，称为胶乳，胶乳经凝聚、洗涤、成型、干燥即得天然橡胶。天然橡胶具有很好的耐酸碱、耐磨性能，缺点是耐候性差、不耐油，在空气中易老化，遇热变黏，在矿物油或汽油中易膨胀和溶解。合成橡胶是由人工合成方法而制得的，采用不同的原料单体可以合成出不同种类的橡胶，部分或全部代替天然橡胶使用的胶种，如丁苯橡胶、顺丁橡胶、异戊橡胶等。通用橡胶的需求量大，是合成橡胶的主要品种。

（1）丁苯橡胶是产量最大的通用合成橡胶，相比较天然橡胶，品质均匀，异物少，耐磨性及耐老化性更为优化，但机械强度则较弱。可与天然橡胶掺合使用。缺点是不能使用强酸、臭氧、油类、油脂和脂肪及大部分的碳氢化合物。

（2）顺丁橡胶具有特别优异的耐寒性、耐磨性、弹性和耐老化性能，缺点是抗撕裂性能较差，抗湿滑性能不好。

（3）异戊橡胶与天然橡胶一样，具有良好的弹性和耐磨性，优良的耐热性和较好的化学稳定性。

（4）乙丙橡胶耐老化、电绝缘性能和耐臭氧性能突出，化学稳定性好，耐磨性、弹性、耐油性和丁苯橡胶接近，制品价格较低。

（5）氯丁橡胶耐热、耐光、耐老化性能优良，耐油性能优于天然橡胶，具有较强的耐燃性和优异的抗延燃性，化学稳定性较高。缺点是电绝缘性能、耐寒性能较差，生胶在贮存时不稳定。

2. 橡胶的特殊品种

特种型橡胶指具有某些特殊性能的橡胶。主要有：

（1）氯丁橡胶，简称 CR，具有良好的综合性能，耐油、耐燃、耐氧化和耐臭氧。但其密度较大，常温下易结晶变硬，贮存性不好，耐寒性差。

（2）丁腈橡胶，简称 NBR，耐油、耐老化性能好，叮在 120℃的空气中或在 150℃的油中长期使用。此外，还具有耐水性、气密性及优良的粘结性能。

（3）硅橡胶耐高低温，耐臭氧，电绝缘性好。

（4）氟橡胶耐高温、耐油、耐化学腐蚀。

（5）聚硫橡胶有优异的耐油和耐溶剂性，但强度不高，耐老化性、加工性不好，有臭味，多与丁腈橡胶并用。

海绵橡胶是一种多孔性的弹性体材料。与实心橡胶相比，海绵橡胶由于其结构属多孔性，视密度小，质轻料省，富于弹性和柔软性，具有优异的防尘、防水汽等密封作用，隔热性能好，导热系数较低，有优良的缓冲减振性能，隔声、吸声效果好，舒适性好，物理性能变化范围大，改变视密度或泡孔结构可得到相应性能的海绵橡胶。广泛应用于需要密封、减振、隔热、隔声等功能的设计。

3. 橡胶的加工工艺

合成橡胶的生产工艺大致可分为单体的合成和精制、聚合过程以及橡胶后处理三部分（表3-24）。

橡胶的加工工艺   表3-24

加工工艺		内容
第一步：原材料准备		1. 以通过人工割开树皮收集而来的生胶为主要材料； 2. 为了改善橡胶制品的某些性能而加入配合剂； 3. 以纤维材料作为橡胶制品的骨架材料，以增强机械强度、限制制品变形。在原材料准备过程中配料必须按照配方称量准确。为了使生胶和配合剂相互均匀混合，需要对材料进行加工
第二步：塑炼		由于生胶富有弹性，可塑性性能就低，因此不便于加工。为了提高其可塑性，所以要对生胶进行塑炼，同时在压延、成型过程中也有助于提高胶料的渗透性、渗入纤维织品内和成型流动性
第三步：混炼		混炼就是将塑炼后的生胶与配合剂混合放在炼胶机中通过机械搅拌使配合剂完全、均匀地分散在生胶中的一种过程
第四步：成型	压延成型	将混炼胶通过压延机压制成一定形状、一定尺寸的胶片。适用于制造简单的片状、板状制品
	压出成型	把具有一定塑性的混炼胶放入到挤压机内通过各种各样的口型挤压出型。压出之前胶料必须进行预热使胶料柔软、易于挤出，从而得到表面光滑、尺寸准确的橡胶制品。用于较为复杂的橡胶制品，例如轮胎胎面（图 3-22）、胶管、金属丝表面覆胶等
	模压成型	借助成型的阴阳模具将胶料加热成型，用来制造某些形状复杂如皮碗、密封圈的橡胶制品

图 3-22
橡胶；绿色入侵工程

4. 橡胶的防护

橡胶制品容易在加工、储存和使用过程中受到阳光、热、空气或机械力等内外因素的综合作用引起性能结构发生改变，使机械强度降低进而丧失使用价值。橡胶老化表现为变色、变硬、龟裂、发黏、软化、粉化、长霉等，加入优先与氧或氧化产物发生化学反应的化学药品（防老剂、蜡类）等可以防止橡胶老化。橡胶制品一般放在室内荫凉处可减缓老化程度。目前，防老化问题尚未能很好地解决。

3.1.5.3 纤维材料与皮革

天然纤维是自然界存在和生长的、具有纺织价值的纤维。人类使用天然纤维的历史可以追溯到远古时代，据中国科学技术史记载，我国于 4000 ~ 5000 年前已出现蚕丝、麻类织物，3000 年前出现毛布，2000 年前出现棉类织物。1890 年出现了"人造纤维"技术，这种技术是将纤维素分子硝化改性后溶于乙醇或乙醚做成溶液，而后经喷丝板挤出成丝，在凝固浴中凝固成型的湿法纺丝。1905 年技术进一步改进，纤维素分子可直接溶于碱性二硫化碳溶液，然后再湿法纺丝，这种方法制成的纤维称为粘胶丝。而后出现铜氨溶液技术。以二硫化碳为溶剂的纺丝技术和铜氨溶液技术一直应用到 20 世纪 60 ~ 70 年代。但因所用溶剂的污染环境问题而渐渐被淘汰。20 世纪 80 年代初，欧洲出现了可溶解纤维素高分子"N- 甲基吗啉氮氧化合物"的新溶剂，这种溶剂无毒而且可以回收，因此出现了对环境无污染的"绿色粘胶丝"新工艺的研发并在 90 年代工业化。

合成纤维与天然纤维和人造纤维相比，其原料是由人工合成方法制得的。它生产并不受自然条件的限制。合成纤维不但具有化学纤维强度高、质轻、弹性好、易洗快干、不怕霉蛀等良好性能，还具有耐摩擦、高模量、电绝缘、耐酸碱、低吸水率等特性。不同品种的合成纤维具有某种特有性能，如聚酰胺纤维的耐磨性、聚酯纤维的挺括耐摺性、聚丙烯腈纤维的保暖性等。

1. 纤维材料与皮革的分类与识别（表 3-25）

材料分类			内容特征
纤维原料	天然纤维	动物	主要组成物质是蛋白质，又称为天然蛋白质纤维，分为毛和腺分泌物。毛发类：绵羊毛、山羊毛、骆驼毛、兔毛、牦牛毛等；腺分泌物：桑蚕丝、柞蚕丝等
		植物	主要组成物质是纤维素，是由植物上种子、果实、茎、叶等处获取的纤维。分三种：种子纤维有棉、木棉、椰壳纤维等；叶纤维有剑麻、蕉麻等；茎纤维有苎麻、亚麻、大麻、黄麻等
	化学纤维	人造纤维	用失去纺织加工价值的纤维素、蛋白质等天然高分子物质为原料，经人工溶解或熔融再经抽丝处理而制得的纺织纤维，其原始的化学结构不变。强度高、质轻、易洗快干、弹性好、不怕霉蛀
		合成纤维	用人工合成的高分子化合物为原料经纺丝加工制得的纤维。如涤纶、锦纶、腈纶、丙纶、维纶、氯纶、芳纶、氨纶、碳纤维等
		无机纤维	以矿物质为原料制成的纤维，如玻璃纤维、金属纤维等
天然皮革			是采用天然动物皮作为原材料，经过一系列的化学处理和机械加工制成的。其质地柔软、结实耐磨，具有良好的吸湿性、透气、保暖、保型和吸声减噪等性能。由于天然皮革材料耐湿性差，长期遇水或在潮湿的空气中会影响其性能和外观质量，因此，要经常保持干燥和进行维护
人造皮革			是以聚氯乙烯树脂为主料，加入适量的增塑剂、填充剂、稳定剂等辅助材料制成的。人造革具有不易燃、耐酸碱、防水、耐油、耐晒等优点。但遇热软化、遇冷发硬，质地过于平滑，光泽较亮，浮于表面。使用寿命为1～2年，其耐磨性、韧性、弹性不如天然皮革

2. 纤维材料的基本性能

纤维性能决定纺织物性。由于构成纺织物的纤维种类、织造方法、处理工艺等不同，其性能也受到不同程度的影响。如天然纤维织物手感柔软，吸湿性、通透性好，染色性能好，但防潮、防霉、防虫蛀能力弱。化学纤维虽然手感、吸湿性和通透性不如天然纤维织物，但强度高，弹性好，耐磨，不易发霉和虫蛀。混纺织物吸取两者的优点。城市公共家具中纺织品的使用基本用在制作遮阳伞。用来制造遮阳伞伞面的丙烯酸纤维（腈纶纤维）在室外是非常耐久的，且抗褪色性好。

纺织品的合理使用可为空间添色，增加动感，与结构性场地材料形成韵律的对比。纺织品颜色需要仔细考究，它会受空气污染而变脏（图3-23）。

3. 新型软质材料

合成纤维——聚乳酸纤维是以玉米淀粉发酵制成乳酸，经脱水聚合反应制得聚乳酸酯溶液进行纺丝加工而成，它容易生物降解，是新一

图3-23
网之森；堀内纪子

代环保型可降解聚酯纤维。合成纤维——聚乳酸纤维有较好的亲水性、毛细管效应和水的扩散性；模量和弯曲刚度是涤纶的一半，舒适感好；燃后自熄性好、燃烧发烟量低，有优秀的阻燃性；具有良好的回弹性、抗皱性和保形性特点；有防紫外线能力，紫外线吸收率低；折射率低，染色制品显色性好；易染性，染色温度低于涤纶。当然，也存在一些缺点如耐磨性差、熔点低（约 175℃）。

高温耐腐蚀纤维、高强度纤维、高分子光导纤维、高模量纤维、中空蓄热纤维、抗菌防臭纤维、阻燃纤维、远红外纤维以及负离子纤维、耐辐射纤维、离子交换纤维、吸油纤维、抗紫外线等都是具有特殊使用性能的合成纤维。

3.1.6 辅助材料

这里主要讲装饰涂料和胶粘剂。

3.1.6.1 装饰涂料

各类材料在受日光、大气、雨水等的侵蚀后，会发生腐朽、锈蚀和粉化，采用涂料在材料表面形成一层致密而完整的保护膜，可保护基体免受侵害，延长使用寿命，美化环境。也可作为纯装饰材料，为城市环境增添色彩。

涂料，涂于物体表面能形成具有保护、装饰或特殊性能（如绝缘、防腐、标志等）的固态涂膜的一类液体或固体材料之总称。早期大多以植物油为主要原料，故有油漆之称。现合成树脂已大部或全部取代了植物油，故称为涂料。涂料属于有机化工高分子材料，包括油性漆、水性漆、粉末涂料。

涂料工业属于近代工业，但涂料本身却有着悠久的历史。中国是世界上使用大漆（天然树脂作为成膜物质的涂料）最早的国家。早期的画家使用的矿物颜料，是水的悬浮液或是用水或清蛋白来调配的，这就是最早的水性涂料。真正懂得使用溶剂，用溶剂来溶解固体的天然树脂，制得快干的涂料，是 19 世纪中叶才开始的，所以，从一定意义上讲，溶剂型涂料的使用历史远没有水性涂料那么久远。最简单的水性涂料是石灰乳液。从 20 世纪 30 年代中期开始，德国开始把以聚乙烯醇作为保护胶的聚醋酸乙烯酯乳液作为涂料展色使用。进入 20 世纪 60 年代，在所有发展的乳状液中，最为突出的是醋酸乙烯酯 - 乙烯，醋酸乙烯酯与高级脂肪酸乙烯共聚物也有所发展，产量有所增加。20 世纪 70 年代以来，随着环境保护意识的加强，各国限制了有害物质的排放，从而使油漆的使用受到种种限制。而且 75% 的制造油漆的原料来自石油化工，由于西方国家的经济危机和第三世界国家调整石油价格所致，在世界范围内普遍要求节约能源。基于上述原因，水性涂料，特别是乳胶漆，作为代油产品越来越引起人们的重视。水性涂料的制备技术进步很快，特别是乳液合成技术进步更快。20世纪70～80年代作为当代水性涂料的代表乳胶漆得到了一定的发展，质量性能大大提高，真正揭开了现代水性涂料的新篇章。

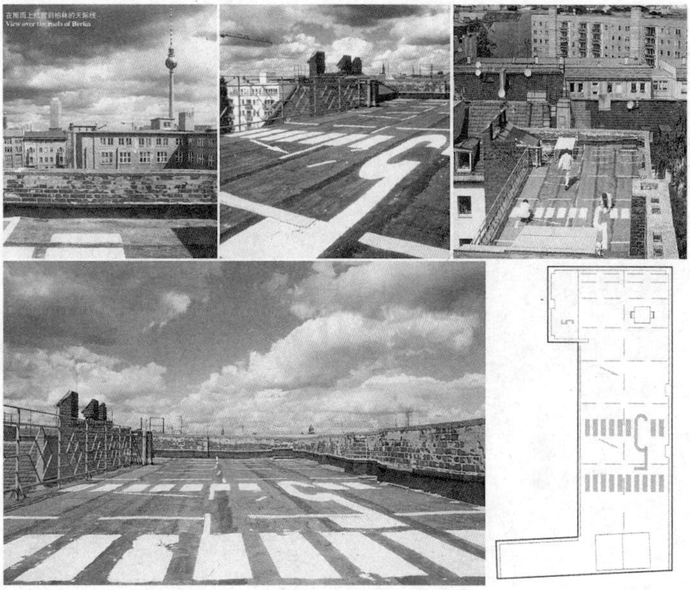

1. 装饰涂料的分类与识别

涂料由四部分组成，即主要成膜物质（包括基料、胶粘剂及固化剂）、次要成膜物质（包括颜料及填料）、溶剂（也称稀释剂）和辅助材料。成膜物质的性质，对形成涂膜的坚固性、耐候性、耐磨性、化学性质稳定性、色彩、质感、遮盖效果等起着决定性的影响。在一些公共区域可以起到标志和分隔空间的作用（图3-24）。

涂料的分类方法很多，通常有表3-26所示的几种分类方法。

图3-24
Sky Garden 地面铺设；柏林 Topotek1 屋顶花园；项目地点：roof terrace, berlin-mitte

涂料的分类及内容 　　　　表3-26

分类方法	具体内容
按使用位置分	内墙涂料：也可作顶棚涂料，要求其色彩丰富、细腻、协调，一般以浅淡、明亮为主。由于墙面多带有碱性，屋内的湿度较大，因此内墙涂料必须具有一定的耐水、耐洗刷性，且不易粉化和有良好的透气性
	外墙涂料：直接暴露在大气中，经常受到雨水冲刷，还要经受日光、风沙、冷热等作用，因此要求外墙涂料比内墙涂料具有更好的耐水、耐候、耐污染等性能
	地面涂料：主要作用是装饰与保护室内地面，使地面清洁美观。因此，地面涂料应该具备良好的耐磨性、耐水性、耐碱性、抗冲击性以及方便施工等特点
按功能分	不粘涂料、铁氟龙涂料、装饰涂料、防腐涂料、导电涂料、防锈涂料、耐高温涂料、示温涂料、隔热涂料、防火涂料、防水涂料等
按用途分	建筑涂料、罐头涂料、汽车涂料、飞机涂料、家电涂料、木器涂料、桥梁涂料、塑料涂料、纸张涂料、船舶涂料、风力发电涂料、核电涂料等

常用涂料：有醇酸漆、丙烯酸乳胶漆、溶剂型丙烯酸漆、环氧漆、聚氨酯漆、硝基漆、氨基漆、不饱和聚酯漆、酚醛漆、乙烯基漆等。不同涂料的性能也相对不同。

2. 装饰涂料的基本特性

（1）装饰涂料的性能

A. 保护功能：防腐、防水、防火、阻燃、隔热、防油、耐冻融、耐老化、耐磨、耐候、耐久、耐化学侵蚀、耐污染、耐酸碱。

B. 装饰功能：有颜色、光泽、消光性、透明性、图案、标志颜色、平整性。

C. 其他功能：具有标记、防污、绝缘、防噪声、减振、卫生消毒、防结露、防结冰等性能，还具有一定的吸收和反射光、太阳能、射线等光学性能。

D. 潜在毒性：大部分溶剂性涂料及有机溶剂里都含有苯及其化合物。苯是一种无色、具有特殊芳香气味的液体。据介绍，苯化合物已经被世界卫生组织确定为强烈致癌物质。

（2）毒性误区

人们在装修房屋时，对建材的毒性，特别是涂料的毒性认识有误区，其主要表现在：

A. 在常温下，这些有毒物质的挥发、散逸是一个很长的过程，而长期低剂量地接触有毒物质会产生严重的非急性危害。

B. 认为涂料中的挥发性有机物（VOC）的多少可以代表毒性的大小，其实是不科学的。VOC 只是涂料毒性大小的一个来源，而且也不是所有的 VOC 都有很高的毒性。

C. 涂料的毒性只能通过生物检测才能表达，理化检验是不能完整表达毒性的。

D. 涂料的毒性控制是指同类产品中的相互比较而言，应是低毒，而不是无毒。

3. 装饰涂料的施工工艺与防护

按施工方法分有刷涂、喷涂、滚涂、浸涂、电泳等方法。常见问题有针孔、起泡发白、咬底颗粒、离油、不干或慢干、失光、流挂、刷痕、橘皮、开裂等。

装饰涂料的防护措施：

（1）施工前木材要干燥至一定含水率，一般为 10% ~ 12%，除去木材中的芳香油或松脂。板材白坯要打磨平整，然后用底得宝封闭。对于深色板材要选用透明性较好的油漆施工。将木材接合处的空隙和木材孔眼用腻子填实，打磨平整，干燥后再刷涂面层涂料。

（2）不要在温湿度高的时候施工，如必须可加入适当慢干水。刮风天气或尘土飞扬的场所不宜进行施工，刚刷涂完的油漆要防尘土污染。作业场所、材料器具，施工过程中应尽量避免污染。

（3）使用指定的固化剂和稀释剂，按指定的配比施工。油漆的黏度要适合，不要太稠。调好油漆后应尽快（在 4h 内）施工完。配好的油漆要静置一段时间，让气泡完全消除后再施工。涂料在刷涂前，必须经过滤布过滤，以除去杂物。

（4）刷涂时不要来回拖动，先横后竖，最后顺木纹方向理直。要熟练、准确、迅速，防止反复刷涂。一次性施工不要太厚，做到"薄刷多遍"，一般单层厚度不要超过 20μm。多次施工时，重涂时间要间隔充分，待下层充分干燥后再施工第二遍。对问题轻微的，可待漆膜干透后，用干净的碎布清理基材表面的杂物，不要用手触摸，重涂表面。用水砂纸打磨平整，再补面漆。对问题严重的，需将涂层全部铲除干净，待基层干燥后再选用同一品种的涂料进行刷涂。对于高级装修，可用砂纸或砂蜡打磨平整，最后打上光蜡、抛光、抛亮。

3.1.6.2 胶粘剂

天然胶粘剂的使用历史已经有几千年了，但是如今人造胶粘剂具有比以前的胶粘剂更强的粘结性能。由于在潮湿环境以及暴露在易风化环境中都有很好的耐久性和极高的强度，使得胶粘剂不仅在建筑上使用，还在更广阔的生产领域使用。

胶粘剂的组成材料：粘料、固化剂、填料、稀释剂、偶联剂、增塑剂、防老剂、催化剂。

常用胶粘剂有以下几种。

1. 热固性树脂胶粘剂

（1）环氧树脂胶粘剂（EP），对金属、木材、玻璃、硬塑料和混凝土都有很高的粘附力，故有"万能胶"之称。

（2）不饱和聚酯树脂（UP）胶粘剂，主要用于制造玻璃钢，也可粘结陶瓷、玻璃钢、金属、木材、人造大理石和混凝土，接缝耐久性和环境适应性较好，并有一定的强度。

2. 热塑性合成树脂胶粘剂

（1）聚醋酸乙烯胶粘剂（PVAC），对于各种极性材料都有较好的粘附力，以粘结各种非金属材料为主，如玻璃、陶瓷、混凝土、纤维织物和木材。它的耐热性在 40℃以下，对溶剂作用的稳定性及耐水性均较差，且有较大的徐变，多作为室温下工作的非结构胶。

（2）聚乙烯醇胶粘剂（PVA）。聚乙烯醇由醋酸乙烯水解而得，是一种水溶液聚合物。这种胶粘剂适合粘结木材、纸张、织物等。其耐热性、耐水性和耐老化性很差，所以一般与热固性胶粘剂一同使用。

（3）聚乙烯缩醛胶粘剂（PVFO），其制成的 108 胶在水中的溶解度很高，成本低，现已成为建筑装修工程上常用的胶粘剂。如用来粘贴塑料壁纸、墙布、瓷砖等，在水泥砂浆中掺入少量 108 胶，能提高砂浆的粘结性、抗冻性、抗渗性、耐磨性和减少砂浆的收缩。也可以配制成地面涂料。

3. 合成橡胶胶粘剂

（1）氯丁橡胶胶粘剂（CR），是目前橡胶胶粘剂中广泛应用的溶液型胶，对水、油、弱酸、弱碱、脂肪烃和醇类都有良好的抵抗性，可在 –50 ~ +80℃下工作，具有较高的初粘力和内聚强度。但有徐变性，

图 3-25
Topografico 长椅；彩色骨料预制混凝土、天然饰面

图 3-26
西 & 涡卷长椅；聚合物混凝土

易老化。多用于结构粘结或不同材料的粘结。掺入油溶性酚醛树脂后，可在室温下固化，适于粘结包括钢、铝、铜、陶瓷、水泥制品、塑料和硬质纤维板等多种金属和非金属材料。工程上常用在水泥砂浆墙面或地面上粘贴塑料或橡胶制品。

（2）丁腈橡胶（NBR）。主要用于橡胶制品，以及橡胶与金属、织物、木材的粘结。它的最大特点是耐油性能好，抗剥离强度高，加上橡胶的高弹性，所以更适于柔软的或热膨胀系数相差悬殊的材料之间的粘结，如粘合聚氯乙烯板材、聚氯乙烯泡沫塑料等。为获得更大的强度和弹性，可将丁腈橡胶与其他树脂混合。

3.1.7　复合材料

复合材料是以一种材料为基体，另一种材料为增强体组合而成的材料。各种材料在性能上互相取长补短，产生协同效应，使复合材料的综合性能优于原组成材料而满足各种不同的要求（图 3-25）。复合材料的基本材料分为金属和非金属两大类。金属基体常用的有铝、镁、铜、钛及其合金。非金属基体主要有合成树脂、橡胶、陶瓷、石墨、碳等。增强材料主要有玻璃纤维、碳纤维、硼纤维、芳纶纤维、碳化硅纤维、石棉纤维、晶须、金属丝和硬质细粒等。复合材料的分类有金属基复合材料、无机非金属基复合材料（图 3-26）（如陶瓷基）、聚合物基复合材料（如树脂基）、其他复合材料（如碳—碳专用材料）等。

3.2　公共家具设计中的材料运用原则

3.2.1　标准化原则

所谓标准化就是在一定的范围内为获得最佳秩序，对实际的或潜在的问题制定共同的和重复使用的规则的活动。为了保证城市公共家具发展所必需的秩序和效率，为了满足经济有效的需求，对城市公共家具的结构、形式、规格等性能进行筛选提炼，剔除其中多余的、低效能的、可替换的环节，精炼并确定出满足需要所必要的高效能的环节，保持整体构成精简合理，使之功能效率最高，使城市公共家具达到简化、统一化、产品系列化、通用化、组合化、模块化的效果。

标准化应用于城市公共家具设计，可以避免在研究上的重复劳动，缩短设计周期，使生产在科学的和有秩序的基础上进行，合理利用国家资源，节约能源、原材料。组织专业化生产，促进生产管理的统一、协调、高效等，这也是提高家具产品质量，保证安全、卫生的技术保证，以实现科学现代化管理。同时，标准化是科研、生产、使用三者之间的桥梁。一项科研成果，一旦纳入相应标准，就能迅速得到推广和应用。因此，标准化可使新技术和新科研成果得到推广应用，从而促进技术进步。随着科学技术的发展，生产的社会化程度越来越高，生产规模越来越大，技术要求越来越复杂，分工越来越细，生产协作越来越广泛，这就必须通过制定和使用标准，来保证各生产部门的活动，在技术上保持高度的统一和协调，以使生产正常进行。标准化生产还有利于消除贸易障碍、促进国际贸易发展。

3.2.2 低成本原则

成本包括直接成本和间接成本。直接成本主要指生产、制造等设施产品所需的材料、加工工艺、包装运输、安装施工以及人员工资所包含的费用。间接成本要指生产制造过程中的管理、研发、商业流通、设备折旧、福利税金以及后期维护等所包含的费用。在设计过程中，设计师在确保品质的基础上要控制好综合成本，对每个环节的成本费用作有效的研究，尽量以较低的成本设计生产出高品质的设施产品。降低成本的主要途径是：改善经营管理，采用新技术，提高设备利用率，减少固定资产的消耗，节约原材料、燃料、辅助材料等。

3.2.3 安全性原则

3.2.3.1 材料本身的安全性

材料本身常常带有一些特殊属性，有时还存在一定的危害性。所以，在城市公共家具的设计过程中要充分了解材料的基本属性和特殊属性。如一些物理和化学数据如熔点、沸点、闪点、毒性等。尽量避免不安全材料的使用。即使日后产生危害，也能及时判断对健康的影响，采取急救措施。

3.2.3.2　加工过程的安全性

公共家具产品不仅在它们的物理特性和内含性能上有所不同，而且在材料加工、产品生产和处理期间的危险气体排放量、水污染和二氧化碳排放量也大不相同。最具污染性的材料和加工过程是金属采掘和加工、金属表面处理、水泥生产以及聚氯乙烯（PVC）生产和处理。在制造过程中，某些危害可以通过排放控制、废水处理和限用危险性化学品或物质来减少。

3.2.3.3　公共家具结构的安全性

材料的结构安全是保证一个家具能否投入使用的关键。尤其是公共家具，使用频率较高，在使用过程中常常会遭到一些恶性破坏。因此，在家具的设计过程中，一定要符合材料的力学特点，顺应结构需求，最大限度地保证家具的安全性。

3.2.3.4　公共家具耐用程度的安全性

公共家具的安全性还体现在耐用程度上。公共家具最基本的要求是保证安全，在经过长时间的自然因素和人为因素的影响后，会对家具的强度产生消极影响，以至于影响其使用情况。所以，一定要注意公共家具后期的维修与保护。

3.2.4　抗破坏性原则

3.2.4.1　自然因素

对于公共家具来说最主要的自然因素的威胁是：水，包括雨、雪、冰和潮湿等极端条件；阳光，包括紫外线；盐，包括撒在地面上除冰的盐，或者在海洋和其他咸水湖附近空气中的盐分；温度，包括过热和过冷以及温度变化的影响，等等。随着时间的流逝，前几个因素对于脆弱敏感的材料尤其极具破坏性，逐渐地从外观上、结构上或者在两者的同时作用下瓦解它们。有时候，所有因素会同时发生作用。例如，在温暖的海滩附近，水、太阳、盐、温度以及风的共同作用，形成了对于某些金属具有腐蚀性的大气环境。室外材料或者需要能够天然地抵抗这些威胁，或者需要添加一些保护性的处理或表面，帮助它们抵抗威胁。

3.2.4.2　人为因素

除了室外自然因素的威胁之外，城市公共空间公共家具所面临的最大挑战来自于人们对于其缺少主人翁意识与必要的关心。除了环境威胁和肆意滥用之外，城市公共家具还必须承受正常使用造成的磨损和破坏，正常使用寿命大约为 10 ~ 20 年。所有这些挑战都必须通过为特定的环境选择恰当的材料来解决。

3.2.5　易维护原则

所有的材料都会或长或短地出现功能性退化，设计者的职责之一就是预计材料在使用过程中的各种功能性变化。现实生活中，部分设计师不负责的漠视是引起各种材料不合理应用而导致材料功能迅速退化的原因。例如，设计者认为两层清漆可以担负木材长久的保护工作，但是，他在注意自然因素侵害的同时却忽略研究人类行为对这些材料的影响。出于使用成本的考虑，设计者必须在正确的范围内使用材料，并有义务告知业主如何正确维护材料以保证其获得最长的使用寿命。公共家具材料的一般性的风险需要预知，对于偶然性的事件如十年一遇的暴风雨、火灾等也要酌情考虑。

维护和保养要求具体取决于公共家具的类型、材料以及当地的条件和使用方式。室外家具一般不需要过多地照顾，但仍然需要进行定期维护，可以通过改善功能和延长使用生命来增加价值。松散的连接件、刮伤的表面以及破裂的纺织物通常会随着时间的流逝而恶化，而且如果不解决的话，可能会从美观上和功能上彻底摧毁家具。关于维护和保养的建议，可以向制造商咨询。

第四章 "看"
——我们要如何鉴赏公共家具？

4.1 历史文化特性优先的公共家具设计研究

4.1.1 纪念广场公共家具案例分析研究

国外案例——昆西庭园

项目名称：昆西庭园（Quincy Court）

地点：美国，芝加哥，芝加哥联合广场（图4-1）

设计：里奥斯·克莱门提·赫尔工作室（Rios Clementi Hale Studios）

委托方：美国总务管理局（GSA）

完成时间：2009年

1. 昆西庭园公共家具案例背景介绍

（1）美国芝加哥（Chicago）城市简介

芝加哥位于美国东北部，属伊利诺伊州，东临密歇根湖，是美国仅次于纽约和洛杉矶的第三大城市，它地处北美大陆的中心地带，是美国最为重要的金融、文化、运输、商品交易中心之一。芝加哥的别名又叫"第二城"、"风城"等。之所以叫"风城"是由于芝加哥的气候环境的原因（由于受密歇根湖的影响，芝加哥冬季多风，天气变化无常）。

图4-1
昆西庭园卫星地图

（2）里奥斯·克莱门提·赫尔工作室简介

昆西庭园是由里奥斯·克莱门提·赫尔工作室设计完成的，里奥斯·克莱门提·赫尔工作室是美国总务管理局为全国"第一印象项目"挑选的两个景观设计公司之一，因其充分利用区域改造为美丽且游人众多的公共空间而闻名。"关于成功的公共空间设计，我们的目标是提供社区集会、公众交谈以及娱乐的空间。"Jennifer

Cosgrove（里奥斯·克莱门提·赫尔工作室的项目设计师）如此说道。里奥斯·克莱门提·赫尔工作室坐落在洛杉矶，专门从事多学科的设计。工作室始建于1985年，他们为各种设计挑战创建非凡的、完整而全面的解决方案。他们的设计有建筑设计、景观设计、城市规划设计、室内设计、图形标志设计、展览设计和产品设计等。

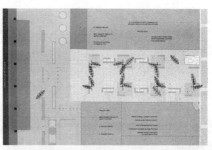

2. 昆西庭园项目公共家具案例介绍分析

昆西庭园东临州大街，西临德克森联邦办公大楼（密斯·凡·德·罗设计，1964年），北临南州大街220号和消费者大厦（Mundiea & Jensen设计，1913年），南临南州大街230号（原址为班森—里克森百货商店，阿尔弗雷德·S·阿舒勒设计，1937年）、西杰克逊大道110号后部和跨联盟大厦（A.Epstein & Sons国际设计，1961年）。

里奥斯·克莱门提·赫尔工作室（采用多学科设计方法的设计公司）为昆西小广场设计了一个有着春天气息的公共家具，将昆西庭园从一个旧市区街道的残余部分转变为被芝加哥市民和游客所津津乐道并且流连忘返的场所（图4-2）。

"遮阳结构以及硬质景观的细节作为昆西庭园特色的构成元素展示着这个地方的设计"，Jennifer Cosgrove（里奥斯·克莱门提·赫尔工作室项目设计师，美国建筑师协会会员）指出："设计灵感来自于在城市中以及联邦大学随处可见的皂荚树，芝加哥传统建筑所用的白色陶土，现代广场的密斯式栅栏和德克森联邦办公大楼的外立面。"

设计师大胆使用了绘画形式，设计了顶棚、座椅构造及硬景观的改善。抽象的植物形状、具有集成照明的半透明书桌、白色花岗石铺装等设计因素使联邦广场这座纪念性现代建筑和城市历史街道形成自然过渡（图4-3、图4-4）。

图4-2（上）
昆西庭园平面图
图4-3（中）
新设计的庭园与德克森联邦大楼和红色的弗拉明戈雕塑相互映衬
图4-4（下）
抽象的植物形状的顶棚

新建的昆西庭园以其中七个树叶形状的顶棚最为独特。顶棚由钢铁和三个半透明状丙烯酸板制造而成。天黑后，可自上而下点亮。这些"树"用喷砂混凝土浇筑成抽象的树叶形状。花岗石座椅和路面铺装与现存座椅和硬景观融为一体，而这些新建的公共设施的设计语言通过混凝土长凳和带有内置LED的半透明树脂座椅展现出来（图4-5、图4-6）。广场地面上镶有四片巨型"树叶"，仿佛是被风城（芝加哥别称"风城"）的狂风吹落后散落在地上一般（图4-7）。

图 4-5（左上）
混凝土凳子和发光树脂桌子

图 4-6（左下）
夜晚的昆西庭园

图 4-7（右）
设计师巧妙地放置了一片从树枝上吹落下来的"树叶"

4.1.2　历史遗迹改造公园公共家具案例分析

4.1.2.1　国内案例——西湖综合保护性开发城市家具设计

项目名称：西湖综合保护性开发城市家具设计

地点：中国，杭州市西湖区（图 4-8）

设计师：吴晓淇、梁宇

完成时间：2009 年 6 月

1. 西湖综合保护性开发城市家具设计案例背景介绍（西湖西进综合保护工程）

西湖西进综合保护工程简介

历年来杭州西湖（图 4-9）经历了一系列的疏浚和整治过程，但西湖仍有一些问题没有解决。西湖的旅游系统不完善，西湖西部区域，因为众多的建筑、杂乱的居民村和被污染的生态环境，成为分割西湖各个景区的死结。西湖以浓妆淡抹总相宜的景色成为人们向往的风景区，但是，西湖的风景也有一些缺陷，主要表现在人工气息较重，西湖的空间基本以开阔为主，景观过于平和，缺少层次。另外，由于湖与山之间被大面积的陆地分隔，历史上山水相依的自然形态已改变。为了解决西湖地区的各种环境问题，杭

图 4-8
西湖综合保护性开发城市家具分布卫星地图

州市政府于 2002 年开始实施西湖西进综合保护工程。该项目主要是针对西湖景区存在的各种问题，如过度城市化、当地居民生活环境恶劣、过去生态保护较差、旅游设施分布不均等。

西湖西进工程重要的一点是恢复历史上西湖的部分水域，这也是西湖又一次重要的疏浚工程。在西湖的西域建立良好的湿地生态系统，可以净化西进水体，并保证进入西湖水质的清洁。西湖西进不是简单的西部水域的恢复，它是湖西地区乃至涉及整个西湖风景区环境整治、生态恢复、风景资源的保护与利用和旅游空间扩展的复杂工程，涉及社会、生态、水文、城市等方面面。西进区域的建设构建了西湖风景名胜区新的景观结构，使旅游服务体系更为完善，使得整个西湖生态系统更为科学，改善了湖西生活及工业环境，同时也明显提高了当地居民的生活水平，实现了人类与自然、社会效益与经济回报的和谐统一，极大地促进了城市的综合发展（图 4-10）。

2. 西湖综合保护性开发城市家具设计（西湖西线）

（1）座椅系列

A. 矩形长条木凳两头嵌于不规则形的石块中，形成软质与硬质、规则与不规则的有机组合（图 4-11）。

B. 现代的沙发造型融入其中，使其感觉宽敞、舒适，置身其中，仿佛家就是整个自然（图 4-12）。

C. 无靠背座椅以简洁构成的硬木制成，直线与斜线组合的座椅面，似将其随意地置于湖光山色中（图 4-13）。

D. 这种由木和钢制成的长椅优美庄重，使其能满足公共场所的就座需要，而且它所提供的舒适感也是无可比拟的（图 4-14）。

（2）指示牌

指示牌的支撑件采用改变后的伞架形式，牌面还可以进行多角度重叠组合（图 4-15）。

（3）垃圾桶

以天然木材和钢制支架组合成的独特的垃圾桶，造型简洁，富有野趣（图 4-16）。

（4）固定售货亭

借用原始的茅草屋形态作为景区的固定售货亭，加上古韵十足的招牌，对游客充满了吸引力（图 4-17）。

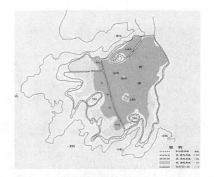

图 4-9　西湖水域变迁图

图 4-10　西湖西进综合保护工程景观设计意向图

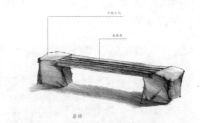

图 4-11　西湖综合保护性开发城市家具设计 1

图4-12　西湖综合保护性开发
城市家具设计2

图4-13　西湖综合保护性开发城市家具设计（西湖西线）3

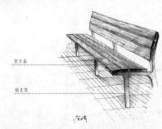

图4-14　西湖综合保护性开发
城市家具设计（西湖西线）4

图4-15　西湖综合保护性开发城市家具设计（西湖西线）5

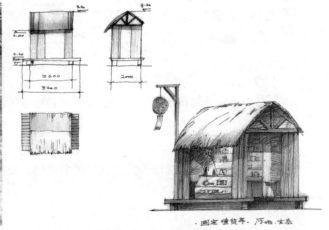

图4-16　西湖综合保护性开发城市家具设计
（西湖西线）6

图4-17　西湖综合保护性开发城市家具设计（西湖西线）7

3. 西湖综合保护性开发城市家具设计（西湖南线）

高杆庭院灯

在西湖的山山水水中创造一种与西湖气质相吻合的灯具，它的形式采集西湖绸伞的元素，对其进行了结构重组。高杆庭院灯以伞的反射面、十字形的伞骨状的支撑构件以及精细的灯杆三者结合，形成空透灵秀的灯具外形。材料以选用亚光不锈钢、透明灯光片、合金杆件为主，突显其现代材料的精美性（图4-18）。

4.1.2.2 国外案例——克罗地亚Strossmayer公园

项目名称：Strossmayer公园

地点：克罗地亚，斯普利特（图4-19）

设计师：Atelier Boris Podrecca

委托方：斯普利特市

完成时间：2002年

1. 克罗地亚Strossmayer公园公共家具案例背景介绍

（1）克罗地亚斯普利特（Split）城市简介

斯普利特，是克罗地亚共和国历史名城，克罗地亚第二大城市，斯普利特—达尔马提亚县的首府，达尔马提亚地区第一大海港，疗养和游览胜地，坐落在亚得里亚海的达尔马提亚海岸中心，亚得里亚海东岸，由一个中央半岛及周围海岸组成，而城市区域也包括海岸边的许多小城镇。斯普利特也是亚得里亚海东岸的交通枢纽，有直达亚得里亚海上众岛屿及亚平宁半岛的线路，同时也是东南欧最著名的旅游目的地之一。斯普利特是这一地区最古老的城市之一，一般认为城市的历史超过了1700年，而对公元前6世纪的古希腊殖民地阿斯帕拉托斯（Asp á lathos）的考古学研究证实城市的建立时间还要往前推上几百年。

（2）Strossmayer公园简介

Strossmayer公园位于欧洲东南部国家克罗地亚第二大城市斯普利特的市中心，紧靠着戴克里先宫北部（图4-20）。

● 高杆庭院灯

图4-18 西湖综合保护性开发城市家具设计（西湖西线）

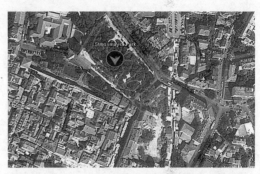

图4-19 Strossmayer公园卫星地图

图4-20 公园平面图

图 4-21（左）
喷泉
图 4-22（中）
喷泉细部
图 4-23（右）
瀑布

2. Strossmayer 公园公共家具案例介绍分析

该项目涉及一组古罗马帝国时期遗留下来的宫殿，在探讨如何更好地保护与改造历史建筑物，并使之为后人所继续使用方面，是一个非常著名的案例。

整个宫殿成为一个城市街区，而宫室则成为了这个城市居民的家园。1860 年，一个城市公园沿着北边的老城墙诞生了，后来改造过几次，但是它的环境仍然逐渐恶化，最终它被人们遗忘了，成为城市边缘人群活动交易的场所。

20 世纪 90 年代中期，该公园由维也纳建筑师 Boris Podrecca 重建，他保留原有的喷泉和大部分树木，设计了新的道路系统将这些树木以几个绿岛的形式重新地划分开来（图 4-21 ~ 图 4-23）。

同时，设计师还引进了大量新的城市家具如石凳，改进的和新设计的元素如喷泉，还有灯杆，这些一起都增强了城市家具的整个系统设置（图 4-24、图 4-25）。

图 4-24（左）
长凳（一）
图 4-25（中）
长凳（二）
图 4-26（右）
休息区

与此同时，设计师还在公园的西部边缘于一个双耳长颈瓶形的井口流出一条新的溪流，在接近 Grgur 雕像背面的地方创造了一个瀑布小景观。如今，公园成为了一个不错的休闲之地，人们可以悠闲地坐在凳子上，喂食身边飞来的鸽子。在这个紧凑型的小城斯普利特，位于市中心的 Strossmayer 公园真是块罕见的绿洲（图 4-26）。

产品与居住·公共家具与空间

4.2 经济特性优先的公共家具设计研究

4.2.1 办公空间公共家具案例分析研究

4.2.1.1 国内案例——宁波研发园

项目名称：宁波研发园

地点：中国，宁波市高新技术产业开发区（图4-27）

景观设计：凤咨询株式会社环境设计研究所

占地面积：300000m²

总建筑面积：600000m²

一期完成时间：2008年

二期完成时间：2010年

1. 宁波研发园公共家具案例背景介绍

宁波研发园位于宁波国家高新区中心区域，是一个集办公楼、科研楼以及相关楼宇于一体的综合性研发园区，是宁波创新型城市建设的重要载体。研发园主要集聚各类科技创新资源，各类研发机构、创新和公共服务平台、科技人才，发挥"集聚、示范，辐射、带动、引领、支撑"等功能。宁波研发园由A、B、C三个区块构成，其中A区总建筑面积21万m²，B区8栋研发办公大楼，总建筑面积15万m²，C区总建筑面积24万m²，由16栋研发办公大楼组成，共有机构126家，于2009年全面建成以后，聚集了高水平研发机构200家、科技人才20000名，建设成为环杭州湾产业带最重要的技术创新基地、科技成果转化基地、创业孵化基地和高素质人才集聚基地。

图4-27（上）
宁波研发园卫星地图
图4-28（下）
中日结合的景观空间

2. 宁波研发园公共家具案例介绍分析

宁波研发园公共家具设计项目是由日本凤咨询株式会社环境设计研究所设计完成的。经过客户、建筑设计师与景观设计师三方面的多次协商后，M&N的设计师们明确了他们的设计目标，希望充分结合中日文化的精髓，将其应用到该项目的公共家具设计之中（图4-28）。

此次公共家具的设计，运用了几何元素，设计出了趋向地标性的公共家具，运用了海上丝绸之路的设计表现手法。由于自古以来，宁波就通过海路源源不断地向世界传播最前沿的中华文化。因而，该项目以"海水，波浪"为主要设计元素，展示出宁波这一东方港口古城的无限魅力。并且，通过这些带有"海水，波浪"设计元素的公共家具，将公共空间与生活空间有机地相结合，主要表现在以下几个方面：

图 4-29（左）
水池
图 4-30（中）
波浪形长凳
图 4-31（右）
波浪形遮阴棚

（1）地面条纹铺装与周边的办公楼建筑和走廊支柱互相映衬，为这一区域营造出一个井然有序的空间环境，同时也体现了整个空间的统一性。停车区域也不例外地应用了地面条纹铺装设计，从而，创造了一种纵横交错却又精致优雅的城市空间形象。

（2）整个区域的主入口处设有一个巨型的旋转喷水池，这一水池造型的设计灵感源于该高科技园区的形象图标。喷水池中的喷泉与溅起的水雾能够给来访者留下深刻的印象（图 4-29）。

（3）所有的公共家具设施，如遮阴棚和长凳都以波浪形为设计主题，以突出这一景观区域的独具匠心（图 4-30、图 4-31）。

4.2.1.2　国外案例——奥地利瓦腾斯市施华洛世奇（Swarovski）办公区

项目名称：天上人间

地点：奥地利，瓦腾斯市，施华洛世奇大街（图 4-32）

设计师：design studio regina（德国）

合作设计师：Baubüro Swarovski, 4to1 Lichtdesign

客户：D.Swarovski& Co.，瓦腾斯市

完成时间：2008 年

1. "天上人间"施华洛世奇办公区水晶幕帘公共家具案例背景介绍

（1）奥地利瓦腾斯市简介

图 4-32
瓦腾斯市施华洛世奇办公区卫星地图

奥地利位于欧洲的中部，北靠德国、捷克，东与斯洛伐克和匈牙利相邻，南部与斯洛文尼亚、意大利接壤，西部是瑞士和列支敦士登，是中欧大陆从南到北、从西到东的交通枢纽。加入欧盟使奥地利直接进入统一的欧盟市场，由此带来了更多的外资，而德国是与奥国在此组织中关系最亲密的国家。在奥地利西部有一个名为瓦腾斯（Wattens）的小镇，这里地处偏僻的阿尔卑斯山麓，人口仅仅几千人。而小镇瓦腾斯是施华洛世奇水晶在全世界仅有的两间工厂所在地，因此每天有成千上万的游客蜂拥而来，为的是游览造型怪异的阿尔卑斯山巨人——"施华洛世奇水晶世界"。

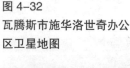

（2）施华洛世奇公司简介

施华洛世奇是世界上首屈一指的水晶制造商，每年为时装、首饰及水晶灯等工业提供大量优质的切割水晶石。同时，施华洛世奇也是以优质、璀璨夺目和高度精确的水晶及相关产品闻名于世的水晶工艺品品牌。施华洛世奇成立于1895年，由丹尼尔·施华洛世奇（Daniel Swarovski）于奥地利始创。施华洛世奇公司至今仍保持着家族经营方式，把水晶制作工艺作为商业秘密代代相传，至今他们仍然独揽多个与水晶切割有关的专利。这一切必须归功于施华洛世奇的创始人丹尼尔·施华洛世奇那超越时代的知识产权保护意识。

2."天上人间"施华洛世奇办公区水晶幕帘公共家具案例介绍分析

这个典雅的不锈钢外墙设计是德国设计师为位于奥地利瓦腾斯市的施华洛世奇办公区水晶世界而设计的，走进这个世界上最大、最著名的水晶博物馆，就如同进入了一个奇妙无比的世界，游客们都将这里视为水晶秘密的诞生地。

大门不仅仅只是一张幕帘，它如神秘面纱一般的艺术外墙将整个博物馆包围起来，形成一种别样的景观。这种半透明的材料增添了施华洛世奇的神秘感，总能引起旁观者对内部的无限遐想。

街道的另一面，也设置了这种银色的外墙——一排小树林和铁丝网围墙。与施华洛世奇水晶世界连为一体，营造出公共空间的流动过渡性。"面纱"、景观、照明和空间设计集合在一起，形成一个动人的布景墙。幕帘采用的是抗腐蚀、抗风化的网孔不锈钢这一新型材料，用10m高的钢柱支撑而构成，光照在上面形成多种不同的反射效果（图4-33、图4-34）。

一组霓虹灯照亮了旁边的石凳，形成第二道分界线。白天，太阳光线投过天空厚厚的云层照射在这个"面纱"上，会引起其不断变化颜色（图4-35、图4-36）；当夜幕降临的时候，它可谓一片奇观，与夜色融为一体，显得非常和谐。这座艺术外墙的建立为施华洛世奇水晶世界带来永久、迷人的转变（图4-37）。

图4-33　安装在弯曲钢管上的幕帘

图4-34　幕帘从下往上看

图4-35　白天的城市幕帘

图4-36　城市幕帘边缘

图 4-37（左）
夜幕降临后如水晶般的城
市幕帘
图 4-38（右）
北京三里屯 SOHO 卫星
地图

4.2.2 商业空间公共家具案例分析

4.2.2.1 国内案例——三里屯 SOHO

项目名称：三里屯 SOHO

地点：中国北京，朝阳区工体北路南边（图 4-38）

设计：隈研吾建筑都市设计事务所

建筑师：隈研吾、浅野浩克

设计团队：隈研吾建筑都市设计事务所、中国电子工程设计院、北京中联环建文建筑设计有限公司

总建筑面积：465680m²

设计时间：2007 年 1 月 ~ 2009 年 10 月

施工时间：2007 年 3 月 ~ 2010 年 10 月

1. 北京三里屯 SOHO 项目公共家具案例背景介绍

（1）SOHO 简介

SOHO 中国有限公司创立于 1995 年，由 SOHO 中国董事长潘石屹和 SOHO 中国总裁张欣联手创建。SOHO 中国的品牌代表着前卫和有活力的建筑设计，公司与国际知名建筑师合作，结合本土客户的需求，把他们创新的设计理念转化成引领潮流的物业。SOHO 被定义为一家纯商业的开发商，集中开发并销售北京及上海的中心高档商业地产，专注于为注重生活品位的人群提供创新生活空间以及时尚生活方式。

（2）北京三里屯 SOHO 简介

三里屯 SOHO 位于北京市朝阳区工体北路南侧，北京工人体育场北路 8 号。南三里屯路路西，为三里屯商业区核心地段的商业、办公、居住综合社区。整个项目总占地约 5.1245 万 m²，规划总建筑面积地上约为 31.568 万 m²，地下约为 15 万 m²。开间面积约 150.5 ~ 1500m²。三里屯 SOHO 由五个购物中心（包括 12.8 万 m² 的零售区域）、九个高矮不同的塔楼（12.8 万 m² 的办公区域）以及公寓区（11.8 万 m²）组成。旱冰场和水景庭园连接着五大购物中心、步行街和开放式广场。在地下区域，共备有 2362 个停车泊位。46 万 m² 的

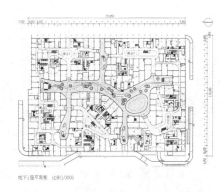

地下1层平面图 比例1/3000

1层平面图

建筑让这里就像一个浓缩了的城市景观（图4-39）。

（3）北京三里屯SOHO项目设计简介

隈研吾建筑都市设计事务所成功地创造了感官上呈流线型的塔楼群构成的住宅村，塔楼的外围是玻璃和金属交织而成的幕墙，颜色以蓝色、灰色和白色为主基调，只有位于中部的塔楼采用了突出醒目的橘黄色为外墙。这一设计确立了一个容易辨别的且由不同的形状和颜色构成的符号系统，从而使整个建筑群在视觉上浑然一体（图4-40）。

三里屯SOHO的九个塔楼共有两种立面设计：一种是采用由玻璃和铝板构成的垂直形式，以体现塔楼的纤细形态；一种是由石材和彩色玻璃等暖色物质构成的水平形式，以突出塔楼无棱角、曲线形外表的连续形态。下沉花园广场将5个购物中心串联起来，功能丰富，46万 m^2 的建筑让这里看起来就像一个浓缩了的城市景观（图4-41）。

2. 北京三里屯SOHO项目公共家具案例介绍分析

隈研吾的建筑设计特色就在于善于利用环境本身的特征，根据环境的特征来变换建筑的形态，这被他命名为"负建筑"理念——即消除建筑的建筑性，让它最大限度地融合在环境当中。

与隈研吾的建筑理念相同，三里屯SOHO建筑户外的公共家具（公共服务系统）都非常简洁，与三里屯SOHO标志设计相得益彰（图4-42）。在庞大的建筑群中交相辉映，体现了设计师对细节的关注。整洁的大理石座椅，独具个性的标识构筑物，简洁的垃圾桶等都给整个

图4-39（左）
三里屯SOHO地下一层
（左）与一层（右）平面图
图4-40（右）
三里屯SOHO建筑

图4-41（左）
下沉广场
图4-42（右）
指示牌

图 4-43　下沉广场

图 4-44　夜晚灯光璀璨的三里屯 SOHO

图 4-45　克拉克码头卫星地图

图 4-46　克拉克码头平面图

1—里德街；2—克拉克街；3—陈泰坊；4—河谷路；
5—卡明路；6—北船码头；7—克拉克码头；8—里德大桥

空间带来一份舒适与时尚感。

下沉的流水广场，这条动态的曲线流水贯穿了整个 SOHO 的户外景观环境，在这个略带灰暗的色调里增添了一抹灵动。流水通过下沉广场的台阶自然而然形成了叠水，是动态的表现，而下沉广场的水流相对是静态的，融合了虚实对比，这个内庭景观广场体现出日本建筑师的审美趣味：内敛、隐忍、禅意，闹中取静（图 4-43）。

夜晚的三里屯 SOHO，户外的公共家具就像灯笼一样闪耀，像萤火虫成群结队般发光的二极管引导着人们走进这片闹市，并将这里作为新的休憩之所（图 4-44）。

4.2.2.2　国外案例——克拉克码头

项目名称：克拉克码头（Clarke Quay）

地点：新加坡,新加坡河与里巴巴里路（图 4-45）

设计师：奥尔索普建筑事务所（Alsop Architects）

建筑面积：34000m²

完成时间：2006 年

1. 克拉克码头项目公共家具案例背景介绍

克拉克码头位于有着悠久历史的新加坡河旁，是奥尔索普建筑事务所在亚洲地区的第一个大型项目，于 2006 年年底完工。克拉克码头独特的设计使得这个古老的滨河区焕然一新，重新吸引了大批游客和当地的居民。奥尔索普建筑事务所在设计上重新考虑营造该地区的商业气氛和休闲气息，让克拉克码头脱胎换骨成为一个生机勃勃、活力无限的旅游购物胜地。

克拉克码头由五座拥有超过 60 间仓库和店屋的彩色建筑所组成。这五座建筑都保有其 19 世纪原有的模样。克拉克码头以广场为中心分成 A、B、C、D、E 五个区域。沿河边的为 A、D、E 区域，功能定位为餐饮区，从新加坡著名餐馆到咖啡店、露天水上餐厅，一应俱全。B、C 区域则为购物、娱乐区。在这里不仅仅有特产、工艺品及各种时装，还有大的电子游戏中心。另外，B、C 之间的 Read Rd. 到了夜晚，便会摆出露天摊位、马路游戏等，非常热闹（图 4-46）。

新加坡没有四季，只有旱季和雨季，雨季气候潮湿炎热，如果露天范围都采用空调降温，将产生巨大的能耗。因此，克拉克码头采用了被动式环境控制（passive environmental control）的方式，利用自然通风和采光，在尽可能降低运行能耗的条件下，创造出适宜的室内外物理环境。这也是克拉克码头设计得以成功的关键，建筑师和工程师巧妙地控制了整个场所的气候条件，他们运用新颖且已成熟的遮阴降温系统，使码头周围环境的温度得以改善，同时赋予独特的视觉效果。

克拉克码头设计充分依托水系资源，很好地定位成旅游与商业区，保留并且利用改造了传统建筑设施，通过水上巴士，整合整个新加坡河河岸资源，放大自身价值，成为了当地人和游客游玩度假的首选之地。

2. 克拉克码头公共家具案例介绍分析

克拉克码头最具代表性的就是码头顶棚了，设计师选择了可再循环利用的 ETEE 膜材料，这一造型独特的膜制遮阳设施，像一把把巨大透明的遮阳伞，把建筑、步行街、行道树全部遮盖，起到了遮阳、挡雨的作用。不仅如此，顶棚还能将温度维持在 28℃，避免游客遭受新加坡的极端气候。如此巨大的透明"帐篷"引入自然光线，让街道保持自然风貌，又使码头的休闲商业活动不受气候的影响，而夜晚绚丽的色彩，则更是极具魅力（图 4-47 ~ 图 4-49）。

夜晚，如风信子般的遮阳伞被点亮，五颜六色的灯光反射在新加坡河流上，宛如一排中国传统的灯笼（图 4-50、图 4-51）。

图 4-47（左）
顶棚与商业街（一）
图 4-48（中）
顶棚与喷泉
图 4-49（右）
顶棚与商业街（二）

图 4-50（左）
夜晚被点亮的遮阳伞（一）
图 4-51（右）
夜晚被点亮的遮阳伞（二）

图 4-52　创智坊公园卫星地图

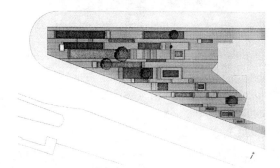

图 4-53　创智坊总平面图

图 4-54　大学生活动场所

图 4-55　人们休憩的场所

4.3　休闲娱乐性优先的公共家具设计研究

4.3.1　休闲运动空间公共家具案例分析

4.3.1.1　国内案例——上海创智坊公园

项目名称：创智坊

地点：中国，上海市杨浦区，政民路 8-2 区（图 4-52）

建筑师：Francesco Gatti

团队成员：Nicole Ni，Francesco Negri，Dalius Ripley，Michele Ruju，Muavii Sun，Charles Mariambourg

建筑公司：3GATTI

委托方：上海瑞安房地产发展管理有限公司

面积：1100m²

完成时间：2009 年

1.上海创智坊公园公共家具案例背景介绍

上海创智天地园区简介

上海创智天地园区，位于上海市杨浦区五角场地区，园区规划占地 1258 亩，是上海市的大学密集区域。目前，在创智天地附近，集聚了 5 个国家级大学科技园和 10 个专业化科技园区，建成了上海最大的科技孵化器，3500 多家头脑型、创业型中小科技企业集聚在周边，现代设计、电子信息、环保节能、教育服务等产业保持年均 30% 以上的快速发展，科教资源优势正在转化为产业优势、竞争优势。

2.创智坊项目公共家具案例介绍分析

这是一块位于上海城市中心地段的狭窄街旁绿地。设计师用翻折的木质平台创造出一块同时包容集会和私密的公共地毯（图 4-53）。此处作为公共开放的空间，还被老人用作小景观花园，被儿童和大学生作为游乐场、休息区（图 4-54、图 4-55）。

创智坊公园位于近年来专为附近复旦大学和同济大学的学生建造的创智坊入口处，是一块位置显赫的城市空地。自从 2005 年意大利建筑师盖天柯（Francesco Gatti）将他的部分业务活动

转移到中国以来，他一直对此类罅隙空间的设计可能性颇有兴趣。例如，静安创艺空间的 In Factory 项目（2006 年），他以居住与办公融合中和氛围，设计构建了该重置项目的外部空间。

图 4-56（左）
翻折的木制地板
图 4-57（右）
公共家具材料运用

在他的设计中，总会将某个关键要素作为产生互动的对象：就像这个案例，互动存在于相关人员（他们的行为和活动）和诸如天气、声音等自然因素对其的影响中。

基于这个出发点，建筑师使用的造型手法和材料（由轻盈的金属线网构造的人造吊顶，弧线形式，以面围合的体量，斑驳的饰材和板饰）根据对象和其尺度而变化。有些特殊的处理作为对特定文脉条件的回应而变得"独一无二"。他说："美丽的东西往往是这个社会有天赋的人创造出来的，只有通过这些个性，才能真正推动起人与人之间的发展。"

在创智坊这个案例中，盖天柯设想出一个翻折的木制地板体系，致力于应对公共场地中不可避免的各种功能（座椅、绿地、小路、公共宣传板等）。建筑师用于渲染设计思路的形象：如古扇般裁剪翻折的纸片（图 4-56）。

通过这种方法，盖先生从一个原生的、无个性的基本形式出发，最终塑造出一个既个性化又具有原创性的设计，他还在那些原本平凡无奇的位置引入了发散性的间隔区域，以帮助人们找到各自的个人空间。建筑师用木材，将整个表皮覆盖起来。因为树木既便于利用，又能营造舒适的环境，并且它会随时间老化而记录当时的自然条件。除此之外，建筑师还运用了钢结构、砖墙、亚克力板作为辅助材料（图 4-57）。

哪里有高耸的树木，哪里就可以看到从地下生长出的草木。建筑师通过这种方式为人们预设了一个可以聊天、休息甚至是玩滑板的特定空间。

4.3.1.2 国外案例——扎达尔海峡工程改造之"海洋风琴"与"迎接太阳"

项目名称：海洋风琴（Sea Organ）

地点：克罗地亚，扎达尔伊斯特拉海岸（图 4-58）

图 4-58
"海洋风琴"与"迎接太阳"
的卫星地图

设计师：Nikola Bašič

合作设计师：Ivan Stamac / B. Sc. Eng

团队成员：Vladimir Androcec（博士，教授，负责水力学方面），HEFERER 工作室（负责项目和仪器调试）

委托方：Zadar 港口局

完成时间：2005 年

项目名称：迎接太阳（Greeting to the Sun）

地点：克罗地亚，扎达尔伊斯特拉海岸（图 4-58）

设计师：Nikola Bašič

合作设计师：Ivan Kujunžičd.i.a.

环形和徽章的设计：Barbara Bašič Stelluti

光工程：SergejSkošič d.i.el.

电路安装：Želimirlvanovićd.i.el.

太阳日历表：Maksim Klarin（教授）

完成时间：2008 年

1. 扎达尔海峡工程改造之"海洋风琴"与"迎接太阳"公共家具案例背景介绍

扎达尔市简介

扎达尔市（Zadar）是克罗地亚的西部港口城市。西临亚得里亚海，是扎达尔县和北达尔马提亚地区的行政中心。扎达尔港位于城市的东北面，其停泊条件良好，港口设施完备、宽敞、安全。扎达尔也是天主教扎达尔教区的中心。人口连郊区约 11.6 万（1981 年）。在公元前 9 世纪这块土地就设有居民点。1920～1947 年属意大利，名"扎拉"。1947 年后属南斯拉夫（今属克罗地亚）。

扎达尔在罗马时代就建立起了城市结构。在中世纪时，扎达尔完全形成了它的城市外形，这个外形一直保持到今天。在 16 世纪，威尼斯共和国在城市面朝陆地的一边修建了一系列新的防御城墙以加强城市的防御。在 16 世纪上半叶，还持续不断地修建起了文艺复兴风格的建筑。1873 年，当时还处在奥匈帝国统治下的扎达尔将防御城墙改造成多级人行道，使得城市在朝海和朝陆地方向都有了广阔的观测视野，部分城墙也因此保留了下来。而四个古城门中的一个——波尔塔马里纳（Porta Marina），则吸收了古罗马拱门的风格，另一个城门——波尔塔迪特拉费尔马（Porta di Terraferma）在 16 世纪由维罗纳艺术家米凯莱·圣米凯利设计。然而，第二次世界大战期间的轰炸使得所有的城门和城墙都遭到破坏，只有一些建筑幸存了下来。

2. 扎达尔海峡工程改造之"海洋风琴"公共家具案例介绍分析

克罗地亚的扎达尔市是有着3000年历史的欧洲重要的历史古城，但在经历了第二次世界大战破坏后没有合理地规划，糟乱的重建工作使得滨海的部分地区成为一个不伦不类的混凝土墙，使得其美丽的海岸线变成了毫无特色的建筑废墟，其无限魅力的海岸资源也同时被埋没了。1964年电影导演希区柯克（Hitchcock）住在扎达尔的时候，曾说扎达尔的日落是世界上最美的，那些喜欢在海边散步的扎达尔市民们，即使知道这里是扎达尔最好的看日落的地方，也极少过去。

2005年，港口局在市政府的支持下，决定重新改造半岛的"船头"，使巡洋舰能够进港，改造工程带来了巨大的正面反响，而其中最引人注目的就是这件看不见却听得到的巨型乐器"海洋风琴"。

"海洋风琴"由一组7个分别长10m的延伸入海的台阶组成，这些表面看似平常的台阶，除了是岸边让人们休闲娱乐的散步系统，用石阶引导人们接近大海，更把海洋"拉向"了人们。在7组石阶里面暗藏着精妙安排、合理分布的各种尺寸的聚乙烯塑料管道，当里面的空气被海浪推动后，通过直径不一的各条管道，促使设置在共鸣腔中的风琴管发出声音，共鸣管位于散步系统的下面，并通过石头中神秘的开口释放声音。7组石阶代表7个音阶，每个音阶里面通过不同的管道表现出5个音调，由此来达到演奏音乐的效果，这也是源于当地传统的达尔马提亚歌曲的旋律而设置的（图4-59）。在循环的高低潮中，大海的能量是不可预知的，由于波浪大小、强度和方向的不同，这个永久的音乐会总是能够在无限的音乐变化中演奏不同的音乐，并且作曲和演奏都是由大自然完成。

扎达尔的"海洋风琴"只是这个古老城市在公共空间中延续自己文化的众多项目之一。这个艺术设施除了促进都市文化的发展之外，同时也成为了非常优质的旅游项目。施工刚刚完成以后，"海洋风琴"聚集了很多欢快的市民，它在扎达尔及其周边地区被证实是所有旅游线路中最重要的一站（图4-60）。

"海洋风琴"带给我们的是"自然"的惊喜，它巧妙地运用自然力量，将无比平实的石阶从"视觉效果"升华为真正的"艺术体验"，其形式

图4-59（左）
"海洋风琴"剖面图
图4-60（右）
"海洋风琴"与游客

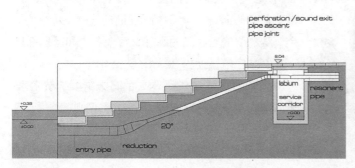

图 4-61　人们在"迎接太阳"上运动

图 4-62　人们在"迎接太阳"上跳舞

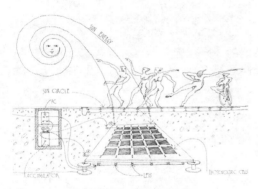

图 4-63　"迎接太阳"设计手稿

图 4-64　在"迎接太阳"上仿佛置身于茫茫的大海中

让人惊叹万千。

石阶的坚硬和音乐的柔和，石阶的不变和音乐的可变，石阶的有形之美和音乐的无形之美都在此交融、碰撞、对比，形成人们对于此公共家具的一种具象又非具象、确定又非确定的特殊体验，让我们看到公共家具改变生活、公共家具改变世界的另外一种可能。

3. 扎达尔海峡工程改造之"迎接太阳"公共家具案例介绍分析

"迎接太阳"是一个非常复杂的项目，克罗地亚和其他一些欧洲国家的专家们也都参与到这个项目的设计中。一个直径为 22m 的圆形玻璃地板，坐落在海滨人行道旁的大平台中，人们可以在这里游玩、嬉戏，甚至是跳舞运动（图 4-61、图 4-62）。

"迎接太阳"配备了光伏板，下面分布着呈网格状的光点，这些光点是由 1 万个灯泡组成的分散显示屏。受电脑控制，这些小灯泡都可以变幻出不同的色彩，太阳能通过底部埋设的光电元件能转化成光能。更加巧妙的是，这个装置可以发出我们所有能感觉到的光——可以形成字母，并且"写字"。这个动态光的盛景可以把你带到一个没有物质的环境中来，脚下的光仿佛让体验者置身于茫茫的大海中游泳或者是苍茫的土地中行走（图 4-63、图 4-64）。

"迎接太阳"上的一条金色的金属带是由玻璃和石头组成的，它源自这个小镇的悠久历史，上面刻着当地赞助人的姓名和太阳年历表（太阳的位置与地理点和时间之间相关联）。从 13 世纪末开始记录（《圣 Chrysogonus 日历》现在保存在牛津大学），它对海上航行的发展有着非常重要的作用。因此，Maksim Klarin 教授和 Filip Vuletić 制作了一个真实的隐喻着太阳的圆环，每个名称和星历都有十度。站在地板上的 36 个圣人之中。

人们跟随"海洋风琴"的音乐起舞，光在神秘的动态中点亮，在茫茫夜色中不停地闪烁，"迎接太阳"给"海洋风琴"赋予了光影的变化（图 4-65）。

图 4-65（左）
"迎接太阳"与"海洋风琴"
图 4-66（右）
爱迪斯展览卫星地图

4.3.2　游乐空间公共家具案例分析

4.3.2.1　国外案例——爱迪斯展览设计

项目名称：爱迪斯展览设计（Paradise Remix）

地点：德国，柏林 Aedes 画廊（图 4-66）

设计：德国 Topotek 1 事务所

委托方：沃尔夫斯堡市

完成时间：2006 年

1. 爱迪斯展览设计公共家具案例背景介绍

（1）德国柏林城市简介

柏林，是德国的首都和最大城市，位于德国东北部，四面被勃兰登堡州环绕。它的经济、文化事业均非常发达。柏林始建于 13 世纪，19 世纪成为德国首都，是世界上最年轻的首都之一。它是欧洲的旅游胜地，有很多古典和现代建筑群成为其吸引人之处。

柏林还有数不胜数的博物馆，其中大部分位于城市东部，展示着这座城市辉煌灿烂的艺术和文化。但如今艺术在柏林变得无处不在，在克罗伊茨贝格（Kreuzberg）或普伦茨劳贝格（Prenzlauer Berg）区等时髦城区的众多后院中和在各种形式的画廊和房屋墙壁以及艺术中心都可以感受得到。在独立艺术界，柏林也是全球最活跃、最重要的据点之一，世界级别的大会和展会在柏林占有一席之地。

（2）德国 Topotek 1 事务所简介

德国 Topotek 1 事务所从事的核心工作是对城市开放空间的设计。纵贯设计、规划及施工方面，Topotek 1 为公园、运动场、庭院及花园提供了设计方法，这些设计都对现代社会的多样化、交流与敏感性进行了诠释。Topotek 1 是一个以景观设计为主的建筑师事务所，它在独特的城市开放空间的设计和施工方面都有专门的研究。Topotek 1 是由 Martin Rein-Cano 于 1996 年创立的，事务所所做的每一个项目都是运用吸引人的设计，高超的设计效率，对现场及项目加以实施。

图 4-67 《Paradise Remix》新书发布会现场

图 4-68 展厅景致

图 4-69 "粉色家具"是儿童与成人共同的玩具

图 4-70 2004 沃尔夫斯堡国际园艺展卫星地图

2. 爱迪斯展览设计公共家具案例介绍分析

一个成功的展览应该得到人们的期待。当展览同游乐相联系，效果会如何呢？Topotek 1 事务所十周年庆典暨《Paradise Remix》新书发布会上，别出心裁的充气玩具的设计将展览变成了一场有趣的游乐会（图 4-67、图 4-68）。这些充气玩具曾在沃尔夫斯堡州际园林展上作为小型设施赢得了众多关注，并启发人们对空间的组合和划分方式有了特别的认识，他们将游乐与责任意识相关联，展示了Topotek 1 在项目设计上的别样风采；特别的元素也可以成为空间划分的工具，一些寻常的物体可以焕发出新奇的魅力，参与者与展览的亲密接触也大大拉近了设计与人们的距离。玩具，不只是儿童的专利。这些粉色的玩具让成年人们享受到了游乐的无限乐趣（图 4-69）。

4.3.2.2 国外案例——德国沃尔夫斯堡粉色天地

项目名称：粉色天地（Temporary Playground）

地点：德国，2004 沃尔夫斯堡国际园艺展，青山公园临时游乐场（图 4-70）

设计：德国 Topotek 1 事务所

委托方：沃尔夫斯堡市

完成时间：2004 年

1. 粉色天地公共家具案例背景介绍

沃尔夫斯堡市简介

又称狼堡，德国北部城市。位于下萨克森州，阿勒尔河及中部运河畔。这座城市是 1938 年在希特勒的命令下，为了安置大众汽车的员工而建立的。总部位于该市的大众汽车集团也是下萨克森州规模最大的企业。沃尔夫斯堡市拥有多姿多彩、风格各异的建筑，多位国际建筑大师在这里留下了他们的痕迹。包括城市最初的设计者彼得·科勒设计的以国王的皇冠为原型的圣亨利希教堂（St. Heinrich Kirche）；芬兰建筑大师阿尔瓦·阿尔托设计的文化中心广场（Kulturzentrum）和圣灵大教堂（Heilig-Geist-Kirche）；扎哈·哈迪德设计的费诺科学中心；以及一些古代风格的建筑，包括文艺复兴风格的沃尔夫斯堡宫，以及圣安妮教堂。

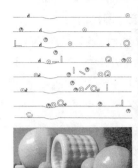

2. 粉色天地 2004 沃尔夫斯堡国际园艺展公共家具案例介绍分析

作为国际园艺展的一部分，这座临时运动场赋予了游人浪漫的粉红天地。24 个充气玩具和 15 个长方形塑料块看似随意地散落其中，踏轮、圆环、充气棒、圆球、蹦蹦床穿插其中，温馨的色彩、趣味的设施引得儿童们流连于此，在草地和马场间玩耍（图 4-71、图 4-72）。运动场坐落于一座马场附近，悠闲吃草的马儿、几何形状丰富的粉色装置都能令人联想到有关马儿的图书和浪漫的芭比王国（图 4-73）。充气玩具形成了空间的软质雕塑，多变的形状同周围的自然环境相映成趣。绿叶、鲜花仿佛都成了它的陪衬（图 4-74）。柔软而富有动感节奏的质地更增添了游客与运动场的亲密性（图 4-75）。聚酯纤维的面料搭配着奇妙的颜色，引得人们不禁去感叹游乐所带来的怡人享受。

图 4-71（左一上）
游乐场设想图
图 4-72（左一下）
散落在草地上的粉色"玩具"
图 4-73（左二）
马厩中闲适的马儿
图 4-74（左三）
鲜花、绿叶与设施相映成趣
图 4-75（右）
游客流连于游乐场中

4.4 滨水地形特性优先的公共家具设计研究

4.4.1 滨水长廊公共家具案例分析

4.4.1.1 国内案例——秦皇岛的"红飘带"

项目名称：秦皇岛的"红飘带"

地点：中国，秦皇岛市，港城大街和北环路之间的汤河东岸（图 4-76）

设计：土人景观 / 俞孔坚

合作设计师：凌世红

委托方：中国，河北省，秦皇岛市园林局

完成时间：2008 年

1. 秦皇岛市汤河公园公共家具案例背景介绍

秦皇岛是中国北方著名的滨海旅游城市，汤河位于秦皇岛市区西部，因其上游有汤泉而得名。本项目位于海港区西北，汤河的下游河段两岸，北起北环路海阳桥、南至黄河道港城大街桥，该段长约 1km，设计范围总面积约 20hm^2。

图 4-76
秦皇岛汤河公园卫星地图

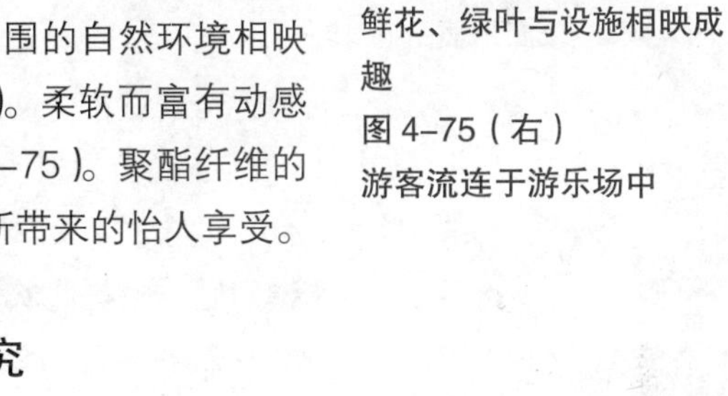

图 4-77　公园平面图

汤河为典型的山溪性河流，源短流急，场地的下游有一防潮蓄水闸，建于 20 世纪 60 ~ 70 年代。汤河公园 1992 年建园时，完成了拆迁、土地平整、水管铺设等基础工作；1995 年，重新维修了汤河公园解放纪念碑，新建了公园大门；1997 年修建汤河公园花圃；2000 年，结合"营造城市森林"活动，完成了汤河公园的续建；2002 年投资 634 万元，对汤河公园进行了全面规划，改造面积 50000m²，通过挖土成湖，积土成山，增设各种游园设施，把汤河公园建成了开放式游园。2003 年对汤河公园又进行了亮化。

2008 年完成的"红飘带"项目是由北京土人景观与建筑规划设计研究院和北京大学景观设计学研究院设计，秦皇岛市园林局组织施工并管理实施的。这个名为"绿荫里的红飘带"，给了这个公园很好的注解：用最少的人工和投入，将地处城乡结合部的一条脏、乱、差的河流廊道，改造成一处魅力无穷的城市休憩地。

因此，如何避免对原有自然河流廊道的破坏，同时又能满足城市化和城市扩张对本地段河流廊道的功能要求，成为本设计要解决的关键问题，也是此次设计的主要目标（图 4-77、图 4-78）。

2. 秦皇岛市汤河公园项目公共家具案例介绍分析

该公共家具项目设计最大限度地保留场地原有的乡土植被和生态环境，在此绿色基地上设计了一条绵延 500 多米的红色飘带。

"红飘带"是一个延绵于东岸林中的线性景观元素，具有多种功能。它与木栈道结合，可以作为座椅；与灯光结合，可以作为照明设施；与种植台结合，可以作为植物标本展示廊；与解说系统结合，可以作为科普展示廊；与标识系统相结合，可以作为一条指示线（图 4-79、图 4-80）。

图 4-78（左）
设计构思图
图 4-79（中）
"红飘带"与木栈道结合作为座椅
图 4-80（右）
雪地中作为指示线的"红飘带"

"红飘带"由玻璃钢等材质组成，曲折蜿蜒，因地形和树木的存在而发生宽度和线型的变化。中国红的色彩，点亮幽暗的河谷林地。沿红飘带，分布着四个节点，分别以四种乡土野草为主题。每个节点都有一个如"云"的顶棚。网架上局部遮挡，具有遮阴、挡雨的功能。夜间整个棚架发出点点星光，创造出一种温馨的童话氛围。地面上铺装呼应顶棚的投影，在这之间是人的活动休息空间和乡土植物的展示空间（图4-81）。

为了在城市化进程中尽可能地保护江河自然流淌的廊道，这个项目采取了最小干预的设计手法，取得了令人深刻的景观改善效果。并且，该项目还荣获了"2007年度美国景观设计师协会设计荣誉奖"，并且称它"创造性地将艺术融于自然景观之中，非常令人激动，同时不乏很强的功能性，有效地改变并提升了环境。"此外，"红飘带"还被选为美国2008年第1期《景观设计学》杂志的封面。

4.4.1.2　国外案例——澳大利亚埃尔伍德海滩

项目名称：The Benches of Elwood Foreshore

地点：澳大利亚维多利亚州，埃尔伍德市（图4-82）

设计：ASPECT工作室（墨尔本分部）

合作设计师：Martin Butcher照明设计公司

委托方：菲利普港口市

完成时间：2009年

1.澳大利亚埃尔伍德海滩公共家具案例背景介绍

（1）埃尔伍德市简介

埃尔伍德市在澳大利亚维多利亚州。埃尔伍德市以埃尔伍德海滩著称。在夏季这个海湾海滩非常流行娱乐冲浪、骑自行车、步行、打板球。它的沙滩，绿树成荫，道路两旁有许多的梧桐树。埃尔伍德原本是一块沼泽地，然而埃尔伍德运河的设施使之成为一个适合居住的地区。埃尔伍德最初被计划在有两个中心地理特征的埃尔斯特河周围（现今的埃尔伍德运河），并在奥蒙德海角处，一度被称为小雷德布拉夫。

图4-81（左）
"红飘带"蜿蜒穿过树林与草地
图4-82（右）
埃尔伍德海滩卫星地图

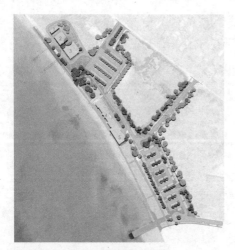

图4-83　埃尔伍德海滨平面图

1—埃尔伍德滨海哨站；2—埃尔伍德垂钓俱乐部；3—埃尔伍德航海俱乐部；4—埃尔伍德救生俱乐部；5—海湾帆船餐厅；6—卸货区；7—滨水区入口道路

图4-84　埃尔伍德海滨鸟瞰效果

图4-85　埃尔伍德海滩自行车道与步行道

（2）埃尔伍德海滨项目简介

这个项目位于澳大利亚埃尔伍德市的埃尔伍德海滩。埃尔伍德海滨项目的主要功能是为墨尔本市民及附近地区居民提供海滨地区的休闲娱乐场所。海滨的重建包括打造一条全新的自行车道，一块全新的沙滩广场，并保留当地植物，采用水敏性城市设计理论，增加建设一个新的停车场。该设计打造了人车共用的人行道以及一条安全通行的自行车道。通过合理配置道路与停车场，减少自行车、人行道和机动车之间的冲突。

墨尔本菲利普港口管理委员会及澳派（澳大利亚）景观规划公司追求一套处理水资源的完整体系。海滨俱乐部和餐厅里设置并安装水槽。新的停车场以水敏性城市设计理论为指导进行设计。雨水的过滤措施融于停车场之中，从而保证地表径流水体得到过滤后才流入海港，保护大海水质（图4-83）。

尽管受到空间和预算的限制，该项目依旧体现了设计的高雅和可持续性。停车场的路面铺砖采用了再生沥青，且尽可能利用现有路基。广场上的现存设施经重复利用，从而最大限度地减少材料的浪费。该项目证明不同功能性（如汽车、自行车、行人、船、清洁器）之间可以实现无缝式连接，体现设计的高雅性。该设计为大型活动和聚会提供了一个宽阔的场所（图4-84、图4-85）。

2. 埃尔伍德海滩上的长凳公共家具案例介绍分析

埃尔伍德海滩是该地区重要的滨海活动区。长凳在这里起到双重作用，一则是在海滩与停车场之间形成间隔带，二则是提示道路的出入口位置。长凳所形成的边界，还是历史上蓝色石头城墙的所在。100多年前，这道墙分隔了菲利普海港的内在区域。

海滩的照明是设计首要关注的，为此，设计师结合了长凳的设计，把灯管藏在不锈钢挡板后。建造过程中，通过与钢结构承包商的紧密结合，把灯和钢板准确定位，大大减少了材料的浪费。在长凳的主要材料选择上，设计师则采用了现浇混凝土与不锈钢相结合的做法，使得长凳变得独一无二（图

4-86、图 4-87)。

4.4.2 滨水广场公共家具案例分析

4.4.2.1 国内案例——上海徐汇区滨江公共开放空间城市家具概念设计

项目名称：上海徐汇区滨江公共开放空间城市家具概念设计

地点：中国，上海徐汇区（图 4-88）

设计师：吴晓淇、陈晓河

设计周期：2009 ~ 2010 年

1. 上海徐汇区滨江公共开放空间城市家具概念设计案例介绍

（1）上海徐汇区滨江公共开放空间城市家具设计主概念

图 4-86（上）
埃尔伍德海滩上的长凳
图 4-87（下）
长凳夜间灯光效果起照明
引导作用

这个项目的城市公共家具设计的总体配置原则体现出一个"汇"字。以"汇"的文字表达内容，索引出整个徐汇区公共开放空间的城市家具系统。

"汇"字的提取，首先来自于该项目设计地块的地名"徐汇区"中的"汇"字，而整个上海市的城市发展也是由一个商品货及人文"汇"聚的港口逐步发展成形的。再加上该项目设计地块本身就是一个集多种工业、制造业、运输业的"汇"集之地，有着丰富的城市文化价值，这些依据都成为了此次城市家具设计的"设计索引"的来源。

而在"汇"字索引功能运用及现在城市家具的设计上，主要展现在两大方面。首先表现在城市家具的材料上。依据景观设计的布局需求，以及与文化主题相互呼应，材料的使用将体现出多种材料的"汇"集。其次表现在城市家具的形式上。城市家具的形式按不同的使用区域将会以不用的形式再现，在整个满足使用功能及文化主题相关的表达功能的前提下，由沿江、沿路、沿主题三条主轴线控制形成城市家具形式上的大"汇"聚。

图 4-88
上海徐汇区公共开放空间
城市家具设计大致分布卫
星地图

（2）上海徐汇区滨江公共开放空间城市家具概念设计项目所使用的研究方法

实地调研。在确定的设计原则下，可鲜明显现，此项目设计将是一个充分依据实地条件下的个性设计，因而实地调研是十分重要的手段，贯彻在设计的始终，调研对比、反复论证，不断反复、设计的复杂性远不同于一般的城市家具。

（3）材料及工艺研究

材料的使用决定了成型工艺的要求。此项目的城市家具的材料须在设计原则的要求下进行场所记忆性分析，区别于一般使用材料及工艺的做法，所以必须对材料及工艺进行研究。

2. 上海徐汇区滨江公共开放空间城市家具概念设计项目公共家具

方案一的公共家具设计用L形线条的变化作为统一的设计语言，在单体的设计中L形构架贯穿始终。整体风格现代简洁，对细部节点的刻画是通过对一些工业构件的组合体现整体的工业感，在现代中略微穿插了一些经典的设计表现（图4-89～图4-93）。

方案二的公共家具用圆角方形的变化作为统一的设计语言，在单体的设计中圆角方形构架贯穿始终。整体风格现代时尚，对细部节点的刻画是通过采用一体化、无缝连接的组合体现整体的时尚感。符合上海这个城市的发展趋势（图4-94～图4-98）。

图4-89　公共车站设计

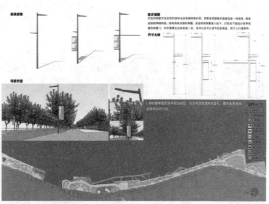

图4-90　人行道照明设计

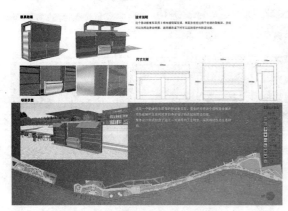

图4-91　移动售卖车设计

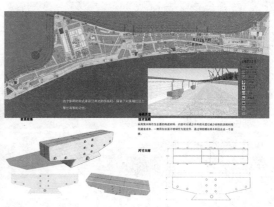

图4-92　公共座椅设计

产品与居住·公共家具与空间

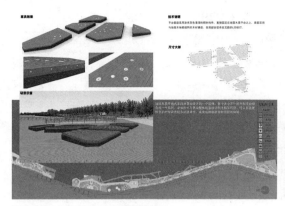

图 4-93　公共平台式家具设计

图 4-94　公共车站设计

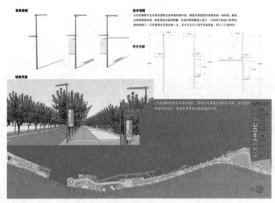

图 4-95　人行道照明设计

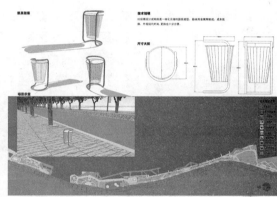

图 4-96　垃圾桶设计

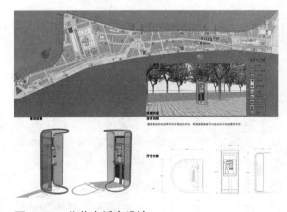

图 4-97　公共电话亭设计

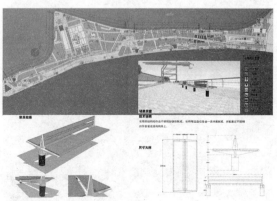

图 4-98　公共长椅设计

4.4.2.2　国外案例——啦啦宝都都市船坞丰洲

项目名称：啦啦宝都都市船坞丰洲（Urban Dock LaLaport Toyosu）

地点：日本，东京（图 4-99）

设计师：Earthscape 景观设计事务所

建筑设计：LLTA 株式会社

景观设计：日本设计株式会社、大成建设

标识设计：Raymond Schwartz Mack Design

照明设计：Bris Fasman

完成时间：2006 年 10 月

占地面积：67499m²

1. 啦啦宝都都市船坞丰洲公共家具案例背景介绍

（1）啦啦宝都都市船坞丰洲简介

啦啦宝都都市船坞丰洲是日本知名的集观光、娱乐、休闲、购物于一体的综合性购物中心。此项目是对东京都江东区丰洲中心部约 67000m² 的大型综合性商业设施（两街区）的开发及规划。开发地面向晴海运河，留有大量造船产业遗址。因此，此次规划立足于保留原有的产业遗迹、打造新型临水街景的设计理念之上。

规划起始，在集中听取都市、建筑、园林专家意见的基础上，以活用规划地原有特色、打造新型街景为目的，保留造船产业遗迹作为设计亮点，在离大海最近的地方设置了可供休息聚会的中庭，在其周围是以 4 艘轮船为主题的建筑，在不忘这里曾是一个船坞的同时，实现了为来访者提供一个能更多感受大海魅力的亲水空间。在围绕主轴线周边，建设各种设施，展现热闹、繁华的街景效果，打造海边的亲水散步道，改造旧船坞周边区域作为娱乐空间，并灵活利用产业遗址（起重机、螺旋桨等）作为特色景观（图 4-100）。

（2）日本 Earthscape 景观设计事务所简介

Earthscape 事务所成立于 1999 年 11 月 11 日，其成员是一群来自日本的景观设计师，董事长团家荣喜。Earthscape 从字面上看，即"地球的景观"，可以理解为从宇宙看到的蔚蓝色地球，他们的设计既包括大尺度的规划，也涵盖细微的节点设计，并且设计的元素中透露出人性、生态、尊重自然规律的观念。事务所希望通过设计细节与人们的日常生活产生联系，并改善我们居住的地球环境。Earthscape 与建筑

图 4-99（上）

啦啦宝都都市船坞丰洲卫星地图

图 4-100（下）

啦啦宝都都市船坞丰洲平面图

1—波浪形花园；
2—纪念船坞；
3—波浪形儿童乐园；
4—船坞；
5—小狗公园；
6—观景露台座椅；
7—工业遗址

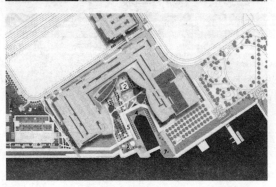

师、园林设计师在座椅、雕刻、景墙等节点设计方面密切合作，并逐步深入园林景观、城市规划等领域。Earthscape 将"生活风景"奉为设计理念，并贯彻到道路、公园、商业区、住宅区及旅游等项目工作中。

2. 啦啦宝都都市船坞丰洲公共家具案例介绍分析

这个项目是由 Earthscape 事务所设计的，打造了一块综合的陆路海洋景观休闲区域。这一项目将整个景观想象为海洋，而来此的游客则成为了航海者。在改造之前这里曾是一个造船厂，将两个码头进行翻修、回收再利用促使了该项目的诞生（图 4-101）。

在填海的场地上，建立绿色、水和地球三个渐进式的景观主题，并设置咖啡厅、电台等布置于场地中，场地中白色泡沫状的、珊瑚状的长凳则散置在模拟海浪起伏的场地当中。游客在场地中可以感受航海旅行的感觉，自由通行，且能发现不同于以往的惊喜（图 4-102 ~ 图 4-104）。

绿色、海洋、陆地三条波浪铺垫于这片重生的土地上，咖啡馆、广播站和博物馆零星散落在看上去像极了汪洋里的小岛，而那些漂浮在波浪之中的白色的长椅似泡沫，又似珊瑚。航海者往来穿梭，经历着新的发现和境遇，让他们感到时而闲散舒适，时而行色匆匆。

设计师通过整体景观设计勾勒出海洋的风貌，而在波浪花园中设计师构建出波浪的地形，并且将白色长椅以泡沫和珊瑚的形状置于其中。这片波浪起伏的场地很受孩子们欢迎，即使这里并没有游乐设施。一旦身处其中，孩子们会情不自禁地想要奔跑嬉戏。并且设计了中庭的主舞台、小岛般被水环绕的主舞台，孩子们高兴地来回奔跑，为平常见不到的这满满一片的水而欢欣雀跃（图 4-105）。

图 4-101（左）
啦啦宝都都市船坞丰洲鸟瞰图
图 4-102（右）
白色观景座椅

图 4-103（左）
珊瑚状的长凳（一）
图 4-104（右）
珊瑚状的长凳（二）

图 4-105（左）
波浪公园

图 4-106（中）
纪念船坞码头中的孤岛舞台

图 4-107（右）
充满趣味的设计

此外，丰洲拉拉港之中的全部设施都采用了独特的记忆而来的设计和充满趣味的设计理念，例如提取旧船坞的记忆而来的设计、黄昏时分沿海平线欣赏日落之美的场地，以及许多其他景观图形（图 4-106、图 4-107）。

4.4.3　滨水公园公共家具案例分析

国外案例——多伦多安大略 HtO 滨水公园

项目名称：多伦多安大略 HtO 滨水公园

地点：加拿大，多伦多（图 4-108）

设计：加拿大 JRA 景观设计事务所、Claude Cormier 景观设计事务所、Hariri Pontarini 建筑师事务所

委托方：多伦多市

完成时间：2007 年

占地面积：24281m²

1. 多伦多安大略 HtO 滨水公园公共家具案例介绍

"这个大胆的设计美化了多伦多市的湖滨地区。在夏季，HtO 海滨公园非常美丽；而冬天则像夏天一样地美丽，它是一个跟随季节而改变的地区。"

——2009 年 ASLA 专业奖评审团

HtO 滨水公园，坐落在多伦多市湖滨

图 4-108
HtO 滨水公园卫星地图

产品与居住·公共家具与空间

区。一方面，它是一个受人喜爱，适应任意季节的公众场所，能让人们远离城市的喧闹，享受湖边风景；另一方面，它有利于推动未来城市湖滨区的发展，为未来湖滨地区的发展设定了高标准。

公园对未来城市滨水空间的发展起重要的催化作用，并为此设立了很高的设计标准。这里原本是一处废弃的工业遗址，如今建设成为备受喜爱的滨水公园，吸引着大量的外来游客，让整个滨水区充满了生机与活力。

HtO滨水公园是一处灵活多用的公共空间。作为地标性公园，其自开放之日就非常受欢迎。改造后的公园，给人们创造了一个良好的生态环境，附近居民可以在沙滩上享受日光浴；悠闲的游客可以在公园里叹赏安大略湖和多伦多天际的宏伟景色。由于HtO滨水公园的独特地形，游客需要沿一系列绿色小径爬上坡之后才能进入公园。面朝沙滩和大海，嘈杂的城市和繁忙的高速公路被抛诸脑后。

但是，该公园的设计业面临了诸多挑战，而最大的难点在于环境问题。HtO公园所坐落的地方曾遭受过严重的环境污染问题。设计需要解决土壤污染和其他工业残留物。受到污染的土壤被覆盖；现场雨水管理系统安装在原先受到雨水渗透的表面上。另外，所有用于灌溉的水均来自湖水。公园沿岸还用回收而来的混凝土修葺了一处处鱼类栖息地，旨在恢复部分安大略湖的自然生态系统（图4-109）。

2. 多伦多安大略HtO滨水公园公共家具案例分析

HtO的成功之处是把人吸引到滨水区，并为人们提供了丰富多彩的娱乐活动。它一建成便成为了多伦多的城市象征，尤其是水边那些黄色的太阳伞，为游人起到了遮挡阳光的作用，还有使用不锈钢和混凝土制作的厚石板长凳，给游人提供了休憩的场所（图4-110、图4-111）。

该公园的名字HtO，是借用了水的化学名和多伦多市的名字，将两者组合在一起就变成了HtO。于是公园的名字就成了一个品牌，赋予整个公园独有的特征，它的寓意是把水和城市连接起来，减少从安

图4-109（左）
改造后的HtO公园平面图
1—多伦多城市公寓；
2—HtO公园西部；
3—皇后码头西部；
4—HtO公园东部；
5—安大略湖；
6—消防站；
7—城市海滩；
8—城市沙丘

图4-110（右）
居民与游客在沙滩上享受日光浴

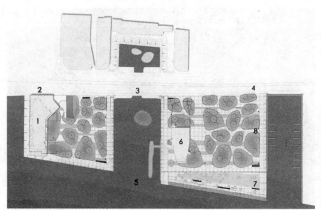

图 4-111（左）
湖滨黄色太阳伞和厚石板
长凳
图 4-112（右）
HtO 公园：标志

图 4-113（左）
安大略湖与公园相交的
景色
图 4-114（右）
木栈道沿公园的边缘延伸

大略湖到市中心的各种障碍物。进入海滩后，游人将沿着缓缓上升的绿色丘陵向前，丘陵上种满了柳树和银色的枫树，然后又慢慢向下到达开阔的沙滩，上面全是黄色的太阳伞。为了体现与水的接触，水边还设置了木栈道（图 4-112～图 4-114）。

第五章 "想"
——如何面对公共家具的未来？

　　人类文明经过近七千年成长，发展成为今天高度文化又高度技术的现代文明。在文明发展的长河中，人类从利用自然到发现自然最终利用自然资源而创造出人类使用的新技术、新工具，更重要的是在历史发展中，由于不同气候及人类的不同文化评价而产生的不同国家乃至不同城市独具个性的复杂性与矛盾性，这种复杂性与矛盾性构建了特定的文化属性或称地域性与民族性。作为城市文明的载体之一的公共家具亦显现出这种文化的地缘属性。在此同时，人类的高技术文明的发展极大地丰富和多样了人类的各种生活方式，但在革新的同时亦给世界的环境或人类文化带来了破坏甚至毁灭性的打击。在这个时期，当下的现在，人类有必要反思各类城市的成长过程，提出未来可持续的生存发展模式。城市的发展"这是一个夹杂在数学、建筑学和地理学之间的关于解谜和理解的问题：不同规模的城市是如何成形的，又是如何在不曾遭遇到破坏的情况下发展起来的（例如欧洲许多城市）？新崛起的亚洲国家又是如何冲破边界和地理形态发展起来的？只有量化的探索能够帮助我们把握其质变范围和意义以及这些变化给能源消耗和气候变化造成的至今仍微不可察的影响。"法国建筑科学技术中的城市形态学研究室所作的关于可持续城市的研究亦给今天的公共家具发展带来了新的思考和要求。

5.1　公共家具设计面临的现状

　　公共家具最初的出现只是满足公共环境中人们休闲、生活的需求，随着人类文明的进步，公共家具亦从简单的关心人类生活需求而演化为对人类安全、生活需求的尊重，包括人类的文化属性和各种年龄、性别的要求甚至老、幼的特殊生理、心理以及残障人士特殊生活需求行为的满足，使用的材料亦从自然的石头、木头、原始的金属渐变为塑料、合成金属、陶瓷以及多样性材料组合。材料的使用不仅取决于公共家具的牢度和维护，更关心材料与结构所传译的地域属性所带来的文化性。公共家具不仅要实用成本控制，更要给人产生愉悦的性情——我们常说的美感，而这种美感的评价又受人类特定的文化评价和艺术审美的影响。而人类的文化评价则感染于人类所遭遇的各类事件和技术的影响。

5.1.1 高度信息化

最初的人类交往仅限于语言和文字的交流，电话、电报的发明则拓展了人类交流的方式，更缩小了人类交流的时空界域。20世纪30年代出现的计算机技术今天已发展成无可替代的人类生活必需品，无论贸易、文化乃至生活的细微部分都离不开计算机技术，而80年代的网络时代则完全打破了人类传统的交际模式，各种新技术应运而生，最重要的是这种革命影响了人类的文化评价模式。公共家具的设计手段和方法不断日新月异，其真正价值在于公共家具的设计研究发生了变化，公共家具的设计不仅关注产品的生产，更关注设计的来源——人类在网络时代影响下所产生的世界观乃至人生观评价的标准变化。"数字化生存"成为了今天人类的唯一模式，在这个模式下，数字化不仅影响、规范了公共家具的设计方法、手段，而且给缜密的对人类的需求研究带来了数字化的矢量评价方法。这种设计方法完善了公共家具设计的科学性，但同时也使人类重要的感性思维方法陷入僵化的"机械"模式中。而另一方面人类的生活方式及社会评价取向亦深受"数字化"的影响，最终导致意识的变化。从设计方法而言，计算机代替了手工设计方法，提供了精确科学的设计评价，但徒手设计所带来的创造性亦受到了很大的限制。高度信息化亦使人类的信息数据的安全遭到了新挑战，信息化社会创造了社会发展机制，同时亦对人类生存、可持续发展提出反思。

5.1.2 高度技术化

文明的发展一个重要的表征就是高度的技术化。高度的技术化创造了人类文明的高度发展。以交通工具为例，从人力、畜力而生的马车至利用汽油为动力的汽车到以蒸汽和电力为动力的火车直至飞机、轮船最终创造了飞船、航天飞机。人类的世界由于交通工具的发展而不断缩小，人类不仅探索自我世界的发展，更向外太空进行探索。今天的高度技术化依赖于计算机技术、信息化社会，这种高度技术化从另一程度而言：人类变成了"懒人"。人类的生活、生产及交往都依赖于信息化社会所带来的高度技术化，另一方面高度技术化亦大量消耗了自然资源，给人类的生存环境带来了破坏。在高度技术化的影响下，公共家具设计亦有了革命性的变化，不仅设计手段高度技术化且设计研究与分析亦高度技术化，高技术给公共家具的设计研究提供了科学的基础。高度技术化使得人类生活日益简便，也使许多原来不可能的事成为了现实。如手机通信、地理遥感等数以万计的高技术信息化产品充斥了人类生活。公共家具只是简单地满足一般的使用需求，已难以符合现代的需求。高度技术化的时代文明带来了一种便捷但可怕的趋势——同质化。同质化的趋向使城市、地域的文化个性丧失了，人类失去了归属感，失去了对自我家园的认识。因而，公共家具又面临新的任务：如何在高技术条件下创造具有文化认同感和地域归属感的产品，使消费者在使用公共家具时不仅得到生理的舒适，又能找到地域的文化归属。

5.1.3 人类行为多变性

高技术信息化的影响使人类行为不再是一种相对单一的模式而呈现出多样性及多变性的特性。这种多样性体现在人类经过漫长岁月而渐成的世界观及价值观的各民族、区域，各种生活经历和背景的人群不同的行为要求。19世纪以前人类行为的研究基本由神学和哲学家来承担。19世纪后世界纷繁的变化、科学技术的进步产生了心理学，德国的威廉·冯特被誉为科学心理学的鼻祖。之后机能主义、联想主义、格式塔、弗洛伊德行为主义等心理学流派层出不穷，而20世纪50年代美国的亚伯拉罕·马斯洛(Abraham Maslow,1908年4月1日～1970年6月8日，美国社会心理学家）则针对人类心理对环境的作用，提出了心理需求五层次，即为：生理的基本需求、安全的需求、归属与爱的需求、尊重的需求、自我实现的需求（图5-1）。

图 5-1
马斯洛心理需求五层次

从心理需求五层次我们可以看到人类对社会环境要求的认识在不断升级、变化。公共家具的设计亦随着人类需求的标准上升而变化。网络时代使得信息传播极为便利，这种瞬间的信息传输方式，影响了人类各个阶层、种族、文化背景的人性发展的多样性并呈现出多变的趋势。在这种现象影响下，不

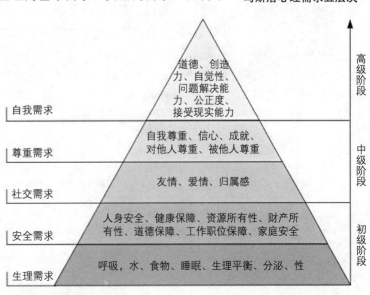

图 5-2
世博会专项公共家具

图 5-3
历史保护街区家具——凤
凰古城

图 5-4
北京奥林匹克公园公共
家具

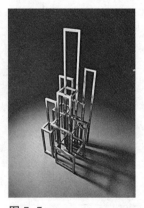

图 5-5
城市家具：快乐之城；
2007 年；材质：不锈钢

同种族、文化背景的人价值观及审美评价显现出多样性，最终导致了行为的多变性。传统、单一的公共家具已难以满足这种行为多变性的需求。公共家具的设计须关注这种多变性从而达到满足现代人类时代需求的要求。多变性使得设计不断细分化与精密化。研究的范围亦由普遍大众的需求转而针对特定人群、特定地域、特定需求从而进行专项设计如世博会的公共家具（图 5-2）、历史保护街区的公共家具（图 5-3）、特定建筑物的公共家具（图 5-4）等都显现出公共家具的专项化设计。行为的多样性不光表现在使用人群亦显现在公共家具的设计者设计行为的多样性上。公共家具不光满足人类行为需求亦表现出设计者的个性、审美评价趋向。公共家具设计如同建筑一样承载了伦理和道德的要求，设计师在公共家具的设计上反映出其本身特定的文化素养甚至道德标准。风格的追求成为公共家具设计师自我实现的评价标准（图 5-5）。一方面人类行为的多样性表现出人们对公共家具设计要求的多样性，而另一方面由于人们对社会评价的不同在中国尤其反映出政府主导的不确定性和领导审美评价标准的异同，反过来影响了公共家具的设计，这就又赋予了公共家具设计还应以教化和引导社会评价向科学的标准发展，从而又具有了一定的社会责任。

5.2　对未来公共家具的思考

未来是什么？我们现有的知识结构很难回答这个问题。然而，有一点是肯定的，人类对自身和自然的探索永无止境，这种探索精神必然导致新能源、新技术的出现，人类文明的发展史正充分证明了这一点。《哈利·波特》及《阿·凡达》等科幻电影向人们臆想了这种未来发展的可能性。公共家具设计只是属于应用科学范畴，新能源和新技术必定推动公共家设计手段的革命和应用方式甚至人类行为的革新。现阶段，我们如何做好准备，这是时代发展对今日公共家具设计提出的要求。

5.2.1　对未来人类生存状态与生活方式的探索与创造

亚里士多德曾说人类"为了活着而聚集到城市，为了生活得更好而留居于城市"。人类的居所和人类自身，始终是同步向前发展的。洞穴、茅草屋和其他简陋的栖身之所已离我们远去，今天高楼大厦鳞次栉比的现代城市迟早也会老旧过时，被那些现在看起来有些科幻色彩、有些像电影里出现的"未来城市"所取代。我们只是希望，未来的城市，能让我们"生活得更好"。

5.2.1.1　对未来城市的探索

现今阶段，大多数普通人对于未来城市生活方式的臆想大多都来自好莱坞的科幻影片，从电影史的发展来看，尽管"科幻电影"一词出现于 1926 年左右，但是早在电影诞生之时，科幻片的雏形就已随之产生，如法国导演梅里爱的由科幻小说改编的《月球旅行记》（1902年）、《太空旅行记》（1904 年）和《海底两万里》（1907 年）。20 世纪50 年代是科幻片的第一个高潮。为其繁荣提供动力的，是科技尤其是空间技术取得重大突破，以及二战结束之后冷战思维的影响和人类对前途的恐惧感，如罗伯特·怀斯的《地球停转之日》（1951 年）。随着越战结束，各种运动蓬勃兴起，以及电脑技术的迅速发展，20 世纪 70年代迎来了科幻片的第二个高潮。以法国的《阿尔发城》、苏联的《索那里斯》以及库布里克的《2001：漫游太空》（1968 年）为先导，直至卢卡斯的《星球大战》（1977 年）形成气候。20 世纪 80 年代中后期以来，随着数字技术的飞速进步，工业化、信息化社会的到来以及消费观念的变化，科幻片在掀起第三次高潮的同时也被末世情结所占据。以詹姆斯·卡梅隆的《终结者》（1984 年）拉开黑色序幕，经过斯皮尔伯格的《侏罗纪公园》（1993 年）、凯文·雷诺兹的《未来水世界》（1995年）、吕克·贝松的《第五元素》（1997 年）等影片的缀联，直到沃卓斯基兄弟的《黑客帝国》（1999 ~ 2003 年），末日景象纷纭而至。《黑衣人 3》（图 5-6）（2012 年）改编自洛厄尔·坎宁安的同名漫画作品，

图 5-6
《黑衣人 3》

图 5-7
《逆世界》

是 K 和 J 双人组拯救地球的一套科幻喜剧电影。里面展现了大量未来的高科技产品，比如从车里分离出来的摩托车，带有科技质感的电梯、无形显示器以及未来工作空间等。《逆世界》(图 5-7)(2013 年) 这部由卢森堡、丹麦、加拿大、英国、美国、法国联合摄制的科幻片中，向人们展现了一个上下颠倒的双生世界，人们像生活在平行世界中一般各自生活、工作，互不干涉。法律规定任何人不能和另一个世界的人沟通，更不能试图跨越到另一个世界去。设定上容易让人想到铳梦，分化的阶级世界遥不可攀，但是总有来自两个不同空间的人试图在一起并最终颠覆全局。改编自 Joseph Kosinski 的同名小说《遗落战境》(2013 年) 的科幻电影，讲述的是在 2015 年，人类在火星上探索，不幸被外星人所劫持，从此踏上了一段救赎与发现之旅。在外太空内运用智慧与高科技展开了一场殊死搏斗。里面存在大量的科技产品，如电脑操作显示平台、作为生存空间的海上塔台、天空塔内部室内部分等。这些电影中的情节展示，充分显示了人类对于未来科技的预想与探索。

　　弗里茨·朗的名作《大都会》里，描绘了 2026 年人类社会的颓废景象——人类被分为两个阶层，权贵和富人都住在梦幻般的富丽大厦里，日日享乐，而贫穷的工薪阶层则长期被困在幽暗的地下城市，与冰冷的机器相伴。《大都会》以"大机器"和"摩天楼"这两个工业化时代的重要符号，勾勒出的是对未来人类社会的悲观想象。

从城市在地平面出现的那一天起，这种悲观和乐观的情绪就未曾离开过。我们厌倦了现在的城市，却从未停止过对未来城市的设想与实验。21世纪的头一个十年即将过去，未来城市的构想一个接一个出炉，有的已经开建，有的却仍停留在"纸上谈兵"的阶段。这些构想无论是可实现的，还是未能实现的，它们都向我们指出了城市下一步应该前进的方向。或许，只要朝着这些方向努力，今日之城就能被改造成理想的未来之城。

那么，到目前为止，有没有已经开始建设的"未来之城"？关于未来之城的设想在哪些国家已经具备了实现的条件？它们到底是虚无缥缈，还是切实的可行之计？

20世纪60年代以来，各国规划工作者提出了各种未来城市的设想方案。有的设想从不破坏自然生态出发，以可以移动的房屋与空间来构筑空间城市、插入式城市与行走式城市。有的设想从土地资源有限出发，试图向海上、海底、高空、地下、山洞争取用地，以建设海上城市、海底世界、摩天城、悬挂城、地下城市、山洞城市。有的设想从开发沙漠、太空、外星出发，以及建设沙漠城市、太空城市、外星城市。也有的从模拟自然生态出发，拟建以巨型结构组成的集中式仿生城市。他们的目的就是要解放或少占地面空间，在方法上具有丰富的想象力和大胆利用一些尚在探索中的先进科学技术手段（表5-1）。

不同时期各国未来城市设想方案 表5-1

美国地点	名称	时间	典型代表	可持续发展的内涵
英国	田园城市	1898年	霍华德	人与自然可持续
英国	乌托邦城市	19世纪末	格迪斯	自然引入城市
法国	光明城市	1925年	柯布西耶	高密度，建筑、绿地等结构整齐
美国	邻里单位	1929年	佩里	居住空间功能协调
美国	广亩城市	1935年	赖特	城市集聚与扩散的功能统一
日本	共生城市	20世纪60年代	黑川纪章	空间设施可持续，文化与经济共同发展
日本	空间城市	20世纪60~70年代	矶崎新	—
日本	海上城市	20世纪60~70年代	菊竹清训	空间拓展与有效利用
欧洲	插件城市	20世纪60年代	建筑电信派	空间拓展与有效利用
欧洲	速成城市	1968年	库克	设施周期性更新
美国	步行城市	20世纪80年代	克劳福德	利用信息技术对环境调谐
美国	伊甸园工程	1991年	—	模拟太空控制生态系统

5.2.1.2 "未来城市"设计

1. 天空之城：1989年，日本的建筑股份公司竹中工务店寄望"天空之城1000"（高1000m，地面宽度400m）来解决东京问题：即在维持现代生活水平的同时将原本在地面上铺开的城市往高处发展，成

图5-8（上）
垂直都市——天空之城1000
图5-9（中）
泽奥陆生态城市
图5-10（下）
仁川松岛新城

为"垂直都市"，而地上多余的空地留出给自然的植物，在工业化时代的建筑中加入更多的自然绿色空间（图5-8）。

2. 迪拜：迪拜拥有世界第一高楼和众多摩天大楼以及未来建筑，可以称得上当今世界的"未来之城"。朱美拉花园公园大门的设计方案就体现了这一点。这个大门由三对巨塔组成，每对巨塔在顶部以悬空花园相连在一起，形成三重大门的形状。根据整个设计方案，该地区还将包括另外四对巨塔。这四对巨塔主要是用于住宅和商业区。朱美拉花园区的每一栋建筑都将是环境友好型的建筑，都能够产生和利用可替代能源。

3. 泽奥陆生态城市：为了保护城市中最古老的历史文化遗迹，伊斯坦布尔城市规划者正在尝试扩建数个新的城市中心区，泽奥陆生态城市就是扩建计划的一部分。它是一个集生活、工作和娱乐等功能为一体的城市社区，实际上就是一个城中城。根据设计方案，泽奥陆生态城市共有14座塔形建筑，这些建筑可以用作住宅、办公室、宾馆等。这些建筑最具特色的地方就是它们的绿色外墙和绿色屋顶，整体看上去就像是一个个绿色的空间。设计方案由英国著名的生态建筑事务所卢埃林－戴维斯－耶安格建筑事务所创作。作为一种未来的建筑设计理念，它有助于建设绿色城市、减少机动车使用率以及引入更多生态友好型建筑（图5-9）。

4. 松岛新城：从零做起的未来之城的建设——韩国仁川新松岛。它是世界上第一个完全采用U概念的城市。所谓U城，即"数字无处不在的城市"。这个2005年动工建设、预计2014年完工的城市，社区、公司和政府机构等实现全方位信息共享；数字技术深入住房、街道和办公大楼，像一张无形的大网把城市支端末节统统连为一体（图5-10）。

5. 首尔公社2026：计划占地40万 m^2，由15座16～53层不等的巨型"绿塔"组成，建筑表面被绿色植物覆盖，"绿塔"之间由高速公路转接，塔内将建有步行街、学校、医院等公共空间（图5-11）。

6. 自由之船：是城市与超级邮轮的混合体，体积是泰坦尼克号的13倍。它由美国公司设计，拥有多达1.8万套海景房，并建有学校、医院、剧院、体育馆和高尔夫球场等公共设施，可供6万人同时居住。顶部是机场跑道，可供多架直升机或小型客机同时起飞降落（图5-12）。

7. 维纳斯计划：在美国佛罗里达州的维纳斯，有一个面积大约为

8.5hm² 的研究中心。未来城市的局部模型已经被搭建出来。旨在实现能源自给的环保城市方案，它试图让人们明白，城市的发展不能以牺牲自然环境为代价。

如果说"维纳斯计划"更近空想，中国不少城市在改造自身上所做的不少事情则是实干，通过节能、减排等措施让城市变得"更绿"，以另一种更为缓和的方式实现"维纳斯计划"中以资源为本、保护自然资源的设想。比如，浙江省杭州市已经启动了迄今规模最大的"自行车共享"计划，投入 6.5 万辆公共自行车，公共自行车服务点 2674 个，24 小时服务点 50 个，为乘客和游客提供便捷、零排放的交通选择。有些人认为发展高速铁路等节能政策能在一定程度上改变人们的交通习惯，也会改变城市面貌，未来的城市并非把今天的城市推倒重建。这一想法也许是为更多人所接受的思路。每个文明都有需要保存的历史和遗迹，以无声的方式改造我们的城市、保护我们的环境，或许比推倒现有体制重建更为可取。

5.2.1.3　对未来人类生存状态与生活方式的探索与创造——上海世博会

世界博览会从首届开始就不仅是一次"眼花缭乱，丰富多彩"的陈列，而是开创了以后自由贸易的先河，向人类预示了工业化生产时代的到来。它的展品体现了现代工业的高速发展和人类的无限想象力。它的辉煌和巨大成功成为一个良好的开端，以后的历次世界博览会一脉相承，吸引了世人的目光，可以说"创新"就是世博会的核心和灵魂。

图 5-11（上）
首尔公社 2026
图 5-12（下）
自由之船

在历史使命的驱使下，历届世博会上许多设计优秀的城市家具都以不同的方式和技术手段，结合世博主题，演绎了自身节能、环保等方面的生态观。

2010 年上海世博会"生态"意义上的多重性内涵表明：今天我们在讨论世博会城市家具设计导向时，如果仍将目光狭隘地停留在原来的城市家具设计的法则上是远远不够的，应该有所深化、有所延伸。我们在从事世博会城市家具设计时，必须突破纯技术地看待城市家具设计的局限，将与社会和人文生态密切相关的园区公共空间纳入设计的视线范围，从单体设计本身和园区公共空间两个层面探讨它们的环境生态、社会生态和人文生态问题，研究两者之间的关系。从而全面地理解上海世博会所提出的"生态世博"规划设计目标，切实地把握好城市家具和公共空间设计的方向。

1. 2010 上海世博会概况（表 5-2）

2010上海世博会概况		表5-2
时间	2010年5月1日~10月31日	
地点	上海市中心黄浦江两岸，南浦大桥和卢浦大桥之间的滨江地区。用地约6.68km²。它是上海黄浦江两岸开发、旧区改造和产业布局调整的重要地区，也是上海新一轮城市空间拓展与城市综合服务功能提升的重要地段	
主题	城市，让生活更美好 在世博会150年的历史上首次独创性地提出"城市"主题，并以"和谐城市"为园区规划的核心理念，构筑了"三大和谐"的基本思想，包含了"人与自然的和谐"、"人与社会的和谐"、"历史与未来的和谐"三个向度的内涵	

2. 2010上海世博会对城市家具设计的特殊要求

上海世博会建筑不仅是当今最新环保理念、最先进节能技术表现和展示的舞台，而且能实现技术运用目标与最终效果的统一，技术表现与美学法则的统一，在发挥创意、凸显个性的同时，避免把设计的出发点限定在单体设计和技术表现的求新求异的狭小范围内，造成城市家具本身的形象脱离大众对建筑美的观念，脱离环境和整体的和谐，缺乏了广泛和必要的深层认知度。上海世博会公共家具从空间入手，整合了规划设计、城市设计和专项设计的成果，分析了公共空间与城市家具两者之间在使用功能、视觉形象和文化等层面的相互关系。从各个方面系统性地对公共空间和城市家具提出了详细的设计要求。

（1）时代性——社会文化、科学技术及经济等的发展

历届世博会上，参展者都拿出了最新科技成果公之于众，使世博会成为展出和推广最新科技成果的舞台和前沿阵地。我们耳熟能详的许多发明都是在世博会上首次亮相后，快速走向消费者，为社会发展贡献力量，为人们的生活提供方便的。文化与科学、生活方式与社会经济、建筑与城市规划等都是推动景观建筑和城市家具设施发展的引擎。尤其对于世博会这样以展现人类在社会、经济、文化和科技领域取得成就的国际性大型展示会，许多高精尖的科技成果应用于公共家具中，表现为其造型设计不断更新、新制作材料的应用及空间表现方式的交换等。

（2）场所空间——世界范围的人类聚会，户外生活的集合

对城市中的人们来说，户外的公共空间就如同一片森林，而人们对户外空间的渴求就如同叶子选择生长的角度以接受阳光一样。大家都知道：人们的户外城市生活一般可分为三种类型，即必要性活动、自发性活动和社会性活动。每一类活动类型对于外界物质环境及相关生活设施的要求都大不相同。对于世博会，这样的世界范围的人类聚会，以促进人与人的社会性交流活动为基本目标，且整个展会期间，人的80%的行为会在户外发生。所以，在城市公共家具的设计上要尊重各国人民，注重国际文化的交流与融合。

（3）地域性——城市性格

人有性格，城市亦是如此。那么，什么是城市性格呢？城市性格是城市里社会生活长期形成的特点。这里的"长期"可以是几十年，上百年，甚至更遥远。它贯穿了一座城市的整部建设史。城市是一个社会形体，它有自己约定俗成的东西。一座城市在社会生活中长期形成的特点准确地反映了它的人文特色，所以城市性格也是城市人文特色的记忆。城市公共空间的家具设施与其城市性格和精神应是相符的。

世博会每届在不同的国家、不同的城市举办，每一届都具有与众不同的特色和魅力，吸引了成千上万来自世界各地的人前去参观。假设每个举办城市的家具设施如出一辙，像从一条流水线上生产出来的，那么在这些雷同的设施面前，将令人们无法分辨出自身的归属，那么世博会的吸引力何在？

某种意义上，城市公共家具系统中信息传播就是符号的传播。在历史长河中符号被不断地延伸与发展，不断地丰富与整合，并体现在公共设施的内涵上。人的视觉或经验常常选择性地对某个地区的历史、文化、宗教、民俗等，也可以通过城市景观及环境中的设施展现其独特魅力。人类从早期的安全需求到后来的文化需求，促使城市的形成。每个城市在历史的发展中，将各种社会因素积淀形成文化，满足人们对知识、宗教、资讯的追求和渴望，并逐渐演变成可供人们记忆以及可见可触摸的符号。这就是人类在社会历史发展中创造的物质财富与精神财富的综合，也是城市物质文明与精神文明的体现，这同世博会"经济、科技、文化领域的奥林匹克盛会"的美誉是多么完美的契合。

3. 城市家具设计在历届世博会中的应用

（1）城市家具设计对世博会的主题演绎

以 2005 年日本爱知世界博览会为例，它的主题为"自然的睿智"，强调"重新连接人类和自然，人类和自然牵起手，未来的梦想更辽阔"，爱知世博正值环境革命之际，是对如何恢复人与自然之间纽带的探索。组织者试图通过丰富多样的展示，回顾迄今为人们如何利用智慧和技术将渐趋疏远的人类和自然的关系重新连接起来。

在城市家具的设计中，如何很好地表现这一主题思想，如何通过城市家具把"自然的睿智"具体化，其答案是："基于 3R（Reduce、Reuse、Recycle）原则的代谢设计。"代谢设计是基于生物学的新陈代谢，具有自在的可变性的设计意思，即生物一样的设计；能够自由地分解、组装，能够做成各种形状，自由设计、利用。比如，爱知世博会上长座椅面使用的是再生木材，是用 60% 的建筑废材粉碎再生的木粉和聚氨酯为原料挤压成型的不污染环境的新材料，椅腿是用平时制作铝制喷雾罐和塑料芯笔的笔杆时，冲压机将铝板打孔后，残渣以外的剩余部分再度熔解做成的铝板。座面和椅腿是用螺栓结合的，所以装配和分解时很容易。从一开始就有所规划，这种尝试在循环型社会形成过程中是展会上一举多得的创举。可以说这称得上是3R的象征性城市家具，并体现了对设计性的追求。在这届世博会上，展现了未来科技和新环保概念；强调人类在新世纪里可以和自然永续共存。在会场，环保无处不在，资源处处可以再生利用。

（2）城市家具对世博会气氛的渲染作用

爱知世博会的色彩规划选择的是作为主办国的"日本的颜色"，设定了从记号性考虑的六个阶层的色彩番号。通过这六个阶段的色彩，实现城市家具的通俗易懂与演出的效果。而遮阳设施，以间伐林为主材，具有遮挡阳光功能的伞没有使用特别的颜色，却呈现出一片快乐的表情。凡是参观过爱知世博会的人都会有这样的感觉：爱知世博会没有以前那样的华丽的建筑与构造物，最让人记忆深刻的是其中渲染热闹景象的装饰物；竖幅、旗帜、景观小品等，比起功能来，它们背负的责任更在于营造气氛（图5-13）。这些属于城市家具范畴的装饰物，虽然是人工作品，却充满了温馨与柔和的气氛，能让人沉浸在欢乐的情绪中，如同被赋予了生命力一样，不仅色彩鲜艳，设计独特，而且其随风摆动的有机组合也是一大看点，令参观者惊喜不已。如果说世博会的使命是预示未来，那这些城市家具所描绘出的未来一定是幸福的社会。有人这样盛赞这些引人注目的装饰物："如果没有它们，会场的风景会显得很寂寞。"

（3）城市家具对世博会环境的融合

2000年汉诺威世博会上，为此次盛会服务的公共设施包括一条新建的有轨电车线路。沿线13座车站的候车设施设计得很有特色，注重了个性与共性的统一。这些候车亭无一例外的都是长方体，但覆盖其上的材质却千变万化。有的使用了红砖，有的是不锈钢丝网，有的是经过表面处理的铜板，有的是鹅卵石，有的是松木，有的是玄武岩中

图 5-13
2005 年爱知世博会

嵌入玻璃，有的干脆就是纯玻璃或混凝土。这些材质的表面都经过了严格的技术处理，既能够抵御风吹雨淋，又可防止人为涂鸦和用硬物刻划。而且，这些材质的应用是有理由的，用设计者的话来说是"为了与周围环境形成对话"。除了材质的不同，这些候车亭在每个月台上还有6种不同的变体，以适应不同的功能要求，如观看橱窗，坐、立候车等。这些"盒子"式样的候车厅都是在一个单体的基础上展开设计的。这使它们成为一个系列并极具统一感。这些貌似简单的重复却很不简单，只要看看那些独具匠心的细部设计，或材质或结构，你就会感到它们从内到外所拥有的设计高品质。

（4）城市家具设计对世博核心精神的响应

"创新"是世博会的核心和灵魂，在历届世博会中的城市家具也不乏对景观新技术、新材料和新理念的运用，以响应世博会创新的传统和精神。

比如：汉诺威世博会中日本馆的建筑和景观设计，为了把场馆建设中产生的废物降到最低限度，体现日本在保护生态环境方面的积极态度，建筑师采用了可回收的纸管以及其他相关的纸制品建设场馆及一些服务设施和城市家具。这种材料的独到运用，既是日本传统建筑对纸运用的现代展示，又在张扬民族传统的基础上，宣扬本民族的价值取向、道德规范、聪明才智和勤劳质朴。

人性化设计的理念也始终贯穿于爱知世博会的城市家具设计；座椅的坐面厚度后部430mm，前部370mm。形成1/20的坡度，不会积水，而坐上去又很舒适，遮阳设施与长椅结合，具有遮阳、挡雨的全天候使用功能（图5-14）。在世博会召开的炎炎夏日，如果室外的饮水器也能提供冷却饮用水，一定会令观展者喜出望外。爱知世博会的室外饮水装置，在中心的防水罩内装备了领取装置，还采用了供轮椅乘坐者和儿童使用的位置较低的及普通人使用的位置稍高一些的两种类型（图5-15）。

（5）城市家具在世博会后的再利用

汉诺威世博会以"人类、自然、科技"为主题，向人们展示着人类将怎样借助技术的力量与自然和谐共处。以可持续发展原则为指导

图5-14（左）
爱知世博会遮阳设施与长椅的结合
图5-15（右）
爱知世博会公共家具饮水装置

图 5-16
爱知世博会公共垃圾桶

思想，汉诺威世博会郑重声明"不建造任何在世博会后无用的东西"（包括城市家具），避免以往曾经出现的世博会场在会后成为一片"废墟公园"的景象。

爱知世博会上，半圆形隧道状的遮阳设施被设置在地球市民村中，它是可折叠的剪刀式结构，材料只使用了铝框和毡布，遮挡了夏天的阳光照射和雨水，透光率约42%，可遮挡97%的紫外线，安装简单，便于运输和保管，成为了地球市民村的公共休憩场所，会后可用于受灾地区等。集装箱型厕所，是可在各种大型活动期间设置的临时厕所，能够搭载卡车运输，会后可用于室外演唱会和音乐会，中央部位设有自由设计的告示板，必要时可作为广告板和标牌使用。六角形的垃圾箱，便于设置，使用能够看到内容物的透明材科，垃圾的种类一目了然，而且这也兼具反恐功能。为了容易投入垃圾且便于分类回收，结构上分为上下两部分。上下为框架，本体采用的是再生的PET，在会后可回收利用（图5-16）。

5.2.2 现代科技与艺术发展在公共家具设计中的运用

现代科技主要显现在两个方面：其一，表现现代的信息技术反映在调研、分析、设计、生产等各个阶段，日益飓新的新应用软件创新了设计技术与评价手段。其二，表现在材料与能源的革新，如当代技术的应用使传统的光照明发生了变化，而层出不穷的新材料又不断使传统材料发生变化，但并不意味着传统材料的淘汰，相反对能反映出地域文化特质的材料和结构创造性利用成为了公共家具设计的新要求和关注点。

"包豪斯"所倡导的艺术与科学相融合的设计之路在今天仍有着极为重要的现实意义，而多元文化和科技推动的未来更显现出复杂而不定的需求。艺术评价的标准从经典的古典主义、浪漫主义、折中主义、印象主义到现代主义、后现代主义直至今天各种种性和文化倾向的不同甚至政治标准的异同而呈现多元、复杂、拼贴的趋势。这些都导致了公共家具设计的复杂性及多元化。同时，现代科技又给这种复杂性与多元化提供了实现的可能。信息通信技术、生命科学和纳米科技——智能替代品与仿生技术、生物材料（图5-17）技术推动了人类历史文明的前进步伐，亦使人类的物质生活水平不断提高，人类已不简单地习惯于日常生活需求，而追求自我需求的适当满足。这里提出的适当满足是由公共家具的公众性所决定的。

人类使用技术创新自我生活水平但同时技术对自然资源的极大利用也使人类生活发展面临着挑战，

图 5-17
信息通信技术、生命科学和纳米科技——智能替代品与仿生技术、生物材料

图 5-18
传统地缘材料与文化诠释
的构造方式须与现代技术
相融合

2010 上海世界博览会提出"城市，让生活更美好"的命题，反映出人类提出了对引以为傲的城市化进程的思索。科学技术与艺术的融合是公共家具应对人类使用与审美评价的要求。虽然人类共享先进的科学技术，但归属感和文化认同感是人类自我回归的要求。这种要求就需要公共家具设计师掌握多种综合知识，涵盖人文、历史、技术、艺术等多个方面。传统地缘材料与文化诠释的构造方式须与现代技术相融合，同时又须吻合当代人类特定种性的文化及审美需求。艺术的评价是地区的、特定文化的审美标准（图 5-18）。在掌握知识、技能的同时设计师还须不断提高文化修养，把握时代审美的要求，促进社会大众的生活水平提高和引导大众审美水准的提升。

5.2.2.1　现代科技与艺术发展在公共家具设计中的运用——上海世博会日本馆（表 5-3）

上海世博会日本国家馆　　　　　　　　　　表5-3

展馆名称	2010 上海世博会日本国家馆
展馆位置	世博园 A 片区
展馆主题	心之和、技之和
造型亮点	半圆形的大穹顶，宛如一座"太空堡垒"
建筑面积	6000m^2
设计者	株式会社日本设计（Nihon Sekkei）

日本馆又称"紫蚕岛"，主题是"心之和，技之和"，寓意通过科学技术的进步来创造和谐的生存环境。日本以崇尚自然、注重环境保护著称，日方也想借此世博会向世界展示其在这个领域的先进理念及技术。场馆极富个性的外观是由含太阳能发电装置的超轻"膜结构"包裹而成的一个半圆形大穹顶，穹顶上设计出了多个凹槽和"触角"，赋予了日本馆可"呼吸"的性质，使之宛如拥有活力的生命体。同时，采用一整套相辅相成的动态节能系统，将最先进的环境控制技术及材料技术融入这个会呼吸的未来建筑，让参观者在了解日本文化的同时，也能感受到科技发展为生活带来的改变。

日本馆把数字墙命名为"生命墙"，细细品味，你就能够感受到影像全面掌控我们生活的滋味。其实这块影视显示屏，宽度达到 10m，由 3 面全球最大的 152in 等离子显示屏组成，客厅的墙壁和显示屏一体化，省却了装修墙面的烦恼。任何可以制成图像的东西，比如时钟、电子相框和壁画，都可以被放置在生命墙上，你甚至可以在墙上看书。而这一切功能都是从一部讲述保护自然的多媒体表演里展现出来的，足以可见日本文化中的"以小见大"（图 5-19）。

5.2.2.2　现代科技与艺术发展在公共家具设计中的运用——上海世博会澳大利亚馆（表 5-4）

上海世博会澳大利亚馆　　　　　　　　　　　表5-4

展馆名称	中国 2010 年上海世博会澳大利亚馆
展馆位置	B 片区
展馆主题	畅想之洲
造型亮点	雕刻的弧形墙，丰富的红赭石外立面
建筑面积	4800m^2
设计者	澳 Think OTS 与创意设计公司 Wood Marsh

馆内展览分"旅行"、"发现"、"畅享"三个主题区，重点展示澳大利亚各大城市的风貌，以及关于尝试居住的现代高科技解决方案。澳大利亚馆醒目的外形和颜色不但呈现出澳大利亚的远古景观，也同时展现了精妙的现代城市科技与艺术发展的设计水准。澳大利亚展馆流畅的外墙采用特殊的耐风化钢覆层材料，幕墙的颜色随时间的推移日渐加深，最终形成浓重的红赭石色，宛如澳大利亚内陆的红土。通过运用高科技手段，探讨环境保护以及城市化和全球化等人类面临的共同挑战，以及展示澳大利亚自然风光，向参观者呈献"世界上最适宜居住地"——澳大利亚如何缔造城市建设和自然环境之间可持续发展的和谐（图 5-20）。

图 5-19（左）
上海世博会日本馆时空隧道——生命墙
图 5-20（右）
上海世博会澳大利亚馆外公共家具

5.2.3　新能源对公共家具的影响

工业革命催生了现代城市的产生，今天全球约一半以上的人口生活在城市。各国发展水平均有差异，西方国家为 25%，亚洲国家不到 40%，而根据目前城市的发展速率，预计 2050 年新增城市人口将达

20 亿，其中 10 亿来自中国和印度。人类文明的发展，提高、完善自身的生活水平是充分利用了地球资源而发展起来，但人类对地球资源的挥霍无度的超负荷使用，使地球资源已到了枯竭的边缘。以中国为例，20 世纪以前，基本处于不发达的农业社会，人们的生活节奏缓慢，王朝更替所发生的战争虽然对环境造成了一定影响但技术的落后降低了这种破坏程度。20 世纪中国进入了半工业化社会，技术革命的扩张使人民的生活水平得到了一定的提高。进入社会主义社会以后，由于工业水平发展的低下，自然资源相对破坏程度较低，改革开放给中国社会的进步带来了翻天覆地的变化，30 年来中国人充分享受到了现代文明所带来的成果，但日益频繁的自然灾害向我们敲响了警钟，由于对自然资源的无序利用，我们的生活已濒临危机，历史城市的破坏与"重建"，新城市的盲目追求土地效应，这些都使我们的环境不堪重负。如何科学、有序地利用地球资源是我们今天社会发展首要的命题。人类的文明依托于对自然资源的开发、利用，从煤炭供给的电力到石油为动力的汽车、飞机，人类文明的现代化一步步迈向成熟，半个世纪以前，人类就已消耗地球能源的一半，城市人口不断增长，按现有 GDP 增长模式，不到半个世纪人类将需要四个地球的资源养活自己。开发新能源和有序、节制、高效利用现有资源是人类解决自身生存难题的唯一途径。当优能源的利用为人类利用地球资源提供了新模式。这种新能源的运用影响了公共家具的材料革命。公共家具使用的材料要考虑对环境的影响，努力将这种影响最大限度地降低。尽可能地使用新材料、新技术控制对环境生态的影响。材料的使用，亦须考虑综合利用，减少对资源的损耗。20 世纪 70 年代在西方兴起了生物工程技术，这又是一次对能源利用的革命，生物工程技术 30 余年的发展给能源革命带来了新的契机，或许生物工程技术又将改变人类生活的未来。随着世界观的又一次革命，公共家具的设计亦随之而革新。

新能源对公共家具的影响——上海世博会冰岛馆（表 5-5）

冰岛馆的展示主题为"纯能源—健康生活"，主要体现冰岛在工业和旅游业方面进行的可再生能源利用。展馆外墙采用冰岛火山岩制成，极具冰岛特色和立体感。冰岛馆的主题反映冰岛人与孕育冰岛的大自

上海世博会冰岛馆　　　　　　　　　　表5-5

展馆名称	中国 2010 年上海世博会冰岛国家馆
展馆位置	C 片区
展馆主题	纯能源—健康生活
造型亮点	冰立方
建筑面积	500m^2
国家馆日	9 月 11 日

然之间的深刻联系，同时也反映冰岛人利用水利、地热等天然无污染能源的智慧。参观者自展馆入口处就能感受冰岛的气息。入口处的冰岛仿真火山岩墙，展馆内通过调试适宜的温湿度，加之冰岛特产花的香气，都体现出冰岛处于北极圈附近的独特地理位置。这种运用科学技术表达本土文化的手法在现代设计中越来越常见。

5.3 未来家具发展趋势与展望

经过8000余年的文明进程，人类充分利用自然资源，不断在意识上，更从技术上，尤其当技术经过实验、理性分析而上升至科学的层面上，人类对自然利用及对自然的探索活动就从未止息。在一次次的文明进步中，人类的知识积累日渐丰富，意识上升为系统的哲学研究成为对世界认识的世界观，而技术一旦成为理性的科学即成为不可限量的助推剂，人类的文明高速发展，其结果必然是人类有了高度的物质文明和精神文明的享受。物质文明从最初的手工劳作发展为机械至今天的数字化文明——计算机技术覆盖了几乎所有的人类生活和生产行为；精神文明则在初级的人类认识的基础上发展为文学、艺术、哲学等门类。而物质技术的发达又极大地丰富了精神文明的提升。人类历程尤其是16世纪以后人类文明的进程充分证明了这一点。

然而，另一个事实亦在提醒着我们，人类利用资源是有限度的。人类文明须与自然文明和谐发展。在利用自然资源极大地丰富自我生活品质时须考虑利用的科学性，决不能挥霍无度，否则自然会给人类带来惨痛的代价。地球气候的温室效应，各类气候灾害及次生灾害、空气质量的下降等残酷的现实都在不断警醒着人类。未来是什么？未来向何处去？这个现实而又沉重的命题在时时拷问着人类。

首先，如何与自然和谐共生，掌握科学利用自然的方法是首要的命题：人类利用自然，创造了奇迹般的人类生活，但亦大量消耗了自然，破坏了自然，人类的生存日益面临着危机，掌握与自然相互依存的奥秘是人类未来探索的"钥匙"。公共家具作为人类生活活动的重要配件与自然和谐相生是义不容辞的社会与历史责任。具体而言，设计手段及采用的设计材料须严格尊重自然，并考虑对自然的破坏程度，同时公共家具的使用方法也应是相融于自然的。

其次，科学技术带来了文明的高度发达，亦为人类创造了高度的物质文明。但是，由于人类源自于不同气候、不同地域的国度，其生成环境所形成的对自我领域的世界认识是不同的。因而在享受高度技术文明成果之时，人类本能地有对自我地域文明认识的追求，正如马斯洛所提出的"自我归属"的追求。因而，如何在技术全球化之时，认识自我文明，强调地域的归属是人类自我尊重的需求，公共家具设计自然应强调对不同国度、不同地域、不同人的生活理解和审美的尊重，反映出自我地域的特性。

再次，科学技术的高度发展使科学创造的手段不断丰富，但科学技术的先进不代表人性的先进，科学技术与人文主义是相互促进的一对孪生姐妹，正是在人文主义的认识基础上科学技术才有了今天高速的发展，由此科学技术的发展须关注人性需求，作为应用科学技术的工业产品之一的公共家具设计须关心人类的生理、心理的发展，设计出吻合人类现代生活需求的公共家具，提高人类的生活品质。

最后，数字化生存是未来最重要的命题。数字化技术改变了人类认识，支撑了人类现代科学研究、生产与技术是今日人类的生产、生活基础。数字化技术对设计而言贯穿了设计的前期科研、分析到中期的设计构想、模型研析直至后期的生产图纸及节点大样、材料结构比对，可以说数字化技术是未来人类生活再次飞跃的基础，是与电力、能源一样的人类文明里程碑，掌握数字化技术是公共家具设计的必须。

5.3.1　人性化设计——人文主义影响下的公共家具设计

人文主义是欧洲文艺复兴时期流传广泛的资产阶级思潮，是资产阶级最早的反封建的新文化运动，是人类文明"自醒"的里程碑。源起于意大利。人文主义提倡"人"或"人道"。反对中世纪神学的"禁欲"主义，主张人性的解放。最早人文主义只是一个人性复归的文化运动，但其思想本质却提出了人的伟大，提出了对真理的探索，人文主义批判经院哲学和蒙昧主义，推崇人的感觉经验和理性思维，提出运用人的感觉经验和理性思维，提出运用人的感觉和理性，认识自然，研究自然，掌握科学文化知识造福人生。它用世俗文化去代替封建神学，用人道主义去否定神道主义，把人类的眼光由神转向人，由天国转向尘世，启发人的理性，揭开了新兴资产阶级反封建斗争的序幕，为近代科学文化和唯物主义哲学的产生和发展，开辟了道路。16 世纪以后人类文明飞速发展，19 世纪产生了科学，而产业革命的兴起则起始了人类文明的发展之路。今天再谈"人性解放"已是历史的过去。但在高度科学发展的今天，"人"始终是设计研究的主题。人性已不简单地理解为物质的"人"，而是个性、有独立人格的人，它包括人的民族性、文化性以及在民族性的根性基础上而生成的艺术性。人文主义是艺术发展的巨大引擎，在人文主义的旗帜下，艺术犹如怒放的鲜花，扮亮了人类的生活，成为今天人类精神生活的寄托形式。由艺术所带来的人类知性的愉悦已成为一切人类产品追求的重要价值。

公共家具应是当代科学技术与艺术评价的完美结合。人性化在今天

已升华为人的生活价值、审美趋向、生活方式的真正内涵（图5-21、图5-22）。二战后进入的后工业化社会显现出人类非物质化社会的要求。今天的技术进步已达到了相当的高度，只是简单的物理满足已不能解决人类自身的心理价值需求。马斯洛提出的心理五层次的自我价值实现的要求已渐渐幻化为当代乃至未来人类生活满足的重要标准。简单、通常的设计不能适应时代的需求，对能源的科学利用、资源的循环使用和极强的艺术审美已成为时代设计风尚。文艺复兴后科学主义与人文主义结伴而生，相互依存，相互促进，创造了人类现代璀璨的文明。

图5-21（上）
人性化公共家具；设计师：Mitzi Bollani；完成时间：2005年；主要材料：铁
图5-22（下）
人性化公共家具；"联合"系列座椅；设计师：Jangir Maddadi

人性的价值尊重是今日乃至未来公共家具设计重要的关注点。这个人性价值包含着共性和个性两个重要的方面。共性是人类作为一个生物体基本需求尊重而个性则植根于人类不同种性的世界观、价值追求和文化取向，是此设计区别于彼设计的灵魂所在。一个真正的设计师的认识不仅仅建立在纯粹的技术知识之上，而应认真学习、研究特定对象的文化价值及特定的生活习俗要求。这就需要设计师去读史，研究人类不同民族的发展、文化沿承和心理要求，应尊重不同民族的文化价值和审美评价。未来的设计要求对人的活动进行更深入的细分，研究每一活动的特点和不同族群的生活需求，设计的价值在于研究设计的个性和人类种性的价值需求。这一点，世博会的成长史（表5-6）

世博会的成长史　　　　　　　　　　　　　　　表5-6

1935 比利时布鲁塞尔 通过竞争获取和平	1985 日本筑波 居住与环境——人类家居科技
1937 法国巴黎 现代世界的艺术和技术	1986 加拿大温哥华 交通与运输
1939 美国旧金山 明日新世界	1988 澳大利亚布里斯班 科技时代的休闲生活
1958 比利时布鲁塞尔 科学、文明和人性	1990 日本大阪 人类与自然
1962 美国西雅图 太空时代的人类	1992 西班牙塞维利亚 发现的时代
1964 美国纽约 通过理解走向和平	1992 意大利热那亚 哥伦布——船与海
1967 加拿大蒙特利尔 人类与世界	1993 韩国大田 新的起飞之路
1968 美国圣安东尼奥 美洲大陆的文化交流	1998 葡萄牙里斯本 海洋——未来的财富
1970 日本大阪 人类的进步与和谐	1999 中国云南 人与自然——迈向21世纪
1974 美国斯波坎 无污染的进步	2000 德国汉诺威 人类—自然—科技—发展
1975 日本冲绳 海洋——充满希望的未来	2005 日本爱知县 超越发展：大自然智慧的再发现
1982 美国诺克斯维尔 能源——世界的原动力	2010 中国上海 "城市，让生活更美好"
1984 美国新奥尔良 河流的世界——水乃生命之源	2012 韩国丽水 "生机勃勃的海洋及海岸；资源多样性与可持续发展"

已给出了良好的证明。

5.3.1.1 人性化概念

"人类既是其环境的创造物，又是其环境的创造者。"费尔巴哈（1804～1872年，德国唯物主义哲学家）的人文主义学说提出把人看做万物的尺度，或以人性、人的有限性和人的利益为主题，作为当代设计师或环境艺术工作者共同发展研究的方向。

5.3.1.2 城市家具人性化设计层次分析

1. 生理需求层次

生理需求层次的设计讲究的就是效用，在这里外形事实上并不重要，设计原理也不重要，重要的是性能，比如说游客在公园里逛累了，这时游客的第一需求是需要座椅来休息，而并不关心其外在形式、材质等，这也是功能性研究所强调的重点。优秀的生理需求层次的设计体现在两个方面：功能性、易理解性。在大部分生理需求层次的设计中，功能是首要的，一些设计得很好的产品如果未达到预定的目标就会遭到失败。如果一个指路牌无法准确地给市民指出方向，那么其他东西就都不重要了。因此，一个产品必须通过的第一项测试就是它是否满足功能需要。这点对城市家具来说尤其重要，城市家具是满足市民外部空间活动的道具，而人们在户外的活动存在多样性和复杂性，所以如何准确地理解市民外部活动的行为特性，有针对性地设计一些用具，让人们在户外生活得更轻松、更惬意，就是城市家具人性化设计的重点与难点。产品的易理解性也是优秀的生理需求层次设计所不可缺少的。如果消费者不能理解一个产品，那么就不能使用它，至少不能很好地使用它。易理解性表现在城市家具中为易于识别性。城市家具的潜在用户是生活在城市中的所有人，包括老人、小孩以及不同知识层次的人，他们对产品的理解力都有所不同，在这里用户的经验图式是决定性因素，城市家具的生理需求层次设计必须根据用户的认知经验和规律设计。

2. 心理需求层次

马洛斯需求等级解释了人类进化的原因是为了满足更高一层次的需求。心理需求设计是基于生理需求设计的更高层次的设计。比如说公园里有几处座椅，游客会挑外形好看的，方便交流的，甚至是摸起来舒服的座椅使用。心理需求设计的原理来自于人类本能，根据本能原理来设计的产品永远是吸引人的。在心理需求设计上，人通过视觉、触觉和听觉等感觉系统探测到的产品最初的物理特征处于支配地位。因为心理需求与最初的反应有关，讲的就是即刻的情感效果，必须摸着舒服，看起来好看。心理需求设计成功与否取决于城市家具的外形和形态，物理手感和材料质地，重量和体积等是否吸引人。

5.3.1.3　城市公共家具人性化设计——欧美国家

人性化设计理念更显示出城市家具时尚魅力的风格。近几年欧美一些大城市还对"城市家具"进行了重新设计规范，提升服务功能。

1."城市家具"的可移动性：以美国为例，城市家具由市政府管理，但是聘用私人公司研发、制造和维修，并在现定的时间内淘汰更新。市政部门首先规定这些设施要安全，使用材料要环保，表面涂料要耐久，公用服务设施必须有明显的标志，要安装在容易看得到的地方等。另外，还设有电话专线和网站，鼓励市民在发现这些设施有损坏和问题时，及时报告。由于城市设施是为人所用，所以安放的基本规则是人多的地方，如大型市场附近、公园和休闲小广场。这些设施除了不能妨碍日常活动外，大多数还应该可以随时拆卸，以便在有重大活动或发生意外时及时挪走。如在纽约时代广场的迎新年晚会、巴黎国庆游行时，路边的售报箱、垃圾桶等都被事先移走，方便民众观礼和疏散，也防止可能的爆炸事件。

2.垃圾箱设置便利：在美国和西欧国家，没有规定在街道上多远安置一个垃圾箱，但是他们的垃圾箱的确很方便。除了在商店门口、办公楼房、住宅出口处有垃圾箱外，在街道上，每个汽车站、地铁站内外，甚至车上都有。他们的垃圾箱以外观上简单的塑料垃圾箱居多，大小不一，有的直接放在地面上，有的固定在灯柱、栅栏上（图5-23）。内套垃圾袋，有专人定时来收集，在公共场所门外，还设有沙盘供吸烟者进入前熄灭香烟。德国对垃圾实施严格的分类管理，所以街道上、建筑入口、体育场等处也是同时存在三种不同颜色的塑料垃圾箱分类，供人们使用。

3.街边长椅密集：美国街边的座椅主要安放在公园、广场附近，小吃店、冰淇淋店周围，在公车站通常也有。而为了照顾使用人的舒适和视野开阔，这些座椅要考虑夏天遮阴、冬天暖和和夜间照明。城市座椅的间隔大约为60m，刚好供老年人和儿童在行走中累了就休息，但是座椅不能设置在街角拐弯处和任何妨碍交通的地方以及使人觉得不够安全的地方。

图 5-23
德国垃圾分类

4.公交车站全透明：纽约市的公交车站候车棚采用全透明设计，有防雨顶棚和玻璃风墙，内部有独立的照明和座椅。虽然美国西雅图一年中只有96个晴天，但是该市的公交车候车棚从2005年开始使用太阳能电池为照明供电。不仅节省了能源，而且还减少了拉电线工作，以及维修时挖掘地面等妨碍路面交通等情况。

5.饮水器的普及应用：美国公共场所的饮水器，一般不是桶装水，而是加了冷却装置的自来水，美国的自来水可以直接饮用。只要按住开关，水流就会向上喷出，喝水的人不接触任何龙头，就可以用嘴接水喝。有规定说，在公园里必须有一个以上这样的饮水器，在不准许携带食品和饮料入内的建筑里，如政府机构、图书馆等处，也必须安装（图5-24）。

6. 报刊亭美观统一：西班牙的报刊亭都是由政府统一设计和建设的，一般建在人行道或风景区的入口，长约3m，宽2m，用不锈钢建设的外壳，正面和侧面都是玻璃窗，可以摆挂经营的报纸杂志。这样一来，报亭式样美观统一，分布也均匀，符合城市的建设和规划。

图 5-24
美国奥克兰鲍威尔街休憩系统

如果说公共设施决定环境质量，那么，一个国家的实力也必然能在公共设施中体现。欧美国家的城市家具在各种空间中，都力图与环境融为一体，充分展现人性化的本质，不论是现代的还是传统的，豪华的或朴素的；也不论是静止的还是流动的，大空间的还是小空间的，单一的或组合的，都体现了发达国家的先进程度。值得一提的是这种先进并非选材上的奢华，而大多数选用的是最常见的、普通的甚至是廉价的材料，制作那些看起来并不普通的设施。决定这种空间环境质量的是设计者、决策者以及建设者的观念；用最低的成本制作最合理的城市家具，为人们提供最方便的需求。

5.3.2 基于标准化生产下的个性化设计

设计的标准是价值趋向，也就是说，价值趋向决定设计趋向。如果大家能够认同这一点，那么接下来就会出现一个很值得思考的问题：究竟是谁的价值趋向对设计趋向起主导作用？设计者的价值趋向？决策者的价值趋向？还是目标群体的价值趋向？首先设计师的价值趋向如果能够起到提升和创造价值的作用，或多或少应该具备一定的前瞻性、引导性或者说不确定性；而目标群体的价值趋向则具有现实性、明显的特征性和相对稳定性；到决策者的价值趋向更多地体现出一种企业的目的性，即在投资、风险与回报的前提下，去权衡设计师与目标样本之间在价值趋向上的差异，当然也不排除决策者完全依据个人的价值趋向来判定项目的可行性。往往设计活动中产品趋向都是综合作用的结果，三方的价值观在一定程度上得到统一，采用共性条件，制定统一的标准和模式，开展适用范围比较广泛的设计。家具设计生产有了一定的标准规范，继而形成了批量化生产。这种标准化设计，在一定的范围内获得最佳秩序，对实际的或潜在的问题制定共同的和重复使用的规则。它包括制定、发布及实施标准的过程。标准化的重要意义是改进产品、过程和服务的适用性，防止贸易壁垒，促进技术合作。随着制造业竞争的全球化和用户需求的多样化，对家具产品的要求是：更多的家具形式变化，更短的产品生命周期，更低的成本和更高的质量。在这种背景下，大批量定制正成为21世纪制造业的主流生产模式，即定制家具的质量要像大批量生产的质量那样稳定。这种定制的、独一无二的、个性化的生产模式，也带动了新的设计理念与家具产品开发的方式。基于零部件和结构具有相似性、通用性的基础，利用标准化、模块化等方法降低家具的零部件和机构多样性，增加顾客可感知的外形多样性。比如，运用共享构件模块化、互换构件模块化、"量体裁衣"模块化、可组合模块化等构件方法，满足客户个性化的需求。

标准化生产的特点如下。

1. 简化

2. 统一化

标准化对于设计工作来说，主要指产品标准和零部件标准。这里统一化主要讲的是配件的标准统一化。配件标准是对通用程度高，或需要量大的零部件进行一定的规范。零部件实现了标准化，规格尺寸统一了，性能有了共同的标准，就能扩大同类产品和零件的批量，提高工艺的同类性，实行专业化和采用先进的自动技术、流水线和自动生产线。这一切的技术基础和必要条件就是标准化。产品的设计标准化程度可用标准化系数来衡量。

3. 系列化

是标准化的高级形式。它通过对同类产品发展规律的分析研究，经过全面的技术经济比较，将产品的主要参数、形式、尺寸、基本结构等作出合理的安排与计划，以协调同类产品和配套产品之间的关系。系列化产品的基础件通用性好，它能根据市场的动向和消费者的特殊要求，采用发展变形产品的经济合理办法，机动灵活地开发新品种，既能及时满足市场的需要，又可保持企业生产组织的稳定，又能最大限度地节约设计力量。

4. 通用化

是指同一类型不同规格或不同类型的产品和装备中，用途相同而结构相近以后，可以彼此互换的标准化形式，使通用零部件的设计以及工艺设计、工装设计与制造的工作量都得到节约，还能简化管理、缩短设计试制周期。

5. 组合化

6. 模块化

5.3.3　多元化设计

在一个专业环境里保持多元化意味着更多。多元，在社会科学中，指不同种族、民族、宗教或社会群体在一个共同文明体或共同社会的框架下，持续并自主地参与及发展自有传统文化或利益。它可以应用到教育、思维方式、婚姻状况领域和几乎任何可以在人与人之间辨认的差异。在这种前提下，我们认为多元化是有益的。多元文化有共同遵从的基本原则；基于人的发展的价值评判；任何一元文化都服从于个体人的自由选择和个体人的幸福的考虑。

20世纪50年代左右，西方各工业发达国家先后进入了后工业时代，伴随着生产力发展的相应的文化思潮也进入了后现代时期。"后现代主义设计"首先，反对设计形式单一化，主张设计形式多样化，这与现代主义所追求的与工业社会的标准化、专业化、同步化和集中化等高效率、高技术原则相一致的做法是有明显区别的。其次，反对理性主义、关注人性。现代主义强调功能——结构的合理性与逻辑性，强调理性主义，而后现代主义则与后工业社会相一致，倾向于幽默，满足人性的本能需要。"功能"已不再被视为产品设计的第一要素，主张以"游戏的心态"来处理作品。多元化设计成为主流。第三，强调形态的隐喻、符号和文化的历史，注重产品的人文含义，主张新旧糅合，主张兼容并蓄。正因为如此，所以后现代主义设计大量创造性地运用符号语言，按照产品的实际功能定向和人们的生理、心理以及社会历史的文脉联系，对产品进行解构、组合和调整，创造了许多丰富、复杂、多元的产品形态。后现代主义设计中所表现出来的上述特征，既是一种对历史产物反思的结果，同时又是历史发展的一种必然。进入20世纪60年代以后，随着战后各国经济的恢复、发展，世界经济和政治秩序进入了一个崭新的发展阶段，科学技术高速发展，各种新材料、新能源大量出现。20世纪60年代科学技术的迅速发展，在70年代的工业和经济领域得到充分应用。20世纪70年代，电子工业成为科学技术和工业设计的核心。20世纪60年代，人类进入材料的"塑料时代"；70年代末80年代初，人类又迎来了新型合成材料、模仿性材料的时代，为人类设计和实践活动创造了新条件。新材料、新技术使设计者的设计理念不仅能最大限度地成为现实，而且还具有多样化的可能。

与上述同时，伴随经济、技术发展而来的是消费主体的变化。到20世纪60、70年代，西方主要国家都先后进入了丰裕社会，卖方市场转变成了买方市场，真正意义上的消费时代出现了。产品的丰裕，刺激了人们对于生活多元化的追求，特别是人们对"生活样式"和"自我意象"的追求，这就要求与之相关的设计艺术必须摆脱现代主义单一的设计样式和统一的设计理念，走向多元化和多品位的发展方向。而对于商品生产者来说，在极大丰富的商品面前，必须把设计的个性化、人性化、多样化作为吸引消费者的有效手段。所以，随着消费者设计意识和个性消费意识的普遍提高，设计不再单纯是厂家和设计师的事情，消费者的消费趋向和审美追求已经成为左右设计艺术发展的重要因素。在人们追求个性特征的需求驱动下，也必然带来家具设计理念的变化，家具审美层次将从单一的形式美转向多层次文化意识，人们将会追求具有风格、特色、意境与富有创意的多元化家具。从过去"大批量"生产、"大众化款式"设计概念的逐步淡出到"多品种、差异化、个性化"等设计新理念的出现，充分说明了在现代化设计中，追求和充分展现家具个性特征已成为设计师在家具创意中的又一重要原则。

5.3.4 全球化趋势下的民族化设计

世界文明的盛会——世界博览会向世人展示了全球各个不同区域的人类对自己生长国度的环境及文化的认识，以各区域不同、差异的文化价值观展现出各自国家、民族的本土性，一种对自我民族的根性认识。人类文明的高技术发展使得人类共同享有人类的文明技术成果，丰富了自我的物质文化生活，极大地提高了生活的品质。另一方面亦带来了一个文化泯灭的同质化倾向。一些新的城市兴起，由于缺乏对自我民族根性的理解，因而造成了技术高度同质化，人类生存赖以依存的文化个性消失了。千城一面，万村一面，这种现象尤其在发展中国家存在而蔓延。全球化的技术趋势，使人类能共享自我的文明成果。一个智性的民族应该思考如何在共享高度发达的技术文明之时，立足于自我国家、民族的认识，张扬民族特性，从而树立自我的民族之尊。对设计而言，如何既能满足现代人的生活需求，艺术评价又能显现自我民族根性，这是未来的严肃历史使命。正是基于对民族的认识，20世纪以后在欧洲从启蒙运动发展而来的社会人类学的研究学科应运而生。

社会人类学又称为文化人类学，最早是研究与西方历史发展不同的非西方不发达文明社会的文化、环境等综合社会学问题，而后渐渐发展为发达地区文明对不发达地区文明的研究，20世纪50年代后又成为研究自身民族文化成长历程的一门重要人文学科。其学科的宗旨即是对自我民族的根性认识，为了这种研究的科学性、完整性，它强调以田野考察的模式进行民族研究，涉及政治学、经济学、历史学、人类学等四个范畴。在遥远的上古时期人类源自于不同区域的环境而成长，经过数千年的人类迁徙，不同文化的交流、碰撞，商业贸易的活动而产生了丰富多彩、风貌迥异的国家及民族特色。这种特色又孕育了灿烂的文化，成为了一个民族生存的价值显现。今天人类文明的飞速发展预示人类将拥有更高技术文明的未来，然而在回溯人类文明的发展史时，我们发现自我民族价值的根性，这种根性不应在更高技术文明的明天被湮灭。也可以说民族性是一个国家、民族存在的象征。民族性的研究是艰苦的，它是以扎实的史学、哲学、文学和美学为基础的知识积累。民族性的设计使我们充分感受到了人类对自身民族的热爱和生活习性的眷恋和尊重。今天民族性设计已成为世界文化发展的根性命题。我们在不同的区域、不同的国家、不同的地区都能看到这种民族性设计的存在。在世博会的历史进程中，人类不仅从世博的建筑、展示方式亦从无处不在的公共家具中深深感受到民族性的存在和重要的价值。设计的民族性是国家和民族生存的追求。当然，民族性的设计表现绝不是简单民族符号的复制或拼贴，它是一种文化的深层理解反映。民族性包含有文化性与艺术性两个方面，尤其作为文化形象表现的建筑及其工业设计。艺术性又是民族性的另一重要层面，它直观地表现为美的形态和心灵愉悦，艺术性是植根于不同区域、不同国家、民族的文化评价，渐成的民族审美习俗。而习俗则源自于民族自我的生活价值观的约定俗成。做好民族的设计是未来人类将为之奋斗的重要追求。其道路漫长，任重而道远。民族性设计的要义是民族"性"的研究，这是一项极为浩繁的文化研究工程，需要设计师不断去学习、认识自我民族的文化精神、审美体验，融合人类科技的最新成果而发展成熟的自身独特的民族性设计，公共家具的较高层次的研究同样是坚实的民族性设计（图 5-25）。

世界各地经济的发展、科技的发展以及交通通信特别是互联网的发展，必然带来全球化的趋势。设计作为一种经济的、文化的、艺术的乃至生活方式层面的表现形式，必然参与到全球化的进程之中。我们需要以开阔的全球化视野和心态，学习国外大量的优秀设计经验和成果，同时思考在全球化的历史进程中中国家具设计的地位、处境和发展方向，创造出具有民族个性和文化特征的家具设计作品。其中，特别需要加强对传统文化的理解，使家居设计立足于表达传统文化精神，体现民族文化气质，设计全球化浪潮下的中国创造的家具。

图 5-25
日本爱知世博公共家具与
设施

展馆名称	上海世博会中国国家馆
展馆位置	世博园区 A 片区，世博轴东侧
展馆主题	以城市发展中的中华智慧为主题，表现出了"东方之冠，鼎盛中华，天下粮仓，富庶百姓"的中国文化精神与气质
造型亮点	象征中国精神的雕塑造型主体
建筑面积	三层，15000m²
设计者	何镜堂

预计在 2010 年世博会结束后，展馆将改造成一个展现中国历史和文化的博物馆。在浦东新区的中心部分，作为一个永久性地标

　　全球化趋势下的民族化设计——上海世博会中国馆

　　中国馆建筑外观以"东方之冠"的构思主题，表达中国文化的精神与气质。中国木结构体系的建筑，与自然环境和人文环境有着密切的联系，或者说互为影响，它对中国文化的建树与传播起着明显的标志性作用。挑空 33m 形成的巨大空间，增加了建筑的通透感和公共性、开放性。红色的斗栱以前所未有的开放度和包容度，展现了改革开放 30 年后中国人民的自信心及亲和力。它的主要结构包括由 56 个传统木制支架（类似斗栱的形式）制成的屋顶，象征着国家的 56 个少数民族团体。使用传统的斗栱建筑风格和特点。斗栱是中国木结构建筑的精灵，其散发出强烈的阶级意识形态，成为区分建筑等级高下的一种标志，它的文化属性和阶级属性也得到了强调。层层叠加、向上展开的倒金字塔形有一种振翅飞翔、御风而上的动感，使这个建筑具有很强的标志性和不同凡响的外观，并予人超时空的想象（图 5-26）。

5.3.5　回归精神关怀的情感化设计：格式塔心理学在公共家具设计中的应用探析

图 5-26
第二战区"展开寻觅之旅"，采用轨道游览车，以古今对话的方式让参观者在最短的时间内领略中国城市营建规划的智慧

　　公共家具是在满足人类公共场所休憩行为需求基础上产生的专门类家具。其宗旨首先必须吻合人们在公共场所休憩的活动之需，因而其设计的评价标准首先是研究人在公共场所的行为需求，从而设计出适应其行为的家具。随着人类文明与科学技术的演进，人们在公共场所的行为发生了巨大的变化，人们对公共家具的需求已不简单满足于吻合人们基本的生理行为而更关注公共家具对人们心理行为的满足，生理感官的艺术刺激。民族性是影响人类心灵归属的重要因素。人类从最初产生到文化的生成、发展都取决于其产生地的地理、气候、灾害影响，在如何适应人类生存环境和驱灾避祸的斗争经验中民族性逐渐生成。这就形成了我们今天十

分重要的地域性和本土性。这种深层的民族属性深深影响了人类的生活需求乃至公共场所的行为诉求。从普通的生活器具生成的生活方式到生产工具和生产方式的相互影响直至每一地域甚至地区不同的审美标准，无不深深打上了民族性的烙印。正因为民族性，我们今天才会发现东西方文化影响的差别，不同的生活方式、不同的建筑样式、不同的文化习惯和思维定式、不同的艺术审美……民族性无处不在，无处不影响着人类的生活、生产需求，可以说民族性是一个区域人类的根本性需求。民族性不仅仅停留在对人类生活、生产、器皿、工具样式的影响，更重要的是对人类的心理形成了决定性的影响。在如何影响人心理结果的成因研究方面产生了一门重要的科学——心理学。客观地说，心理学产生于西方，尤其在文艺复兴以后所形成的解剖学对生理的研究极大地促进了人类对心理行为的研究，这就逐渐产生了心理学这门重要的学科。从公共家具的发展来看，公共家具的设计研究，正是从最初的生理行为满足到今天对人类情感归属的心理研究。这种研究方式已成为今天乃至未来公共家具设计研究的重要趋势。现代西方心理学学科中的格式塔心理学对心灵情感的归属知觉研究产生了重要影响。格式塔心理学产生在 20 世纪初的德国，是在对心理学的机能主义和其后的构造主义及之后产生的行为主义心理学研究的发展基础上形成的一门研究人类知觉系统的心理学科。格式塔心理学的研究成果，可以在 1921 年创办的《心理学研究》杂志中反映。这是格式塔学派的正式刊物，直至 1938 年希特勒执政停刊，共出了 22 卷。在格式塔心理学的代表人物海德布莱德的一段话里我们可以看到格式塔心理学的主要观点：知觉本身显示出一种整体性、一种形式、一个格式塔，在力图加以分析时，这种整体性被破坏；这种作为直接给予的经验，对心理学提出了问题。这就是说，心理学必须把产生经验的那种原始资料加以解释，而这一定是永不能解释得令人满意的。从元素着手，一开头就搞错了；因为这些元素是反省和抽象的产物，是从直接经验辗转推导出来的，它们还需要加以解释。格式塔心理学力图回到朴素的知觉，回到"未受学习伤害"的直接经验，并坚持认为，它不是元素的集合，而是统一的整体，不是感觉的群集，而是树、云和天空。而且这种主张，不管是谁，只要在他的一般日常生活中张开他的眼睛，注视他的周围世界就能清楚地得到证明（海德布莱德，1933：33）。格式塔的另一重要观点就是 1923 年由其创始人韦特默在一篇论文中所提出的知觉结构原则表现对形式研究的贡献。邻近性、类似性、封闭性以及完形趋向的组织原则。格式塔心理学的产生极大地影响了现代心理学关于精神心理的研究并对社会心理学、儿童心理学形成了相当的影响，对我们设计的创造性思维亦产生了重要影响，正如韦特默在

図 5-27
日本爱知世博会公共家具

图 5-28
上海世博会公共家具

1945 年的遗著《创造性思维》里所论述的：把格式塔的学习原理应用于人类的创造性思维，并建议通过整体进行这种思维。他认为，盲目地重复很少有创造性，而且引用机械方法而不同顿悟方法学生不能解决复试问题作为证据。他认为对某种问题来说重复是有用的，但日常习惯的那种用法只会产生完全机械的行为习惯，其结果是机器人似地完成作业而不是真正创造性的思维。

从对格式塔心理学的粗略介绍中可以看到几个重要的特征。①群体性。注重对元素整体组合而产生的心理知觉影响而非元素叠加的单元组合。②视知觉的结构原则：邻近性、类似性、封闭性和完形趋向。③创造性思维。这些特征都对我们今天的设计尤其公共家具的设计形成了影响：公共家具设计要充分研究其在满足人类生理行为的基础上对人类心理知觉产生的整体影响，即我们所说的情感关怀。情感关怀的心理知觉感受是决定公共家具设计优劣的重要因素。这种情感关怀的归属感趋势在世博会的发展史中我们可以逐渐看到其发展的脉络，尤其在 2005 年日本爱知世博会（图 5-27）和 2010 年上海世博会（图 5-28）中我们可以在展会的公共家具中感受到对人类情感归属的关怀，对民族性的关注和国家文化的树立。澳大利亚悉尼博物馆门前广场所放置的纪念柱则更可以让人们感受到公共家具对人类归属感的又一种方式，有记忆特质的物品与海洋水平面高度的变化，使人们能从这一简单的导示柱上感受悉尼的由来、发展和变化，而悉尼港富于地域特征属性的座椅则显现了又一种情感关怀的设计方式（图 5-29）。格式塔心理学关注知觉整体、印象的研究，在历史城镇街区的公共家具设计中尤为显著。历史城镇街区由于其建设年代的久远，包括在历史发展长河中其起到的重要作用奠定了其历史地位。历史城镇的建筑一草一木都留下了重要的历史记忆。然而，经过岁月的沉淀尤其是战争的

产品与居住·公共家具与空间

破坏，历史城镇街区的原来面貌已遭受重大创伤。因而历史城镇街区的更新更注重对历史城镇风貌重要价值的研究。历史城镇街区的公共家具设计除了研究人类的一般公共场合行为需求以外还需更认真研析其城镇文脉及人们对这一特定地区的情感归属（图5-30）。这种特定城镇街区的历史记忆是这一地区人们以及外来游民的重要印象，亦是地区历史价值的真正显现。民族性的显现常常表现

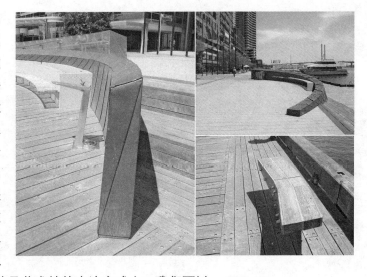

图 5-29
悉尼港公共座椅

在人们对地区的审美评价上，也就是艺术性的表达方式上，我们可以看到不同地域的装饰纹样、色彩喜好等在历史的文化影响下而形成的审美价值评价。这种审美价值评价与民族性共同促成了对设计的艺术性评价，对公共家具亦是如此。艺术性应该理解为一定地区在人类发展进程中所形成的文化尤其是审美评价的约定俗成，艺术性带有鲜明的民族性和民族的审美标准，随着人类文明的相互浸润、交融，艺术性的评价标准亦在相互影响，人类世界在民族的审美基础上，伴随科学技术的进化亦形成了相对一致的美的评价标准，这种评价标准又成为了人类的审美共识，成为了一个时代或对未来审美趋势的评价标准，我们称之为现代或审美时尚。公共家具作为时代科学技术和文化意识的反映物，自然应显现对时代审美价值的呼应。这种艺术性的时尚追求亦显现出对人类情感进化的关心，亦影响了人类情感对行为的反映。格式塔心理学的知觉结构原则影响了20世纪后人类的现代审美意识的形成。人类从早期的心理联想到机能、构造、行为主义这些影响人类

图 5-30
历史保护街区家具——平遥古城

的心理元素而关心视觉元素，尤其是整体的视知觉对人类心理的影响，这种影响自然关及在人类文明的历史长河中所形成的艺术性的现代发展和时尚审美标准的形成、变化。

回归精神关怀的情感化设计——上海世博会（表5-8）

表5-8

展馆名称	中国2010年上海世博会智利国家馆
展馆位置	世博园C片区
展馆主题	新城市的萌芽
造型亮点	透过"深井"看智利
建筑面积	2500m^2

中国2010年上海世博会智利国家馆，从空中俯视，展馆呈不规则波浪起伏状，形如"水晶杯"。建筑主体由钢结构和玻璃墙构成，类似木桩的棕色长方体穿越整个"水晶杯"，长方体的侧端构成智利馆的出入口。展馆的审美意识已从单纯地追求功能、形式美感转向人性化心理空间意境上的设计，更重视人的经历与感受。2010年9月18日恰逢智利独立200周年，因此其选择向国际社会展示智利独立以来的变化发展，特别是在减少贫困人口、应对城市化挑战、延续传统文化、激发年轻人创造性等方面。智利馆被命名为"新城市的萌芽"，试图传递一种重视人与环境、人与人之间关系的理念。馆内有五个主题展厅，重点展示智利人对城市的理解，包括如何建造一个更好的城市、如何提高人们的生活水平等。

智利国家馆设计不仅具有一定的景观功能，还在视觉上形成许多情感、意识"节点"和"记忆"，使得展馆不仅以物理形式存在，更成为人们心理、情感中的"价值凹地"，展示空间的意义与功能得以拓展，价值得以提升。整个展馆对物理学、美学、艺术心理学、环境心理学、人机工程学等学科有了较好的把握。各构成要素进行共时性的、系统的配合，更好地为使用者考虑，使其为实践所用（图5-31）。

图5-31
上海世博会智利馆内公共家具

5.3.6 全面引入的绿色环保概念化设计

工业革命以后，世界经济以前所未有的速度发展，人类创造了比以往任何时候都要高得惊人的物质文明。但是，人类也为之付出了惨痛的代价，那就是生存环境的巨大破坏。这种破坏一方面表现在对资源的浪费和掠夺性利用，另一方面是环境的污染与恶化。美国工业设计中的"计划

产品与居住·公共家具与空间

废止制"推广以后，可以说将那种蕴涵有巨大破坏和损耗的发展模式发挥到极致。大约从 20 世纪 60 年代开始，人类就逐步意识到了工业革命以后带来的不良影响，认识到了现代主义设计在环境破坏中所起到的作用。于是，从那时至今，设计师们便开始了种种围绕环境和生态保护的设计探索，这些设计探索从 20 世纪 80 ~ 90 年代起至今成为了设计潮流。尽管其方式和方法还在不断摸索和完善，但环保设计思想、可持续发展设计思想都已成为所有设计师的共识和实践的最基本准则，也代表了工业设计未来的趋势和方向。

绿色设计（Green Design）的概念是 20 世纪 80 年代末出现的一股设计潮流。它是一个内涵相当宽泛的概念，由于其含义与生态设计、环境设计、生命周期设计或环境意识设计等概念比较接近，都强调生产与消费需要一种对环境影响最小的设计，因而在它们之间尝尝被互换使用。绿色设计是一种设计策略的大变动，一种牵动世界诸多政治与经济问题的全球性思路，一种关系到人类社会的今天与未来的文化反省。绿色设计的目的，是要克服传统的产业设计与产品设计的不足，使所创造的产品既能满足传统产品的要求，又能满足适应环境与可持续发展需要的要求。产品从概念形成到生产制造、使用乃至废弃后的回收、处理处置的各个阶段，涉及整个产品生命周期的各个环节，都在绿色设计的视野之内。为此，提出了所谓的三个"RE"原则——Reduce（减少）、Reuse（回收）、Recycling（再生），即"少量化、再利用、资源再生"的"物尽其用三原则"。"3R"原则不仅要求减少物质和能源的消耗、减少有害物质的排放，而且要求产品及零部件能够方便地分类回收并再生循环或重新利用。绿色设计不仅是一种技术层面的考虑，更重要的是一种观念上的变革。它要求设计师放弃在外观上过于强调标新立异的做法，而将重点放在真正意义上的创新，以一种更负责任的方法去创造形态，用更简洁、长久的造型使城市家具的设计应用中，并不仅仅是多设几个分类垃圾箱而已，它要求我们从材料的选择、设施的结构、生产工艺、设施的使用、再利用乃至废弃后的处理等全过程中，都必须考虑到节约自然资源和保护生态环境。例如：在材料的选用上，应首先考虑易回收、低污染、对人体无害的材料，更应提倡对再生材料的使用。在结构上，应尽量减少合成焊接物而多使用容易拆卸组合的结构，以减少部件的数量，同时也利于维修更换，在表面处理工艺上，尽量少用加溶解物的油漆而改用粉末涂层。在连接方式上，尽量标准化并多使用已有的标准连接件，以减少环境的负担。同时，在组件与连接处即使在长久使用后仍容易拆卸，以利于回收利用。在能源的选择上（如照明光源），应多采用小污染甚至无污染、高效能的"清洁"能源，如太阳能、风能等，此外，还应依据有关环境法规标准，把令人不悦的因素，如噪声、眩光等降至最低程度。绿色设计的理念在20世纪80年代以后，普及到了设计的各个领域，出现了无数的优秀设计作品，在家具设计方面，1985年由意大利设计师安德烈亚·布兰茨设计的椅子，自然朴素，并且大胆运用废料及小型材料制作而成，其手法是绿色设计的典范。

生态设计是20世纪90年代初出现的关于产品设计的一个新概念。指设计师按照生态学原理和生态思想，预先构思设计的事物的形式和功能，使所设计事物的蓝图等符合生态保护的要求，从而使产品与环境融合，使生态学成为设计思想的一部分。因此，也有人将其称为绿色设计、生命周期设计或环境设计。其实，生态设计主要包括两个方面的含义：一是从保护环境的角度考虑，减少资源消耗，实现可持续发展战略；二是从商业角度考虑，降低成本，减少潜在的责任风险，以提高竞争能力。生态设计要求从设计到生产过程，生产技术的采用，生产成本的计算，生产产品的品种数量，产品使用后的回收等都要有生态保护观点，将生态保护融入设计中。生态设计要求把传统的生产模式改为"生态化"的生产模式，即形成由原料—产品—剩余物—产品构成的循环，逐步实现产品设计的生态化过程。其一，采用充分利用资源和节约材料的技术，减少废弃物排放，同时建造净化废弃物的装置，减少它对环境的有害影响；其二，在采用减少废弃物的生产技术的同时，采取利用废弃物进行生产的技术；其三，设计不产生废弃物的生产系统，实现无废料生产过程和废物利用过程。生态设计已延伸到现代设计的所有领域，在环境污染、资源枯竭、不可再生等问题日趋加剧的形势下，我们有理由相信：生态设计与绿色设计一样，将成为21世纪设计的主旋律。

循环设计是20世纪80～90年代产生的一种设计风格。它又称回收设计，是指实现广义回收和利用的方法，即在进行产品设计时，充分考虑产品零部件及材料回收的可能性、回收价值的大致方法、回收处理结构工艺性等与回收有关的一系列问题，以达到零部件及材料资源和能源的再利用。它旨在通过设计来节约能源和原材料，减少对环境的污染，使人类的设计物能多次反复利用，形成产品设计和使用的良性循环。循环设计要求设计师在设计产品时必须在以下两个方面作出审慎的抉择：一是尽量限制在产品中使用大量材料，或是采用容易被回收利用的材料进行设计，以减少原材料的浪费和产品使用后废弃物的数量，最大限度地增加材料的多次利用率；二是尽量使产品设计少耗能源而功能齐备，以节约能源和减少污染。在资源枯竭和不可再生日趋严重的状况下，循环设计越来越受到各国政府，特别是发达国家的重视和提倡。从20世纪80年代开始，设计师们在循环设计方面作了许多有益的探索，取得了大量的成果。

　　总之，要坚持一种全过程控制的原则，通过设计让有限资源实现加工、使用、废弃、回收以及再利用的良性循环。

　　世博会的城市家具设计在技术和材料的应用中应充分考虑城市家具可移动、可重塑、可重复利用的可能，使使用寿命突破184天展览的时间局限，具有更长久的生命力，实现真正意义上的零废置。避免城市家具因临时而粗陋所带来的安全、舒适和美观标准的降低，以及拆除造成大量垃圾对环境的压力。

5.3.6.1　全面引入的绿色环保概念化设计——上海世博会芬兰国家馆（表5-9）

上海世博会芬兰国家馆　　　　　　　　　　　表5-9

展馆名称	中国 2010 年上海世博会芬兰国家馆
展馆位置	C 片区
展馆主题	优裕、才智与环境
造型亮点	非对称冰壶状
建筑面积	3000m^2
设计者	赫尔辛基建筑设计工作室 JKMM

　　"冰壶"的设计理念来自芬兰的自然风貌，如海岛礁石、鱼鳞、碧波倒影，还有木头散发出的阵阵清香。种种自然元素经过重新诠释，以新的面貌呈现。美好生活的六大要素——自由、创造力、创新、社区精神、健康与自然都完美地融合在建筑、空间和功能设计中。芬兰馆的表皮是一种新型纸塑复合材料，以标签纸和塑料的边角余料为主要原料（图 5-32、图 5-33）。这种特殊的环保建筑材料十分坚硬耐磨，不褪色，可重复使用，移动或拆卸也很方便，还能全部回收利用。屋顶的雨水收集系统和太阳能电力系统可为建筑节能和供能；"冰壶"的中庭上方设有可收放的似轻薄织物的透明塑料薄膜。晴天时，薄膜可以完全收起，场馆的大部分空间都能直接与大自然亲密接触。"冰壶"的设计也体现了许多新型的环保理念。墙壁和顶部的开口促进了自然通风；新型轻质墙面、独特的窗户结构都减少了日照引发的热强度；房顶种上植物则用来均衡热负荷。

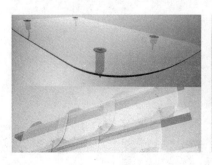

图 5-32（左）
上海世博会芬兰馆建筑表皮构件
图 5-33（右）
上海世博会芬兰馆建筑表皮

5.3.6.2　全面引入的绿色环保概念化设计——上海世博会万科馆
（表5-10）

上海世博会万科馆　　　　　　　　　　　表5-10

展馆名称	中国 2010 年上海世博会万科企业展览馆
展馆位置	浦西世博园区 E 片区
展馆主题	尊重的可能
造型亮点	七座形似金灿灿麦垛的建筑巍然矗立在浦江西畔，落落大方地展示着生命的健康与旺盛
建筑面积	3309m^2

　　万科企业馆的主题是"尊重的可能"，展馆被称为"2049"，中华人民共和国 100 周年诞辰。它象征着一个旅程的一部分未来，这意味着无限的可能性。在这种背景下，展馆通过 5 个小故事来讲述关于人、自然和城市的相互尊重，并导出万科所处房地产行业未来的发展方向——住宅产业化的探讨、摸索和实践。万科馆是一个低碳建筑，其回归自然、节能环保的理念在材料、通风、采光等方面都有体现，希望建筑可以唤起人们欣赏、尊重和顺应自然的态度，探求与自然的和谐相处之道。为此，展馆是以天然麦秸秆为建筑材料，由七个相互独立的筒状建筑组成，各筒之间通过顶部的蓝色透光 ETFE 膜连成一体，利用自然采光照明降低照明的能耗。展馆将通过热压和风压两种自然通风的模式，尽可能最大化自然通风，从而减少空调使用的时间，降低展馆在运营过程中对于能源的消耗。超过 1000m^2 的开放水域环绕着七个圆筒，水面映照天空，试图让参观者感受到与自然亲近的愉悦。而这片开放水域还会起到调节展馆区域气温、湿度的作用，营造一个自然舒适的小环境，几个分馆围合而成的中庭更能为参观者提供舒适的活动空间。

5.3.6.3　全面引入的绿色环保概念化设计——上海世博会英国馆
（表5-11）

上海世博会英国馆　　　　　　　　　　表5-11

场馆名称	中国 2010 上海世博会英国馆
场馆主题	传承经典，铸就未来
展馆位置	世博园 C 片区
建筑面积	2455m^2
造型亮点	发光二极管（以下简称 LED）亚克力杆组成的种子圣殿
设计单位	建筑师托马斯·希思瑞克（Thomas Heatherwick）和同济大学建筑设计院

图 5-34
上海世博会英国馆——
"种子圣殿"

"蒲公英"？"针线包"？或是"刺猬"？这是英国馆（图 5-34）给人的直接印象。在人们的印象里，大概英国就是戴礼帽、拄拐杖、抽雪茄的老派绅士形象。但希思瑞克并不这么认为，他认为自己的祖国远比这个丰富多彩。于是，他想到了环境。一来，这是近年来全球都无法回避的一个问题；二来，英国是世界上绿化程度最高的国家之一，推行"将自然融入城市"的理念由来已久，并建了第一个生物研究机构——基尤皇家植物园。致力于搜集、研究和珍藏地球上的植物种子，并已经达到全部种类的四分之一。这些种子蕴涵着巨大的潜能，可以提供食品、制成衣物、治疗疾病、净化空气、过滤水源，也可以制造建材、创新能源。他希望把绿色带到上海世博会。而种子，就是一切的源头。在英国馆的设计里，希思瑞克用种子象征绿色、用种子象征生命、用种子象征起源⋯⋯

建筑本身就是个展品。但英国馆却是独辟蹊径，打破传统，将展品与展馆巧妙地融在一起。英国馆"种子圣殿"的外立面由 60680 根"种子"触须构成。白天，触须会像光纤那样传导光线来提供内部照明，营造出现代感和震撼力兼具的空间。而正是这种融合，使得英国馆不仅以外观取胜，同时在展示建筑的设计理念上开拓了新的思路。"从这个角度而言，它是一个会呼吸的建筑，或许你也可以称之为活着的雕塑。"世博会英国馆堪称标志性建筑，彰显出英国在创意和创新方面的杰出成就，以独特的视觉效果展示英国在物种保护方面居于全球领导地位，以及英国在开发面向未来的可持续发展城市方面发挥的重要作用。英国馆的设计是一个没有屋顶的开放式公园，上海世博会结束后，展区核心拆除下来的"种子"中有 2 万份被赠送给昆明植物研究所与英国皇家基尤植物园；1000 份"种子"被赠至中国学校；其余的"种子"面向公众，通过淘宝网的团购平台进行慈善拍卖。

5.3.7 品牌化设计——国际知名城市公共家具设计品牌（表5-12、图5-35）

国际知名城市公共家具设计品牌	表5-12
1. Arper	www.arper.com
2. Arflex	www.arflex.it
3. Bebitalia	www.bebitalia.it
4. Dedon	www.dedon.de
5. Extremis	www.extremis.be
6. Kettal	www.kettal.es
7. M A D	www.madfurnituredesign.com
8. Nola	www.nola.se
9. Roberti Rattan	www.robertirattan.com
10. Sectodesign	www.sectodesign.fi
11. Sika-design	www.sika-design.com
12. Sphaus	www.sphaus.it
13. Steelcase	www.steelcase.com
14. Tuuci	www.tuuci.com
15. Up-on	www.up-on.it
16. Vondom	www.vondom.com

1.Vondom

为了创造一种新的形式来了解室内和室外家具以及高级装饰品世界，在这种不安分和忧虑下，诞生了西班牙家具品牌 Vondom。由自然的五个元素唤起其吸引力的感觉在任何东西之上，或许是因为它的浩荡无限。如果算上他们的技术水平经验和 Vondom 创意工作室的创新能力，结论是创始于为创造重大的价值。Vondom 一直致力于为生活创造艺术，不断地寻求自然美，将艺术和时尚文化融入设计，流行的色彩，流畅的线条。严格挑选的特殊优质环保材料，纯粹的欧洲简约设计以及创新的生产技术，每一个细节都表现其产品无与伦比的个性风格，引领简单、时尚、和谐的设计潮流，散发地中海之热情奔放、浪漫生活和自然情调。Vondom 的产品融入生活的那一份简单、和谐和优雅（图5-36）。

图5-35（左）
国际知名城市公共家具设计品牌
图5-36（右）
Vondom 的各系列家具

图 5-37
Agatha 儿童桌椅系列

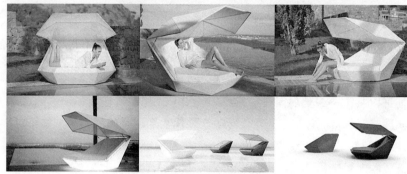

图 5-38
Faz 沙发床

Agatha 儿童桌椅系列

设计师 Agatha 为西班牙家居品牌 Vondom 设计了一套儿童家具 Agatha Collection，这套家具系列拥有简单、甜蜜、精致的形状，设计师通过鲜花、心形等符号传递出新鲜、纯真、趣味的情愫，使纯真与喜悦洋溢，活力与激情并存，童趣与稚嫩追逐。这个系列包括两个基本要素：小桌子和椅子，其高度耐磨材料适合在户外空间使用，满足了孩子们享受户外游戏娱乐的要求，同时有益于激发孩子们的想象力和创造力。Agatha Ruiz de La Prada 倡导丰富的情感和多彩的优雅生活，设计中那种一目了然的情感体验和表达，具有极强的传染性，因此，喜悦、活力的传导是 Agatha 至关重要的理念。Agatha 青春的感受，让那些渴望童趣、稚嫩的女人们完全置身其中，如最艳丽的花簇，我们时刻能嗅到它的芬芳，更易感染它的喜悦和走入它梦一般的世界（图 5-37）。

Faz 沙发床

跨界设计，在如今的现代家具设计领域中，早已不是新鲜事。越来越多不同领域的设计师进入这个疆界内，用他们与众不同的独特视角和呈现方式，赋予家具全新的生命力。西班牙建筑设计师 Ramon Esteve 强调"与自然的融合"，在乎生命体在设计中的归属感，强调设计概念，摒弃主义。不论是建筑还是家居，他藏身于作品之后，让用户和设计本身互动。几何设计是 Ramon Esteve 作品的主题之一，他为欧洲家居品牌 Vondom 设计的这款 Faz 沙发床再现了几何概念。他吸取了建筑设计的精华，运用了可适应各种苛刻外部环境的高品质材料，打造出富有棱角、表现力丰富的形状，令 Faz 家具与家或其他环境完美融合（图 5-38）。

Quadrat 极简花园椅

相信大家都见过不少户外家具，那种藤蔓般的精致，那种堆满曲线的极致，有否想过让我们的户外家具回归原点，回到一个简单的状态？Vondom 最近设计的产品 Quadrat 就是这种极简的感觉，用最基础的几何图案，拼凑出户外家具的各种可能性。简单的现代感以及优雅是对 Vondom 出品的 Quadrat 花园椅最好的定义。最简单的线条，最简单的正方体或长方体就组成了 Quadrat 花园椅，别小看这些简单的设计，它能美化你的户外以及室内空间。由于简单的设计，在充满杂乱线条的空间里反而更能突出自身的存在。由于其简单的样式，我们可以将这一系列的家具进行不同的组合，用以适应我们不同的需求和风格。Quadrat 花园椅不仅能组合使用，即使是单独使用一样可以。与此同时，这也不仅仅是一张椅子，它在内部集成了照明系统，在有需要的时候它是花园内一盏发着温柔亮光的艺术品。如果你觉得沉闷，你还可以为其搭配不同颜色的垫子用来迎合你（图 5-39）。

环保生态灯花器

是时尚花瓶还是实用灯具？西班牙品牌 Vondom 在两者之间给了人们一个美丽的惊喜。Vondom 新推出的 LLUM 系列，是花瓶，但却不仅仅是花瓶，它的最显著特点是环境照明。这些富有创新性的产品白天给居家环境时尚、品位的装饰，晚上则成了营造情调气氛的艺术之光。它的内置节能灯系统，可以为高级酒店会所、私宅、办公环境、户外户内的任何空间环境，营造一个和谐、悠闲和温馨的氛围，而且光能完全密封，达到防水保护等级 IP65，具有抗霜等优良性能，允许在极端的户外环境下使用。LLUM 系列有多种光源颜色可供选择，白光灯源和红、橙、蓝、绿等彩光源。另可配搭 LED 灯，其配搭带有无线遥控，可控制开关，同时还调节颜色变换程序（渐变或自动变色）。省电，节能，开创灯具新潮流。LLUM 系列还带有 Vondom 专利的自动浇水系统和滑动轮子，可自动供水长达 90 天，浇水和省水同步进行（图 5-40）。

Karim Rashid 时尚浪漫塑胶座椅

设计大师 Karim Rashid 有"塑胶诗人"之称，他最新为西班牙知名品牌 Vondom 设计的系列座椅，再一次印证了这个美名。将流行的色彩融入时尚的设计，流畅的线条与特殊的材质，让新产品焕发出另

图 5-39
Quadrat 花园椅

类的奢华与未来感。DOUX 系列具有多样化的功能，你可以把它当成一张桌子，中间的小孔可以用来放香槟或酒的冰；直立时，它又变身为一个优雅的花器（图 5-41）。

2.Extremis

Kosmos 圆环式户外沙发组合

来自比利时的户外家具品牌 Extremis，自 1994 年由 Dirk Wynants 成立以来，一直抱着一份共聚的心来设计产品，他们特别设计的一款名为 Kosmos 的圆环式户外沙发组合，配合中间的茶几，一众亲友在此谈天说地，享受亲友共聚的美好时光。另外，为了避免太阳过分照射，他还特意设计了一款灵活开合的太阳伞，不单在白天能遮挡太阳光线，其太阳伞中央更设置了一盏照明灯泡，就算晚上聚餐亦相当有趣。其更独特之处是可升降的茶几设计，为了能有一个更轻松融洽的感觉，只要将茶几稍稍降下，Kosmos 便变身成一户外大圆床，每个参与者便可以更加轻松自在地融入其中（图 5-42）。

3.Bebitalia

Crinoline 系列编织家具

相对于北欧家具的踏实沉稳，意大利家具设计偏重于艺术性。其线条活泼突出，带有浪漫情调，而 Bebitalia 正是意大利家具的一个突出代表。Bebitalia 的户外家具都是出自当红设计师之手。西班牙著名女设计师 Patricia Uiquiola 带我们走近户外编织的主题模式，将传统与个性化的概念相融合，在怀旧中体验优雅舒适的生活。Patricia Urquiola 给她的 Crinoline 系列产品赋予了端庄、轻柔而富有曲线的外形。不同的扶手椅也具有不同形状的外形、高度和材质。Crinoline 系列采用聚乙烯材料与天然纤维及铜线混合编织而成，正如一件雕塑作品（图 5-43）。

（从上至下）
图 5-40
生态灯花器
图 5-41
Karim Rashid 塑胶椅
图 5-42
Kosmos 的圆环式户外沙发组合
图 5-43
Crinoline 系列编织家具

图 5-44
Leaf 休闲椅

4.Arper

Leaf 自然之美休闲椅

Arper，一个年轻的、充满活力的意大利家具公司。该品牌集合了众多领先的国际设计师，Rodolfo Dordoni、Jean-Marie Massaud、Simon Pengelly 及 Ichiro Iwasaki 将各自不同的文化背景、思想和语言都融入了其设计，带出了 Arper 的鲜明风格：时尚、精致。Leaf 休闲椅以现代语言清新简约地诠释了自然之美。其灵感来源于叶脉的美丽线条。Leaf 适用于室内或室外公共空间，并可搭配 PU 或软质真皮活动椅垫以增加使用舒适感（图 5-44）。

世界著名家具设计和制造公司集萃见表 5-13。

世界著名家具设计和制造公司集萃　　　表5-13

品牌	关键词	网站
Knoll International（美国）	典藏作品	www.knollint.com
Kenneth Cobonpue（菲律宾）	东南亚藤器 Lolah	www.kennethcobonpue.com
Ingo Maurer（德国）	光之诗人	www.ingo-maurer.com
Inflate（英国）	新锐、轻松	www.inflate.co.uk
Iittala（芬兰）	纯真、优雅	www.iittala.fi
Herman Miller（美国）	现代办公家具	www.hermanmiller.com
Heller（意大利）	典藏家具	www.helleronline.com
GRANGE（法国）	法国浪漫派家具	www.grange.fr
Fritz Hansen（丹麦）	独特、时尚	www.fritzhansen.com
Moooi（荷兰）	北欧	www.moooi.com
Molteni & C（意大利）	板式家具独特概念	www.molteni.it
MDF Italia（意大利）	创新、个性	www.mdfitalia.it
Marimekko（芬兰）	经典色彩花纹	www.marimekko.com
Ligne Roset（法国）	自由浪漫、简约主义	www.ligne-roset.com
Le Klint（丹麦）	百褶灯罩	www.leklint.dk
Lalique（法国）	ART DECO 代表	www.lalique.com
Vitra（德国）	实验性设计	www.vitra.com
Driade（意大利）	个人化、贵族化	www.driade.it
Cassina（意大利）	现代经典作品	www.cassina.com
Zanotta（意大利）	新潮色彩材质	www.zanotta.it
Kartell（意大利）	塑料、时尚	www.kartell.it
Luceplan（意大利）	简约、居家照明	www.luceplan.com

品牌	关键词	网站
ACME（美国）	书写用品	www.acmestudio.com
Wedgwood（英国）	优美典雅	www.wedgwood.com
Vitamin（英国）	趣味独特	www.vitaminliving.com
Thonet（德国）	设计先驱	www.thonet.de
Swedese（瑞典）	简欧风格	www.swedese.com
SCP（英国）	英国家具先锋	www.scp.co.uk
Sawaya & Moroni（意大利）	铝制经典、想象力	www.sawayamoroni.com
Poliform（意大利）	定制化、多用途	www.poliform.it
Parri（意大利）	线性、时尚	www.parridesign.it
OFFECCT（瑞典）	办公空间开放式沟通	www.offecct.se
Normann Copenhagen（丹麦）	北欧独特巧思	www.normann-copenhagen.com
Nola（瑞典）	北欧户外家具	www.nola.se
Moroso（意大利）	前卫、现代简约	www.moroso.it
Idee（日本）	概念新潮	www.idee.co.jp/ihp
Zero（瑞典）	玻璃、金属	www.zero.se
Tendo Mokk（日本天童木工）	木制家具	www.tendo-mokko.co.jp/index.html

参考文献

[1] 冯信群.公共环境设施设计[M].上海：东华大学出版社，2006.

[2] （丹）扬·盖尔，（丹）拉尔斯·吉姆松著.新城市空间[M].北京：中国建筑工业出版社，2003.

[3] （美）约翰·莫里斯·迪克逊编著.城市空间与景观设计[M].北京：中国建筑工业出版社，2001.

[4] 张绮曼，郑曙旸主编.室内设计资料集[M].北京：中国建筑工业出版社，1991.

[5] （西）克劳埃尔编.装点城市——公共空间景观设施[M].天津：天津大学出版社，2010.

[6] 郭湛主编.社会公共性研究[M].北京：北京出版社，2009.

[7] 王国维，宋洪云，高艳萍著.现代社会的公共性理念[M].北京:北京出版社，2008.

[8] 扬·盖尔 著.交往与空间[M].第4版.何人可译.北京:中国建筑工业出版社，2002.

[9] 克莱尔·库珀·马库斯，卡罗琳·弗朗西斯，俞孔坚.人性场所——城市开放空间设计导则[M].北京：中国建筑工业出版社，2001.

[10] 简·雅各布斯著.美国大城市的死与生[M].金衡山译.南京：译林出版社，2006.

[11] （美）凯文·林奇著.城市意象[M].北京：华夏出版社，2001.

[12] 吉尔·格兰特著.良好社区规划：新城市主义的理论与实践[M].叶齐茂，倪晓晖译.北京：中国建筑工业出版社，2010.

[13] 保罗·拉索著.图解思考[M].邱贤丰译.北京：中国建筑工业出版社，2002.

[14] （美）阿摩斯·拉普卜特著.宅形与文化[M].常青，徐菁，李颖春，张昕译.北京：中国建筑工业出版社，2007.

[15] 日本建筑学会编.建筑设计资料集成：人体·空间篇[M].天津：天津大学出版社，2007.

[16] 迪米切斯·考斯特著.建筑设计师材料语言：混凝土[M].北京：电子工业出版社，2012.

[17] 迪米切斯·考斯特著.建筑设计师材料语言:玻璃[M].北京:电子工业出版社，2012.

[18] 迪米切斯·考斯特著.建筑设计师材料语言:金属[M].北京:电子工业出版社，2012.

[19] 迪米切斯·考斯特著.建筑设计师材料语言:塑料[M].北京:电子工业出版社，2012.

[20] 迪米切斯·考斯特著.建筑设计师材料语言:木材[M].北京:电子工业出版社,2012.

[21] 洛兰·法雷利著.国际建筑设计教程:构造与材料[M].黄中浩译.大连:大连理工大学出版社,2010.

[22] Tatsukami Shinji.日本公共艺术之旅[M].北京:人民邮电出版社,2013.

[23](美)罗布·W·索温斯基著.砖砌的景观[M].黄慧文译.北京:中国建筑工业出版社,2005.

[24] 田原,杨冬丹编著.环境艺术装饰材料设计与应用[M].北京:中国电力出版社,2009.

[25] 向才旺编著.建筑装饰材料[M].第二版.北京:中国建筑工业出版社,2004.

[26] 史永高著.材料呈现——19世纪和20世纪西方建筑材料的建造——空间双重性研究[M].南京:东南大学出版社,2008.

[27] 北京市规划委员会.北京奥运公共艺术[M].北京:文化艺术出版社,2010.

[28] 梁励韵,刘晖编.街具设计[M].(德)克瑞斯·范·乌菲伦译.北京:中国建筑工业出版社,2011.

[29] 高巍编.广场景观[M].方慧倩译.沈阳:辽宁科学技术出版社,2011.

[30] Design&Vision 工作室编.世界最新景观创意设计[M].大连:大连理工大学出版社,2011.

[31] GA Document 80[M].A.D.A. EDITA Tokyo Co.,Ltd.出版社,2004.

[32]《域 area 丛书》编委会主编.area 域 100+11 建筑之美[M].哈尔滨:黑龙江科学技术出版社,2011.

[33](德)瑞凯诺,(德)迪克勒著.小空间·大景观——Topotek 1 公司精选作品集[M].国际新景观译.武汉:华中科技大学出版社,2010.

[34] 方慧倩著.滨水景观[M].沈阳:辽宁科学技术出版社,2011.

[35] 孙旭阳著.2011 景观设计年鉴——公共景观 1[M].天津:天津大学出版社,2011.

[36] 深圳市艺力文化发展有限公司著.视听交流影剧院设计[M].大连:大连理工大学出版社,2012.

[37] 凤凰空间·上海编.商业景观设计[M].南京:江苏人民出版社,2012.

[38] 戴云倩,陈永明著.概念到设计:上海世博会场馆解读[M].北京:海洋出版社,2011.

[39] 辽宁科学技术出版社编.与未来对话[M].沈阳:辽宁科学技术出版社,2010.

[40] 上海世博会事务协调局,上海市城乡建设和交通委员会编.上海世博会建筑[M].上海:上海科学技术出版社,2010.

[41] 上海世博会事务协调局,上海市城乡建设和交通委员会编.上海世博会景观绿化[M].上海:上海科学技术出版社,2010.

[42] 中国建筑工业出版社编.2010 年上海世博会建筑[M].北京:中国建筑工业出版社,2010.

[43] 唐艺设计资讯集团有限公司编 .2010 上海世博会空间 [M]. 天津：天津大学出版社，2010.

[44] 香港日瀚国际文化传播有限公司编 . 全景世博 2010 上海世博会建筑全书（上）[M]. 北京：中国林业出版社，2010.

[45] 香港日瀚国际文化传播有限公司编 . 全景世博 2010 上海世博会建筑全书（下）[M]. 北京：中国林业出版社，2010.

[46] 2005 World Exposition Aichi Japan [J]. Sandu Cultural Media，2005（8）.